KB141725

플랜트 통신 및 보안시스템

플랜트 정보통신시스템의 설계 및 구현,
시스템통합, 운영 실무지침서

플랜트 통신 및 보안시스템

권영관 지음

도서출판대가

머리말

일반적으로 플랜트Plant는 소유주나 생산자가 계획한 산출물을 생산하기 위한 각 단위 설비들을 복합화하거나 시스템화한 통합설비로서 산업 기반시설이나 공장을 말한다. 보통은 발전, 담수, 정유, 석유화학, 원유, 해양, 환경 등의 플랜트를 들 수 있으며, 어느 분야의 플랜트이든 통신 및 보안시스템은 플랜트 건설 및 운영에 있어 필수적인 요소이다. 플랜트 통신 및 보안시스템은 플랜트 운영을 위한 부대설비로서의 가치나 그 효용성은 매우 크게 작용하므로 해당 시스템의 신뢰성 · 안정성 등을 확보할 수 있도록 설계하고, 설치되어야 한다.

플랜트 프로젝트나 플랜트 정보통신 프로젝트는 글로벌 업체들과의 치열한 경쟁에 놓여 있어 국내 업체의 기술력 등에 있어 경쟁력 향상이 필요하다. 그러나 각 플랜트의 정보통신 프로젝트에서 요구하는 목표시스템을 설계하고 제작하는 등의 기술력과 경쟁력을 확보하려면 플랜트뿐만 아니라 정보통신에 대한 지식과 그 특성 등을 알아야 하는데, 플랜트 정보통신 전반에 대한 가이드나 참고할 만한 정보를 얻을 수 있는 적정한 서적이 현재는 없는 실정이다.

플랜트 정보통신 프로젝트 실무에 종사하면서, 그동안 정보통신 및 보안 전문가로서 쌓아온 경험과 지식들의 내용을 플랜트 통신 및 보안시스템의 통합설계, 구현, 제작 등에 적용해왔다. 그 과정에서 현장의 많은 이들이 플랜트 통신 및 보안시스템 프로젝트의 수행에 있어 중요한 부분들을 소홀히 생각하거나 놓치고 있는 경우를 많이 보아왔다.

따라서 현장에서 플랜트 정보통신 프로젝트를 수행함에 있어, 플랜트의 개념 정립, 프로젝트 수주, 프로젝트 수행 및 완료에 이르기까지의 사항과, 프로젝트에서 요구하는 목표시스템의 설계, 통합시스템 제작, 검사 및 시험, 운용 · 유지보수 등의 제반 요소에 대한 내용을 다루는 책자의 필요성을 인식하여, 플랜트 정보통신 업무에 종사하는 이들에게 조금이나마 도움이 되고자 저술을 시작하였다.

이 책은 플랜트 프로젝트와 플랜트 정보통신 프로젝트를 명확하게 이해하고 경쟁력을 확보하여, 해당 프로젝트를 수주한 후에도 효과적으로 프로젝트를 수행할 수 있도록 플랜트 정보통신 프로젝트와 그에 소요되는 시스템 전반에 관한 내용을 다루고 있다. 이에 따라 플랜트 개요, 플랜트 산업, 플랜트의 특성, 플랜트 프로젝트, 플랜트 정보통신 프로젝트, 그리고 통신 및 보안시스템과 그에 관련된 단위시스템에 관한 내용으로 구성하였다.
플랜트 정보통신 프로젝트에 대하여 프로젝트 수주, 수행, 완료에 이르기까지의 절차와 프로젝트를 실행함에 있어 필요한 사항들을 설명한다. 통신 및 보안시스템에 대하여는 각 단위시스템이나 설비들의 기능이나 특성, 설계 시 고려사항 등 기술적인 사항들을 상세히 기술한다.
플랜트를 가동하고 운영하는 단계에서 핵심적인 역할을 하는, 플랜트 통신시스템과 보안시스템을 제작하고 통합을 실현하는 데 있어 '어떻게 설계하고 구현하는 것이 효과적인가'에 중점을 두었다. 따라서 플랜트 통신 및 보안시스템의 기본적인 사항과 꼭 필요한 사항들에 대한 내용을 포함하고 있고, 정보통신시스템의 운영에 필요한 요소 등 플랜트 통신 및 보안시스템이 갖추어야 할 전반적인 사항들을 구체적으로 다루고 있다. 그리고 플랜트 정보통신 프로젝트를 수행함에 있어 적용할 수 있는, 도서양식과 도서자료들을 참고자료로 제공하고 있다.
이 책은 플랜트 산업에 종사하는 이들과 플랜트 통신시스템, 플랜트 보안시스템을 공부하는 엔지니어 및 정보통신기술인을 비롯하여, 각 대학의 정보통신학과, 전자통신학과, 계측제어 관련학과, 보안 및 시큐리티 관련학과, 플랜트 관련학과 학생들에게도 유용할 것이다. 또한 플랜트 정보통신 전반에 대하여 이해하는 데 도움이 되고, 플랜트 통신 및 보안시스템의 설계 및 구현, 시스템 통합, 운영에 있어 교육교재나 지침서로 업무에 활용될 수 있다. 따라서 플랜트를 수주하는 EPC사 등의 통신시스템 및 보안시스템 담당자들뿐만 아니라 플랜트 분야의 통신시스템이나 보안시스템을 취급하는 기업들에도 유익한 지식정보로 활용될 수 있을 것이다.

플랜트 정보통신 프로젝트의 수주 및 수행에 있어 글로벌 업체와 경쟁하려면 프로젝트에 대한 보다 명확한 이해와 각 시스템의 제조 및 생산 기술, 상세설계 및 시스템 통합기술력을 갖추어야 할 것이다. 따라서 이 책을 프로젝트 수행의 실무에 활용 및 응용함으로써 실무능력을 배양하고 전문지식을 향상시켜 플랜트 정보통신 전문가로 성장할 수 있는 발판을 마련하기 바란다. 끝으로 이 책이 출판될 수 있도록 많은 도움을 주신 분들과 도서출판 대가의 김호석 대표, 박은주 팀장에게 감사의 뜻을 전한다.

2018년 8월

저자 권영관

목차

부록 참고자료

표 목차

그림 목차

첨부 목차

약어 목록

A		
ACD	Access Control Device	접근제어장치
ACS	Access Control System	출입통제시스템
ACU	Access Control Unit	접근제어 유닛
ALC	Automatic Level Control	자동 레벨 제어
ALG	Application Layer Gateway	응용계층 게이트웨이
AP	Access Point	통신접속점
AP-Bond	Advanced Payment Bond	선수금보증서
APU	Alarm Processing Unit	경보처리 유닛
ATM	Asynchronous Transfer Mode	비동기 전송 방식
AVR	Automatic Voltage Regulator	자동전압조정기

B		
BNC	Bayonet Neil-Concelman	BNC
BOM	Bill of Material	자재내역서
BOQ	Bill of Quantity	자재수량내역서
BOS	Bill of Specification	자재사양서

C		
CAT	Category	카테고리, 범주
CBE	Commercial Bid Evaluation	상업적 평가
CCD	Charge Coupled Device	전하결합소자
CCTV	Closed Circuit Tele-Vision	폐쇄회로텔레비전
CD	Compact Disc	CD
CSMA/CD	Carrier Sense Multiple Access with Collision Detection	반송파감지 다중접속 및 충돌탐지

CM	Construction Management	건설관리
CoC	Certificate of Conformity, Completion of Commissioning	제품품질확인서, 시운전완료서
CPU	Central Processing Unit	중앙처리장치

D		
DAS	Direct Attached Storage	직접연결 저장장치
DMZ	DeMilitarized Zone	비무장지대
DTMF	Dual-Tone Multi-Frequency Signalling	듀얼톤 다중주파수 신호
DVD	Digital Versatile Disc	DVD, 디지털 다용도 디스크
DVR	Digital Video Recorder	DVR, 디지털 비디오 녹화기
DDP	Delivered Duty Paid	관세지급 인도조건

E		
E&M	Earth & Magneto, Ear & Mouth	E&M
EMI	Electro Magnetic Interference	전자파 간섭
EMR	Electro Magnetic Radiation	전자기 방사
EP	Engineering, Procurement	설계, 조달
EPC	Engineering, Procurement, Construction	설계, 조달, 시공
ESD	Emergency Shut-Down	긴급가동중지

F		
FAT	Factory Acceptance Test	공장인수시험
FDDI	Fiber Distributed Data Interface	광섬유 분산 데이터 인터페이스
FE	Fast Ethernet	고속 이더넷
FEB	Field Equipment Box	야외장비함체
FEED	Front End Engineering & Design	기본설계
FIDS	Fence Intrusion Detection System	울타리 침입탐지시스템
FO	Fiber Optic	광섬유
FOB	Free on Board	본선인도
FPS	Frame per Sec	초당 프레임
FTP	Foil Screened Twist-Pair	금속차폐 꼬임선

G		
GA	General Alarm	경보
GCC	Gulf Cooperation Council	걸프협력협회의
GE	Gigabit Ethernet	기가급 이더넷
GSR	Gigabit Switch Router	기가스위치 라우터
GTH	Gas To Hydrate	가스하이드레이트
GTL	Gas To Liquid	천연가스합성석유
G/W	Gateway	게이트웨이

H		
HDD	Hard Disk Drive	하드디스크 드라이브
HPF	High Pass Filter	고주파 통과 필터

I		
IDF	Intermediate Distribution Frame	중간배선반
IDS	Intrusion Detection System	침입탐지시스템
IEEE	Institute of Electrical and Electronics Engineers	미국전자학회
IES	Industrial Ethernet Switch	산업용 이더넷 스위치
IFA	Issued for Approval	승인용 발행
IFC	Issued for Construction	시공용 발행
IP	Internet Protocol	IP, 인터넷 프로토콜
IPS	Intrusion Prevention System	침입방지시스템
IR	Infrared Radiation, Infrared	적외선
IRN	Inspection Release Note	검사성적서
ISP	Internet Service Provider	인터넷서비스 제공자
ITB	Invitation To Bid, Instruction To Bidder	입찰안내서
ITP	Inspection & Test Plan	검사 및 시험계획서

J		
JB	Junction Box	접속단자함

K		
KOM	Kick Off Meeting	착수회의

L		
LAN	Local Area Network	근거리통신망
LED	Light Emitting Diode	발광 다이오드
LNG	Liquefied Natural Gas	액화천연가스
LOA	Letter of Award, Letter of Acceptance, Letter of Agreement	낙찰통시서, 낙찰승인서, 낙찰합의서
LOI	Letter of Intent	내약서
LPF	Low Pass Filter	저주파 통과 필터
LPG	Liquefied Petroleum Gas	액화석유가스

M		
MAC	Media Access Control	매체접근제어
MAN	Metropolitan Area Network	도시권 통신망
MCC	Motor Control Center	전동기제어실
MDF	Main Distribution Frame	주 배선반
MEMS	Micro Electro Mechanical System	마이크로 전자기계시스템
MIDS	Microwave Intrusion Detection System	마이크로파 침입탐지시스템
MOM	Minutes of Meeting	회의록
MPEG	Moving Picture Experts Group	영상압축표준규격

N		
NAS	Network Attached Storage	네트워크 접속 저장장치
NFC	Near Field Communication	근거리 무선통신
NMS	Netwrok Management System	망관리시스템
NTSC	National Television System Committee	NTSC(북미 영상표준방식)
NVR	Network Video Recorder	네트워크 비디오 녹화기

O		
O&M	Operation & Maintenance	운영유지보수
OS	Operating System	운영체계
OSI	Open System Interconnection	개방형 시스템 간 상호접속

P		
P2MP	Point to Multi-Point	일대다 접속점
P2P	Point to Point	일대일 접속점
PA	Public Address	전관방송
PAGA	Public Address General Alarm	전관방송경보
PABX	Private Automatic Branch Exchange	사설자동구내교환기
PAL	Phase Alternation Line	PAL(유럽 영상표준방식)
P-Bond	Performance Bond	이행보증서
PBX	Private Branch Exchange	사설구내교환기
PIM	Project Inspection Meeting	프로젝트 검사회의
PIN	Personal Identification Number	개인식별번호
PIR	Passive Infrared	수동형 적외선
PLL	Phase Locked Loop	위상고정 루프
PM	Program Management, Project Management	사업관리
PMC	Project Management Consultancy	사업관리 자문, 사업총괄관리
PoE	Power over Ethernet	급전 이더넷
POR	Purchase Order Requisition	구매요구서
PQ	Pre Qualification	사전적격심사
PSTN	Public Switching Telephone Network	공중용 전화통신망
PSU	Power Supply Unit	전원공급 유닛
PTP	Peer to Peer	P2P
PTZ	Pan/Tilt/Zoom	팬/틸트/줌

Q		
QoS	Quality of Service	서비스 품질

R		
RADAR	RAdio Detection & Ranging	레이더
RAM	Random Access Memory	임의접근기억장치
REX	Request to Exit	퇴실요청 버튼
RFQ	Request for Quotation	견적요청서
RW	Read/Write	읽기/쓰기

S		
SAN	Storage Area Network	스토리지 전용 네트워크
SAT	Site Acceptance Test	현장인수시험
SDU	Signal Distributor Unit	신호분배기
SECAM	Séquentiel Couleur à Mémoire	SECAM(세캄)
SI	System Integration, System Integrator	시스템 통합
SOC	Social Overhead Capital	사회간접자본
SONET	Synchronous Optical NETwork	동기식 광통신망
SOW	Scope of Work	역무 범위
SPL	Sound Pressure Level	음압레벨
SPU	Signal Processing Unit	신호처리 유닛
SSTP	Shielded Shielded Twist-Pair	이중차폐 꼬임선
STP	Shielded Twist-Pair	차폐 꼬임선

T		
TBE	Technical Bid Evaluation	기술적 평가
TCP/IP	Transmission Control Protocol/ Internet Protocol	TCP/IP
TETRA	Terrestrial Trunked Radio	TETRA, 휴대용 무전기 통신규격
TDS	Technical Data Sheet	기술자료서

U		
UHF	Ultra High Frequency	극초단파
UPS	Uninterruptible Power Supplies	무정전 전원장치
UTM	Unified Threat Management	통합위협관리
UTP	Unshielded Twist-Pair	비차폐 꼬임선

V		
VCR	Video Cassette Recorder	비디오 카세트 녹화기
VDA	Video Distribution Amplifier	영상분배증폭기
VDCI	Vendor Document & Drawing Control Index	공급자 도서 통제목록
VHF	Very High Frequency	초단파
VoIP	Voice over Internet Protocol	인터넷 전화
VPIS	Vendor Print Index & Schedule	공급자 도서목록 및 일정계획
VPN	Virtual Private Network	가상사설망

W		
WAF	Web Application Firewall	웹 애플리케이션 방화벽
WAN	Wide Area Network	광역통신망
WAP	Wireless Access Point	무선 액세스 포인트
W-Bond	Warrant Bond	하자보증서
WMT	Wireless Mobile Telephony	무선휴대전화

제1장

플랜트 산업

제1장에서는 플랜트 산업에 대한 일반적인 사항을 살펴본다.

제1절 '플랜트 개요'에서는 플랜트, 플랜트 산업, 플랜트 건설 등에 대한 개념을 알아보고, 다양한 형태의 플랜트에 대한 분류, 사업 단계, 플랜트 사업에 대한 고려사항, 플랜트 엔지니어링 등에 대하여 살펴본다.
제2절 '플랜트 산업의 특성'에서는 플랜트 시장의 변화와 계약 방식의 변화, 플랜트 설비 및 기자재의 특징, 플랜트 프로젝트 수행 및 산업의 특성 등 플랜트 산업이 시장에 미치는 영향에 대하여 구체적으로 접근해본다.
제3절 '해외 플랜트 산업'에서는 해외 플랜트의 입찰절차와 플랜트 계약의 종류, 그리고 플랜트 수출에 대한 사항들을 알아본다.
제4절 '국내 플랜트 산업 이슈'에서는 국내 플랜트 산업의 경쟁력과 기술력, 플랜트 산업의 영향요인, 국내의 플랜트 기자재산업과 플랜트 기자재의 국산화율, 시험인증, 플랜트 사업의 위험 관리사항 등을 살펴본다.

제1절 | 플랜트 개요

| 플랜트 개념

1. 플랜트란?

플랜트Plant에 대한 사전적인 의미는 "산업 기계, 공작 기계, 전기통신 기계 따위의 종합체로서의 생산시설이나 공장"[1]을 뜻하거나, "생산을 하는 일련의 기계나 공장 따위의 시설이나 설비시스템을 통틀어 이르는 말"[2]로 나타나 있다. 일반적으로 플랜트는 복합적인 공정으로 소유주Owner나 생산자가 계획한 제품 등의 산출물을 생산하는 통합설비Integrated Facility[3]를 말한다. 다시 밀하면, 기계장치 등을 복합화하거나 시스템화하고 제품 생산기술을 적용하여 생산자가 목적으로 하는 원료나 중간재 또는 최종 제품을 제조할 수 있는 생산설비라고 정의할 수 있다. 플랜트는 발전, 담수, 정유, 석유화학, 원유, 해양설비, 환경설비 등과 같은 산업 기반시설이나 산업 기계설비, 공장 기계설비 등을 들 수 있다.

---

1 네이버 국어사전, www.naver.com

2 다음 한국어사전, www.daum.net

3 소재 · 부품 · 단위기계 · 부분조립체 · 계기 · 용기 · 배관 · 구조물 등을 유기적이고 체계적으로 조합하여 독립적인 기능을 갖도록 한 집합체

2. 플랜트 산업이란?

발전소나 정유공장 등과 같은 플랜트를 발주자로부터 수주받아 기획, 설계하고 필요한 자재를 조달하여 시공하는 데 이르는 모든 분야를 포함해 플랜트 산업이라 칭한다.[4] 일반적으로 플랜트 산업은 전력, 석유, 가스, 담수 등의 제품을 생산할 수 있는 설비를 공급하거나 공장을 지어주는 산업을 말한다. 이와 같은 플랜트 산업은 설계Engineering, 조달Procurement, 시공Construction 등이 복합된 산업으로 타 분야 산업과의 연관효과가 높다.

근래의 플랜트 산업은 플랜트 건설을 위한 사업 타당성 조사, 소요자금 조달, 유지보수 운영 등 서비스 영역까지도 포함하는 것이 보편적이다.

3. 플랜트 건설이란?

각종 구조물이나 시설, 장치 등의 통합설비를 건설하는 것을 말하며, 토목, 기계, 전기, 계장, 배관, 화공, 건축 등에 대한 공사를 위해 설계, 조달, 시공의 전반적인 업무를 수행하는 활동을 의미한다. 플랜트 건설은 설계과정과 조달과정, 그리고 시공업무 수행이 반드시 포함되는 것이 보편적이며 점차 사업관리도 요구하는 추세에 있다.

| 플랜트 산업

1. 플랜트 산업의 분류

플랜트 산업은 육상On shore플랜트, 해양Off shore플랜트, 선박플랜트 등으로 나누기도 하

---

4 〈플랜트산업 기술과 정책동향〉, 한국과학기술기획평가원, 2010. 3.

며, 생산되는 산출물이나 플랜트 특성 등에 따라 여러 형태로 구분할 수 있다. 이러한 플랜트 산업은 플랜트의 제조 대상이나 생산 공정 등에 따라 발전 · 환경 · 석유가스 · 정유 · 석유화학 등으로 구분할 수 있으며, 태양광 · 풍력 등 신재생에너지플랜트를 별도로 구분하기도 한다.[5] 각 플랜트의 개략적인 내용은 다음과 같다.

1) 오일/가스플랜트: 유전 및 가스전 개발, 액체원료 및 연료 전환, LNG Liquefied Natural Gas, LPG Liquefied Petroleum Gas, GTL Gas To Liquid, GTH Gas To Hydrate 등의 채굴, 개발, 수송, 보급과 관련한 설비 플랜트를 말한다.

2) 환경/담수플랜트: 수처리, 소각로, 위험물 · 폐기물 처리, 공해방지시설, 온실가스 제거, 탈황 · 탈질 시설, 담수화 장비 등 환경 및 담수 관련 플랜트를 말한다.

3) 발전플랜트: 중유, 가스, 석탄, 우라늄 등을 원료로 하여 전기에너지를 생산하는 플랜트이다. 보통은 화력, 원자력, 풍력 등을 포함한다.

4) 신재생에너지플랜트: 기존의 화석연료를 변환해 이용하거나 햇빛, 물, 지열, 바람, 생물유기체 등을 포함하는 재생 가능한 에너지를 활용하는 플랜트이다.

5) 정유플랜트: 원유를 정제하여 휘발유, 등유, 경유 등 가종 석유제품과 반제품을 생산하는 플랜트를 말한다.

6) 석유화학플랜트: 석유제품 및 천연가스를 원료로 하여 석유화학제품의 원료 및 합성수지, 에탄올 등을 제조하는 플랜트를 말한다.

5 〈해외플랜트 수주동향과 전망〉, 한국정책금융공사, 2012. 10.

2. 플랜트 사업 단계별 분류

일반적으로 플랜트 산업을 사업 단계별로 구분해보면 크게 기획 단계, 설계 단계, 건설 단계, 유지보수 단계로 나눌 수 있다.

1) 기획 단계: 사업개발 단계로 사업 타당성 조사와 소요자금 조달을 들 수 있다.

2) 설계 단계: 기본설계와 실시설계 또는 상세설계로 구분된다.

3) 건설 단계: 자재 구매조달과 시공을 들 수 있다.

4) 유지보수 단계: 시운전Commissioning, 운전 또는 운영Operation, 유지보수Maintenance로 구분할 수 있다.

3. 플랜트 사업 고려사항

1) 일반적으로 플랜트 건설에는 막대한 투자가 소요되고 투자비 회수기간이 길어지게 되는데, 플랜트 산업에 영향을 주는 주요 요인은 유가, 경제성장, 시설투자, 정부정책, 자본조달, 환율 등으로 분석된다.[6]

   - 정유 및 가스 플랜트: 고유가와 석유소비량, 유전 개발, 국가의 에너지정책, 교토의정서와 같은 국제에너지협약 등에 영향을 받는다.
   - 석유화학플랜트: 유가, 걸프협력회의GCC: Gulf Cooperation Council 국가들의 개발정책, 주요 개발 국가의 투자정책에 영향을 받는다.
   - 발전플랜트: 경제발전에 따른 전력수요 증가에 따라 영향을 받는다.

---

6 〈플랜트산업 전망과 국내 플랜트 기자재업체의 경쟁력 분석〉, 하나금융경영연구소, 2008. 9, 4-5쪽.

2) 플랜트 사업의 각 단계별로, 공통적으로 고려하거나 적용되어야 하는 프로세스로는 사업관리(프로젝트 관리PM, 건설관리CM)가 있다. 여기에서 사업관리는 사업 추진을 위해 별도의 조직을 구성하여, 기획Planning, 업무 체계화, 인력 및 자원의 배분, 지휘 · 통제 · 조정 기능을 수행하는 것을 의미한다.[7]

3) 소요비용, 공사일정, 품질관리, 위험Risk 평가, 위험 분산 등에 대한 사항도 중요한 고려요소이다.

4) 일반적으로 플랜트 사업 개발자는 기획, 설계, 건설 역무를 담당하고, 턴키계약Turn-key Contract에 의한 EPC업체[8]는 설계 및 건설 단계를 담당한다. 플랜트 건설이 완료된 이후에는 사업주가 플랜트를 운영하고 유지보수 업무를 수행하게 된다.

| 플랜트 엔지니어링

1. 플랜트와 일반 건설의 차이

일반적으로 플랜트 건설 등의 플랜트 수출은 지식집약형 기술의 수출비중이 높아 엔지니어링 산업 쪽에 비중을 두는 견해가 많다. 플랜트는 일반 건설과 비교하여 다음과 같은 차이점이 있다.[9]

---

7 〈플랜트산업의 기초분석〉, 산업연구원(KIET), 2012. 1.

8 EPC란 Engineering(설계), Procurement(조달), Construction(시공)의 첫 글자를 딴 말이다.

9 〈해외플랜트 수주 200억 불 달성을 위한 플랜트 산업 경쟁력 강화 전략〉, 한국플랜트산업협회, 2004. 8, 3쪽.

1) 발주 방식: 설계와 시공을 분리하여 발주하는 일반 건설 분야와는 달리 플랜트 분야는 EPC에 의한 턴키 방식의 발주가 일반화되어 있다.

2) 입찰 및 낙찰 방식: 일반 건설 분야는 가격경쟁력이 지배적이나 플랜트 분야는 기술경쟁력이 지배적이다. 그러나 최근에는 플랜트 분야의 가격경쟁력 비중이 커지는 경향이 있다.

3) 경쟁 방식: 플랜트 분야의 경쟁 방식은 지명경쟁이, 일반 건설 분야는 공개경쟁이 일반화되어 있다.

4) 프로젝트 관리 및 사업 지배 역량: 일반 건설 분야는 발주자의 사업관리 등의 역량에 좌우되며, 플랜트 분야는 설계 및 시공자의 역량이 사업을 지배할 수 있으며 프로젝트 관리 역량이 사업의 손익을 결정하는 중요한 요소가 되는 것이 보편적인 평가이다. 또한 통합관리는 일반 건설 분야에서는 공기를 좌우하지만, 플랜트 분야는 사업의 성패를 좌우하는 중요한 요소이다.

5) 자재공급 방식: 일반 건설 분야는 기성제품의 공급이 일반화되어 있으나 플랜트 분야는 대부분 주문생산 방식으로 이루어지고 있다.

6) 원가 지배 요소: 일반 건설 분야는 시공비 비중이 큰 반면에 플랜트 분야는 대부분 기자재 조달에 소요되는 비용이 원가를 지배하는 요인이 된다.

7) 인지도 및 대상 설비의 지식 영향: 일반 건설 분야에서 설비에 대한 지식사항은 제도와 기준이 좌우하며 인지도의 영향은 미미하다. 반면 플랜트 분야는 대상 설비에 대한 지식이 플랜트의 성능과 규모를 좌우하게 되고, 브랜드나 인지도는 거의 절대적인 영향력을 발휘하고 있다.

2. 플랜트 엔지니어링의 의미

1) 일반적으로 플랜트는 생산자가 목적으로 하는 원료나 중간재 또는 최종 제품을 제조할 수 있는 통합설비를 말하는데, 공정의 복합화나 시스템화 등이 필요하여 플랜트 산업은 엔지니어링 산업 범주로 분류할 수 있다.

2) 엔지니어링 산업은 산업플랜트 및 사회간접자본SOC: Social Overhead Capital시설 등의 건설과정 전 과정을 의미하나, 좁은 의미로는 그중에서 제작과 시공과 설치만을 제외한 타당성 조사, 설계, 분석, 조달, 감리, 사후관리 등의 소프트웨어 영역을 의미하기도 한다.[10]

3) 플랜트 엔지니어링은 일반적으로 산업 생산시설 건설을 목적으로 플랜트 설계, 기자재 조달, 시공, 프로젝트 관리를 수행하는 활동 등의 전체 과정을 말한다.

3. 플랜트 엔지니어링 산업의 프로젝트

1) 앞에서 살펴본 바와 같이 엔지니어링 산업은 전문기술과 노하우가 중시되는 기술집약적이고 두뇌집약적인 고부가가치 지식산업이다. 최근 세계적으로 정보통신 · 환경 · 에너지 등의 고부가가치 분야에서 첨단기술이 접목된 플랜트 엔지니어링 시장이 확대되고 프로젝트도 대형화 · 복합화되는 추세에 있다.

2) 플랜트 엔지니어링 산업의 프로젝트는 다음과 같은 과정으로 추진 및 시행되는 것이 보통이다.[11]

---

10 위의 글, 88쪽.

11 《SERI 경영 노트》 제145호, 삼성경제연구소, 2쪽의 내용을 인용하여 일부 편집.

- 사업 타당성 분석: 플랜트 구축의 경제적 효과 및 타당성을 분석하고 검토한다.
- 기술선 선정: 소유주가 목표로 하는 플랜트 건설에 필요한 기술을 보유한 업체와 제휴 또는 라이선스 협약을 맺는 활동을 한다.
- 설계: 목표 플랜트에 대한 생산 프로세스의 개념을 정립하고 기초설계(기본설계)와 상세설계(실시설계)를 시행한다.
- 기자재 조달: 플랜트 건설에 따른 품질, 원가, 납기 등을 고려하여 업체를 선정하고 필요한 장치나 설비를 해당 업체에 제작 의뢰하거나 구매한다.
- 시공: 플랜트 설계에 따라 플랜트 기반시설이나 기본설비 등의 관련 설비와 기자재를 설치하고 통합하는 등의 공사를 한다.
- AS: 시공이 완료된 플랜트의 시운전 및 설비 운영, 플랜트 운용 및 운전요원에 대한 교육훈련 등과 제반 AS 업무를 수행한다.

4. 플랜트 건설 사업

플랜트를 건설하는 사업은 앞에서 살펴본 바와 같이 플랜트 프로젝트, 플랜트 산업 프로젝트, 플랜트 사업 프로젝트, 플랜트 엔지니어링 프로젝트 등으로 불리고 있다. 그 각각의 프로젝트 이름이 약간은 상이하나 그 의미와 결과물이나 성과물의 목표는 거의 같으며, 커다란 범주에서는 플랜트 프로젝트로 대표된다고 볼 수 있다.

제2절 | 플랜트 산업의 특성

| 플랜트 시장의 특성

1. 시장의 변화

세계 플랜트 산업의 시장은 개발도상국과 자원보유국을 중심으로 시장을 형성하고 있으며, 주요 발주국의 변화에 따라 지역적 · 형태적 변화를 보이고 있다. 플랜트 시장의 주요 참가자들은 각 지역별 정부, 에너지 회사, 프로젝트 개발자, 운영유지보수 계약자O&M Contractor, EPC업체 등으로 구성되어 있으며, 여기서 지역정부, 에너지 회사, 프로젝트 개발사는 플랜트 발주 권한을 가지고 있다.[12]

2. 계약 방식의 변화[13]

1) 최근의 플랜트 시장은 계약 방식에 있어서 기존 방식과는 다른 형태의 변화가 나타나고 있다.

---

12 〈플랜트 산업 발전방안 연구〉, 지식경제부, 2012. 12.

13 〈플랜트산업 전망과 국내 플랜트 기자재업체의 경쟁력 분석〉, 하나금융경영연구소, 2008. 9.

2) 일반적인 턴키 방식Full Turn-key의 계약인 경우는 FEEDFront End Engineering & Design 부분에 소수의 업체가 원천기술을 보유하고 있으므로 FEED업체를 중심으로 가격담합이 발생할 수 있다. 따라서 FEED 부분을 분리하여 소수의 FEED업체에 지배당할 소지를 차단하는 형태로 계약이 변화되는 추세에 있다.

3) 신규 플랜트를 발주하는 사업주 등의 발주자는 대부분 플랜트 프로젝트를 전체적으로 관리하고 운영할 능력이 부족하므로 별도로 PMProgram/Project Management 계약방식을 채택하여 해당 프로젝트 관리에 만전을 기하고 있다.

4) 따라서 최근에는 플랜트 프로젝트에 있어 PM, FEED, EPC가 분리된 형태의 계약 또는 PM, FEED, EP, C가 분리된 형태의 계약 방식이 증가하고 있는 추세이다.[14]

| 플랜트 설비의 특성

앞에서 살펴본 바와 같이 플랜트 산업은 높은 부가가치를 갖는 지식집약 형태의 산업으로 제조업과 서비스업을 포괄하는 대표적인 산업으로 볼 수 있다. 대부분의 플랜트는 기자재 제품 및 서비스에 대한 융합이 요구되며, 다양하고 많은 수의 기자재로 구성되고 있으므로 주문제작이 필요한 장납기 기자재의 조달과 기자재의 품질관리, 그리고 공정관리가 매우 중요하다.

1. 주요 플랜트 설비의 특성

플랜트의 종류는 매우 다양하여 그 플랜트 설비의 종류마다 특성이 다르다. 이러한

14 여기에서 EP는 Engineering과 Procurement, C는 Construction을 의미한다.

개별 플랜트 설비에 대한 개략적인 특성은 다음과 같다.[15]

1) 정유 관련 플랜트의 경우, 건설은 EPC업체 간 가격경쟁이 심화됨에 따라 생산단가를 낮출 수 있는 산유국이나 천연가스 생산국에서 많이 이루어지고 있으며, 중동지역에 투자가 집중되는 형태로 나타나고 있다. 정유기술의 원천기술은 미국 및 유럽의 소수 업체에서 과점되고 있는 분야이다.

2) 석유화학플랜트에서 가장 직접적인 영향을 주는 플랜트는 에틸렌플랜트가 있다. 에틸렌은 석유화학산업에서 가장 기초가 되는 원료가 된다. 에틸렌플랜트는 나프타Naphtha 또는 에탄Ethane을 이용하여 에틸렌을 만든다.

3) 가스플랜트의 경우에는 크게 나누면 LNG플랜트와 GTL플랜트를 들 수 있다. GTL 플랜트는 천연가스를 화학적으로 재조합하여 석유를 대체할 수 있는 액체연료로 전환하는 설비로, 소수 업체가 기술을 전유하고 있다. 가스플랜트의 경우에는 평균 10억 달러가 넘는 대형 프로젝트이기 때문에 소수의 선진국 업체가 선점하여 후발주자의 진입을 막고 있다.

4) 발전플랜트의 경우는 연료를 사용하여 가스터빈을 구동시켜 발전하고 발전 시 발생하는 가스의 폐열을 회수하여 증기터빈을 구동시켜 발전하는 복합 에너지설비로 일반적인 화력발전에 비하여 열효율이 높아 전 세계적으로 각광을 받고 있다. 특히 업체 간 경쟁이 비교적 치열하며, 연료공급, 연소설비, 배열보일러 및 부속설비, 가스 및 증기터빈, 복수설비 등으로 구성되어 있다.

---

15 〈플랜트산업 전망과 국내 플랜트 기자재업체의 경쟁력 분석〉, 하나금융경영연구소, 2008. 9, 3-4쪽.

2. 플랜트 기자재

대부분의 플랜트 프로젝트의 EPC 입찰에서 P(기자재 조달)가 차지하는 비중은 약 60% 이상으로 절대적이다. 국산 기자재가 선진국 제품에 비해 품질 면에서 결코 뒤지지 않음에도 불구하고 발주처로부터 주목을 받지 못함에 따라, 우리나라 플랜트 기자재의 조달 참여는 상대적으로 저조한 편이다.[16]

| 표 1-1 | 주요 플랜트별 기자재 비중 (단위: %)

플랜트 종류	엔지니어링 비	기자재 비	현지공사비
발전플랜트	10	60	30
담수플랜트	5	75	20
통신플랜트	5	70	25
화학비료플랜트	5	55	40
화학섬유플랜트	3	52	45
시멘트플랜트	10	70	20
제철플랜트	10	57	33
석유정제플랜트	10	55	35
석유화학플랜트	10	50	40

출처: 〈해외플랜트 수주 200억 불 달성을 위한 플랜트 산업 경쟁력 강화 전략〉, 한국플랜트산업협회, 2004. 8.

3. 플랜트 기자재 분류

플랜트 기자재의 종류는 그 기능 및 역할에 따라 기계 분야, 배관 분야, 전기 분야, 계장 분야 기자재 등으로 나눌 수 있으며 독립적인 기능을 수행할 수 있는 구성장치, 부

16 〈해외플랜트 수주 200억 불 달성을 위한 플랜트 산업 경쟁력 강화 전략〉, 한국플랜트산업협회, 2004. 8.

품 및 각종 구성장치가 결합된 완제품 등으로도 구분할 수 있다. 일반적으로 현장에서는 플랜트 기자재에 대하여 고정장치, 회전기계, 패키지, 배관 및 벌크 자재, 밸브, 전기 분야, 계장 분야로 나누어 업무에 적용하고 있다.

1) 고정장치류는 열교환기, 반응기Reactor, 기둥Column, 압력용기Vessel 등으로 구성된다.

2) 회전기계류의 주요 기자재는 주로 펌프Pump와 압축기Compressor 등으로 구분된다.

3) 배관 및 벌크 자재류는 파이프, 관이음쇠fitting, 플랜지flange, 개스킷gasket, 볼트/너트, 여과기Strainer, 스팀 트랩Steam Trap 등으로 구성된다.

4) 밸브는 각종 관이나 기계류에 장치하여 액체나 기체의 흐름을 조절(차단, 방향 전환, 압력 및 속도 조절 등)하는 장치를 말한다.

5) 전기 분야 자재류는 변압기Transformer, 케이블Cable, 반응기, 스위치 기어Switch Gear, UPS, 전동기제어실MCC: Motor Control Center, 전력 커패시터Power Capacitor, 배터리 충전기Battery Charger 등 다양한 종류로 나뉘고 있다.

6) 계장 분야 자재류: 계장計裝, Instrumentation은 플랜트를 관리하기 위하여 각 공정마다 측정하거나 조절하기 위한 계기와 그 계기들을 하나의 패널 위에 설비하는 것으로 국소게이지Local Gauge, 스위치, 전송기Transmitter 등으로 구성된다. 의미가 매우 포괄적이기 때문에 계기, 조절, 설치, 설계의 의미를 모두 내포하고 있다. 계장은 유량계, 압력계, 온도계 등 측정기와, 측정신호를 전송하는 전송장치의 신호를 받아서 동작하는 제어기Controller, 기록계Recorder 등의 제어반Control Panel 계기와 제어밸브Control Valve 등으로 구성된다.

7) 패키지류 기자재는 고정장치류, 회전기계류, 밸브류, 전기 분야, 계장 분야 등이 조합되어 소규모의 플랜트 역할을 하는 것으로 가열로시스템Fired Heater System, 냉동

공조기 등이 포함된다.

8) 정보통신 분야 기자재는 전화시스템, 랜LAN 등의 통신설비와 침입감지, 출입통제, CCTV시스템 등의 보안설비가 대표적이며, 해당 설비의 관련 자재들을 들 수 있다. 프로젝트에 따라 계장 분야로 분류되어 진행되는 경우가 종종 있다.

| 플랜트 산업의 특성

1. 플랜트 프로젝트 수행 역량[17]

해외 플랜트 사업을 효율적으로 수행하기 위해서는 프로젝트 관리능력, 설계능력, 발주자 대응능력을 갖추는 것이 가장 중요한 역량으로 파악되고 있다. 이를 위해서는 첫째, 글로벌 프로젝트 관리능력을 제고해야 한다. 즉 내부 자원 활용을 극대화하고 복잡한 동시 진행 프로젝트의 수행능력을 높여야 한다. 그리하면 수익성 향상을 도모할 수 있으므로, 규모가 큰 초대형 프로젝트에서는 그 역량이 더욱 중요해진다.

둘째, 표준화되고 유연한 설계능력을 갖추어야 한다. 여기에는 프로젝트 비용을 최소화하는 표준화된 설계능력과 기술 혁신을 반영할 수 있는 유연한 설계능력이 필요하다. 따라서 엔지니어링 생산성 향상과 엔지니어링의 플랫폼화가 필요하다.

마지막으로는 발주자와의 건설적인 유대관계가 필요하다. 발주자와의 수주 계약 사항 이외의 협력을 확대하는 노력과 미래의 환경 변화에 대응하기 위한 공동 노력은 발주자 및 공급자 위험에 대하여 공동 대응할 수 있도록 하는 데에 매우 유용하다.

---

17 〈플랜트 산업 발전방안 연구〉, 지식경제부, 2012. 12.

2. 플랜트 산업의 특징

1) 플랜트는 제품을 제조하기 위한 설비인 기계, 장비, 장치 등의 하드웨어와 하드웨어의 설치에 필요한 설계와 엔지니어링 등에 대한 소프트웨어, 그리고 건설시공, 유지보수가 포함된 종합산업이다.

2) 플랜트 산업은 부가가치가 높은 지식집약형 산업이며, 제조업과 서비스업의 성격을 동시에 갖고 있는 융합산업이기도 하다. 또한 플랜트 산업은 엔지니어링, 기계설비, 건설 등의 복합산업으로서 프로젝트 수주, 설계, 시공은 물론 사전조사, 소요자금 조달, 유지보수 등 서비스 영역의 중요성이 점차 확대되고 있다.[18]

3) 플랜트 엔지니어링은 사람이 핵심인 고부가가치 지식기반 산업으로, 프로젝트에 따라 고객의 요구조건과 위험 요인이 달라 전문지식과 다양한 프로젝트 경험을 보유한 인적자원이 특히 중요하다.

4) 플랜트 수출은 프로포절 전 단계인 사업성 검토에서부터 프로포절 단계, 협상 및 계약 단계, 실행 단계를 거쳐 시운전 및 인도 단계에 이르기까지 매우 복잡다단한 과정을 거치게 되며, 이 과정에서 다양한 경험과 지식을 필요로 한다.[19]

5) 플랜트 프로젝트는 제품(기자재) 및 서비스(운영관리)에 대한 융합이 요구되고, 기술력과 사업 경험이 경쟁력과 직결되는 분야이며, 기술주기가 비교적 긴 편으로 후발업체의 시장 진입이 어려운 편이다.

---

18 〈플랜트산업 기술과 정책동향〉, 한국과학기술기획평가원, 2010. 3.

19 〈플랜트산업의 기초분석〉, 산업연구원(KIET), 2012. 1.

제3절 |

해외 플랜트 산업

| 해외 플랜트 입찰절차

해외 플랜트에 대한 일반적인 입찰절차는 [그림 1-1]의 예와 같으며, 플랜트 소유주 등의 발주자가 플랜트 건설 역무를 실행할 EPC 등의 업체를 선정하는 단계로 볼 수 있다.

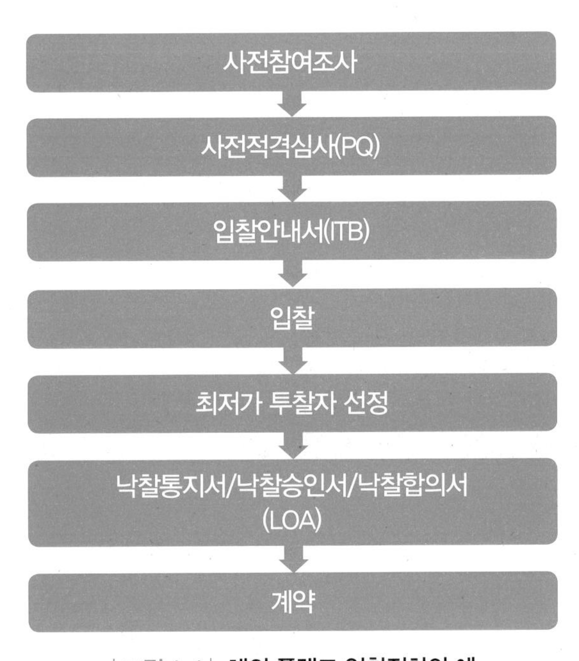

| 그림 1-1 | 해외 플랜트 입찰절차의 예

발주자는 목표 플랜트 건설에 참여할 적합한 업체 후보들을 찾아내는 등 사전참여조사를 통하여 적정 후보를 확보한다. 그 다음에는 해당 업체에 대하여 '사전적격심사PQ → 입찰안내서ITB 통보, 수령 → 입찰 → 최저가 투찰자 선정 → 낙찰통지서/낙찰승인서/낙찰합의서LOA 통보, 수령, 합의 → 계약' 순의 절차로 해외 플랜트의 입찰이 진행되는 것이 일반적이다.[20] 각 단계별 세부사항은 다음과 같다.

1. 사전적격심사

사전적격심사PQ: Pre Qualification는 사전에 시행하는 적격심사를 의미하며 입찰 참가자격을 부여하기 위한 평가 단계이다. 발주자는 입찰 참여 후보자들에 대하여 시공경험, 기술능력, 경영상태, 신인도 등을 종합적으로 평가해 적격업체를 입찰 참여 대상자로 선정한다. 사전적격심사 단계는 보통 입찰안내서 발급 이전에 시행하나, 어떤 경우에는 입찰안내서 발급 후에 이루어지기도 한다.

2. 입찰안내서

입찰안내서ITB는 'Invitation To Bid' 또는 'Instruction To Bidder'라고도 하며 사전적격심사 입찰유의서로 불리기도 한다. 입찰안내서는 발주자가 평소에 거래경험이 있거나 사전적격심사를 통과해 플랜트 공사가 가능하다고 판단되는 EPC업체들 등에게 보내는 입찰 요청 및 입찰안내서를 의미한다. 입찰안내서를 받지 못하면 입찰에 참여할 수 없으므로 입찰안내서 확보는 일종의 진입장벽을 통과하는 역할을 한다.

---

20 〈해외플랜트 수주동향과 전망〉, 한국정책금융공사 · KB투자증권, 2012. 10. 자료 인용.

3. 최저가 투찰자

입찰에 참여한 EPC, 건설사 등이 제출한 입찰가격 중 최저가격을 제출한 투찰자를 말한다. 최저가 투찰자Lowest로 선정된 투찰자는 가격경쟁력 면에서 낙찰자로 선정되기에 유리하나, 최종계약자를 뜻하지는 않는다.

4. 낙찰통지서/낙찰승인서/낙찰합의서

1) 낙찰통지서LOA: Letter of Award는 법적 구속력을 가지며, 낙찰자임을 알리고 공사개시 협약 등에 대한 세부사항을 포함하여 공지해준다. 대부분의 경우 낙찰통지서 확보 시 수주로 인식하는데, 일부 국가에서는 불인정되는 경우도 존재한다.

2) 낙찰승인서LOA: Letter of Acceptance는 낙찰통지서와 동일한 기능의 문서로, 발급되는 시점부터 쌍방 간 법적 효력이 발효된다.

3) 낙찰합의서LOA: Letter of Agreement 역시 낙찰통지서와 마찬가지로 협약 또는 각서의 법적 구속력을 갖도록 문서화된 협정서명서이다. 낙찰합의서에 의한 협정서명이 끝나면 플랜트 공사를 시작하게 되고, 낙찰자는 주요한 기자재들에 대한 조달을 시작하게 된다.

5. 계약

발주자와 낙찰자가 플랜트 건설 계약문서를 작성하고 발주자의 책임자와 EPC업체 등의 대표가 서명을 하여 플랜트 계약이 성립하였음을 공식화하는 단계를 말한다.

| 플랜트 계약의 종류

가. 플랜트 계약에는 턴키Turn-Key 방식이 보편적으로 적용되는데, 이는 수주자가 모든 업무를 수행하고, 발주자는 키Key만 돌리면 즉시 플랜트 설비가 가동되도록 하는 형태의 계약 방식을 말한다. 일반적으로 턴키 방식의 플랜트 계약은 플랜트 발주자가 수주자에게 목적에 맞는 플랜트의 각종 기계설비나 생산설비 등의 공장을 건설하여 공급하는 업무를 수행하게 하는 것이다.
수주자의 업무에는 사업 타당성 조사, 엔지니어링, 목표물 생산에 필요한 설비 등의 제작, 기자재 구매 및 공급, 구조물과 건축물의 건설, 기계장치들이 종합된 통합설비의 시험운전 등의 모든 과정의 업무가 포함되는 것이 일반적이다.

나. 턴키 방식 이외에는 PM, FEED, EPC 또는 EP와 C를 분리 발주하는 형태의 계약 방식이 있다.[21]

- PM: 프로젝트를 전체적으로 관리하고 운영해주는 계약이다.
- FEED: 기본설계와 상세설계를 연결해주는 설계로, EPC 프로젝트 확정 전에 프로젝트 기간, 비용, 기술사항, 사업주의 요구사항을 설계에 반영하는 등의 업무를 수행하는 계약이다.
- EPC는 설계(E), 조달(P), 시공(C) 세 가지 부문의 일괄수주 방식을 의미하며, EP와 C를 분리하여 발주하기도 한다. 이 경우에 EP 방식은 일반적으로 EPC 방식에서 기본설계가 제외되고 조달(P)의 일부분을 현지 조달하는 방식으로 EPC보다 규모가 작은 형태의 계약을 의미한다.

---

21 〈플랜트산업 전망과 국내플랜트 기자재업체의 경쟁력 분석〉, 하나금융경영연구소, 2008. 9, 3쪽.

| 플랜트 수출

가. 플랜트 수출은 주로 플랜트 프로젝트 수주자가 발전소, 화학공장, 제철공장 등에 대한 생산설비 또는 공장을 해외에 공급하기 위한 활동을 말한다.

나. 플랜트 수출은 일반 장비나 시스템설비 등의 수출과는 달리 수출에 따른 국가 간 마찰이 적은 편이어서 선진국들의 전략적인 수출 방식으로 각광받고 있다. 그러나 플랜트 설계 및 조사에 많은 시간과 비용이 들고, 대금지급이 흔히 장기간 연불 방식이어서 수출금융 문제가 중요하며, 플랜트에서 생산된 제품이 역수입되는 부메랑 효과도 발생한다.[22]

다. 플랜트 수출은 보편적으로 플랜트 건설을 위한 기계설비 등의 하드웨어뿐만 아니라 기계나 시스템 가동에 필요한 소프트웨어 패키지에 한정하지 않고 이에 수반되는 관련 기술이나 노하우, 시운전, 운영능력, 교육훈련 등의 소프트웨어 부문 모두를 함께 수출하는 특징이 있다. 따라서 플랜트 수출과 관련한 계약 방식으로 턴키 방식이 많이 적용된다.

라. 플랜트 수출은 플랜트를 구성하는 각종 요소들을 동반하여 수출하기 때문에, 프로젝트를 구성하는 각종 요소들에 해당하는 전후방 산업의 생산성을 높이고 있다. 또한 지식집약형 기술 수출이어서 부가가치의 창출효과가 어느 다른 산업보다도 크다.

마. 플랜트 수출에 대한 주요 내용과 그 흐름은 [그림 1-2]와 같으며, 각 단계별 주요 활동 내역은 다음과 같다.

---

22 〈해외플랜트 수주 200억 불 달성을 위한 플랜트산업 경쟁력 강화 전략〉, 한국플랜트산업협회 플랜트 민관합동 T/F, 2004. 8, 2쪽.

1. 정보수집 단계

신규 프로젝트에 대한 정보를 입수하고 분석하여 사전에 마케팅 활동을 하는 단계로, 가급적 정확한 정보를 수집하여야 하며, 수집된 정보에 의해서 프로젝트의 윤곽을 파악하고 수주활동 여부 등의 판단에 활용할 수 있다.

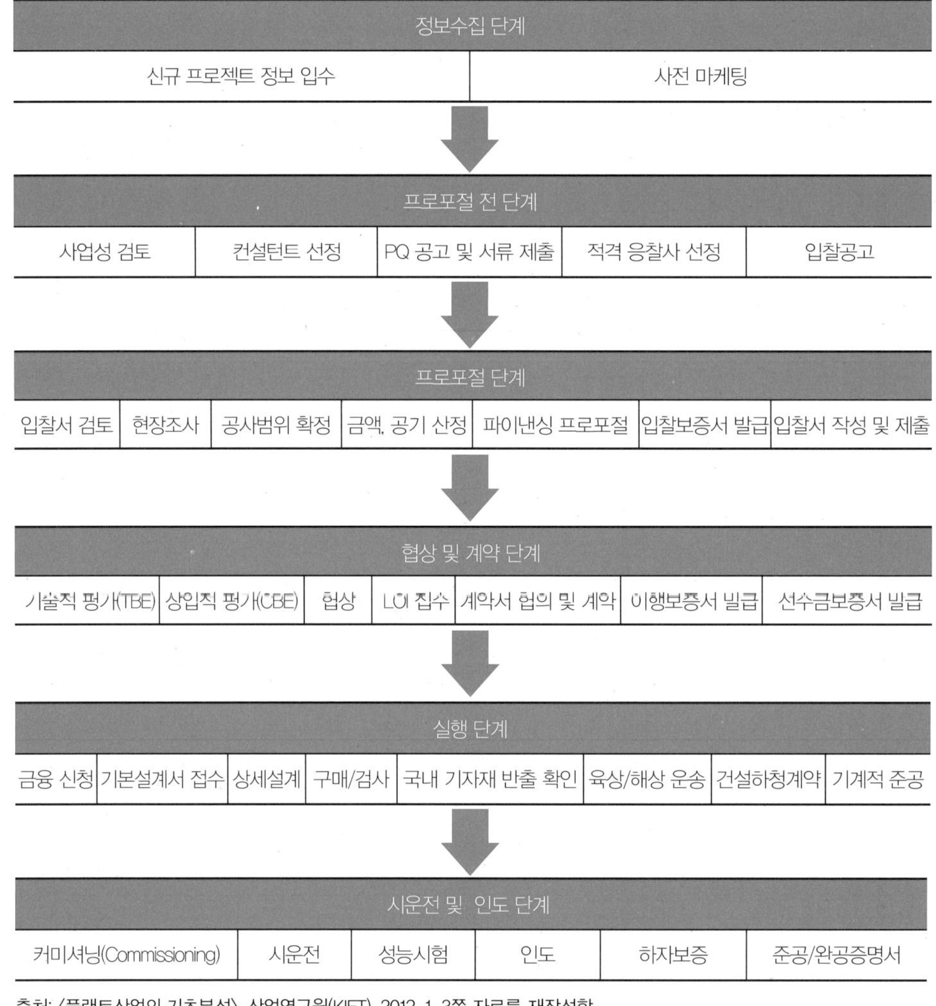

출처: 〈플랜트산업의 기초분석〉, 산업연구원(KIET), 2012. 1, 3쪽 자료를 재작성함.

| 그림 1-2 | 플랜트 산업의 구조와 수출 흐름도

2. 프로포절 전 단계

입찰 제안을 준비하는 단계로서 사업 타당성을 검토하는데, 필요한 경우에는 해당 플랜트 프로젝트에 대한 전문가나 전문 컨설턴트를 활용할 수 있다. 또한 사전적격심사 공고나 입찰안내서 접수, 입찰공고 등에 대한 자료 및 수집정보 등을 분석하여 이 단계에서 응찰 여부를 결정한다. 소요자금 조달에 대한 요구사항이 있을 때에는 프로포절 단계에서 제시할 수 있다.

3. 프로포절 단계

입찰공고 내용, 입찰안내서, 수집자료 등을 분석하고 현장조사를 통하여 필요한 사항을 확인하는 것이 바람직하다. 그러한 과정을 통하여 공사범위, 공사금액, 공사기간을 산정하고, 소요자금 조달에 대한 사항 등을 포함하여 입찰제안서, 입찰보증서Bid Bond 등 입찰에 필요한 서류를 준비하여 입찰에 참가한다.

4. 협상 및 계약 단계

발주자에 의한 기술적 평가TBE: Technical Bid Evaluation와 상업적 평가CBE: Commercial Bid Evaluation에 의해 계약 후보자로 선정이 되면, 사업수행 및 계약조건 등에 대한 협상을 한다. 그 이후 발주자와 수주자 등이 협의한 대략적인 협약사항을 문서화한 내약서LOI: Letter of Intent를 접수하게 된다. 그리고 계약조건 등의 사항을 구체화한 계약서를 협의하여 작성하고, 당사자들 간에 계약을 체결한다. 또한 계약을 수행하기 위한 이행보증서P-Bond: Performance Bond, 선수금보증서AP-Bond: Advanced Payment Bond 발급이 수반된다.

5. 실행 단계

플랜트 설계, 기자재 조달, 시공 등을 실행하는 단계로서 자금 조달, 설계, 기자재 구매 및 검사, 기자재 운송, 건축 및 설비 시공 등의 역무를 수행한다. 수주자가 단독으로 수행하기 어렵거나 하청이 필요한 업무 등의 건설하청계약은 토목, 건축, 기계, 배관, 전기, 계장, 통신 등의 분야로 이루어질 수 있다.

6. 시운전 및 인도 단계

플랜트 계약에 의한 프로젝트의 완료 단계로 볼 수 있는 시운전 및 인도 단계는 시공이 완료된 건축물, 기계적 설비 등에 대한 전반적인 점검 및 검사를 거쳐 시운전을 시행한다. 이때, 플랜트 설비의 시운전을 위하여 각 장치 및 단위시스템의 가동이 가능하도록 단위시스템과 각 장치들의 설치 및 연결상태, 공급전원 등을 점검 · 확인하고, 필요시 해당 사항을 수정하는 등의 활동을 커미셔닝commissioning이라 한다. 플랜트 설비의 전체적인 시운전에 앞서 각 단위시스템에 대한 커미셔닝이 이루어지게 되며, 시운전 단계의 필수활동이 커미셔닝이므로, 보통은 커미셔닝을 시운전으로 본다. 시운전 단계는 플랜트 목적에 맞는 기능과 성능 등 제반사항을 확인하여 플랜트 가동에 따른 문제점 등을 사전에 점검하고 확인해보는 과정을 거친다. 시운전이 마무리되면 플랜트 건설에 대한 계약에서 정한, 플랜트와 모든 결과물을 인계인수하여 인도한다. 발주자는 플랜트 인수와 함께 설비 운영 등 플랜트를 가동하여 생산활동을 할 수 있다. 또한 보통 수주자는 하자보증을 증명하는 하자보증서W-Bond: Warrant Bond, 발주자는 준공 또는 완공증명서를 발급한다.

제4절 | 국내 플랜트 산업 이슈

| 국내 플랜트 산업

국내 플랜트 산업에 대한 경쟁력과 기술력 등의 특징을 살펴보면, FEED 부분은 대부분 원천기술을 보유하고 있는 선진국에 의존하고 있으나, 국내 업체가 강점을 가진 토목/건설의 기본설계와 상세설계는 자체적으로 해결하기도 한다.

1. 경쟁력

1) 일반적으로 플랜트 프로젝트를 수주하고 실행함에 있어 선진국의 플랜트 관련 기업들은 플랜트 사업 구상, 프로세스 설계, 타당성 분석, 기본설계 부문에서 경쟁력을 보유하고 있으며, 국내 플랜트 업체는 EPC, 시운전, 플랜트 이관 부문에서 경쟁력을 보유하고 있는 것으로 평가되고 있다.

2) 국내 EPC업체들은 중동 석유화학플랜트 등의 시장에서 우선적으로 입찰안내서를 받을 정도로 경쟁력을 확보하고 있으나, 고부가가치의 기술력이 필요한 원천기술(라이선스)과 기본설계 부문의 역량이 부족해 기술력 확보가 필요하다.[23]

---

23 〈해외플랜트 수주동향과 전망〉, 한국정책금융공사, 2012. 10.

3) 국내 플랜트 업체는 기자재 조달에 있어, 주요 기자재는 주로 국제적으로 인지도가 높은 기업의 제품을 선호하여 사용하므로 해외 공급업체로부터 납품을 받게 되고, 일반 기자재는 국내 기자재업체의 제품을 사용하는 경우가 많다. 따라서 국내 플랜트 업체가 EPC 공사를 수주하여도 주요 기자재의 해외 의존도가 높아 가격 경쟁력이 떨어지고 기자재 조달에서 위험이 발생할 수 있으며, 플랜트 성능을 보장해야 하는 위험에 노출되어 있다고 볼 수 있다.

2. 기술력

1) 플랜트 프로젝트 수행 면에서 보면 우리나라 플랜트 엔지니어링 기술은 시스템 엔지니어링 및 종합적인 프로젝트 기획 및 관리능력 단계에서 기술 수준이 선진국에 비해 뒤떨어지는 것으로 분석된다.[24]

2) 국내 업체들은 상대적으로 경쟁 강도가 높고 부가가치가 낮은 EPC 분야에 집중하고 있고, 고부가가치 기술이 필요한 사업관리 자문PMC: Project Management Consultancy 및 FEED 등의 영역에는 글로벌 선도업체가 거의 독점하고 있는 실정이다. 따라서 고부가가치 사업영역인 EP 분야로의 역량 확대와 PMC 및 FEED와 같은 고부가가치 기술 역량 확보가 필요하다.[25]

---

24 〈해외플랜트 수주 200억 불 달성을 위한 플랜트 산업 경쟁력 강화 전략〉, 한국플랜트산업협회, 2004. 8.

25 〈플랜트 산업 발전방안 연구〉, 지식경제부, 2012. 12.

3. 플랜트 산업의 영향 요인

1) 일반적으로 플랜트와 같은 해외건설 프로젝트는 기후, 지형과 같은 자연위험, 사회적, 정치적, 경제적, 재무적, 법적, 보건적, 경영적, 기술적, 그리고 문화적 위험에 노출되어 있다.

2) 우리나라 플랜트 업체들의 대부분은 주요 핵심 설계 분야 및 기자재 공급에서 많은 부분을 선진국에 의존하게 되어 수주금액 대비 외화가득률은 약 30%로 매우 낮은 상황이다.[26]

3) 국내 플랜트 업체가 수주하는 프로젝트 수주액의 60~65%가 기자재 부문이 차지하고 있는 것으로 나타나 기자재 부문의 영향력이 크다. 플랜트 기자재는 주요 플랜트 업체의 협력업체로 등록되어야만 수출이 용이하고, 품목별로 고도의 기술력과 납품실적을 요구하기 때문에 진입장벽이 비교적 높은 편이다.[27]

| 플랜트 기자재

1. 국내 플랜트 기자재 산업

1) 국내 플랜트 기자재 산업의 특징은 소량 다품종 주문생산에 의존하는 영세한 구조로, 국내 플랜트 업체를 중심으로 공급하고 있어 경제규모의 달성에 한계가 있다. 또한 국내 플랜트 기자재 생산업체들이 전문화와 대형화를 이루어 경쟁력을 갖추는 것은 상당히 어려운 실정이다.

---

26 플랜트산업 기술과 정책동향, 한국과학기술기획평가원, 2010. 3.

27 플랜트산업 전망과 국내 플랜트 기자재업체의 경쟁력 분석, 하나금융경영연구소, 2008. 9.

2) 대부분의 플랜트 기자재업체는 발주자 또는 플랜트 제작업체에 수직적 형태로 종속되어 있으며 발주자는 자사의 공급업체 목록에 등록된 기업 중심으로 기자재 조달을 요구하고 있는 실정이다. 해외 플랜트 건설의 경우 다수의 기자재를 현지 또는 인근 국가에서 조달하는 경우가 많은 이유이다.

3) 현재의 실정은 국내 플랜트 기자재 생산기술력이 취약하여 핵심 기자재 또는 특수 기자재는 외국 제품에 의존하고, 국내 업체들에서는 부가가치가 낮은 범용제품 위주로 생산이 이루어지고 있다. 특히 CCTV, 통신시스템, 통신망 등의 정보통신 분야의 기자재들은 높은 기술력을 요구하고 있으며 제품의 품질이 설비 운영이나 안전에 심각한 영향을 미치게 될 수 있다. 이러한 요구조건을 만족하고 품질 및 성능이 우수한 우리나라 제품인 경우에도 글로벌 인증, 인지도 및 발주처의 선호도 부족 등의 이유로 플랜트 프로젝트에 채택되기 어려워 해외 수출은 극히 제한적인 실정이다.

4) 국내 플랜트 및 기자재 산업은 고부가가치 플랜트의 주요 핵심기술이 해외 유수의 플랜트 업체에 집중되어 있고, 장납기와 고부가가치가 요구되는 주요 기자재들에 대해서는 주로 해외 업체에 의존하고 있는 실정이다.

2. 플랜트 기자재 국산화율

플랜트 프로젝트에서 우리나라 기업들이 생산한 기자재가 채택되거나 국산 기자재가 플랜트에 공급되는 비율이 낮아, 전반적으로 플랜트 기자재의 국산화율은 낮은 실정이다. 대부분의 플랜트 기자재를 미국, 영국, 프랑스, 독일 등 선진국 업체에서 조달함으로 인해 주요 분야의 국산 기자재 적용률은 매우 낮은 상황이며, 특히 고부가가치 핵심 기자재의 경우에는 심각한 수준이다.[28]

---

28 〈플랜트산업 기술과 정책동향〉, 한국과학기술기획평가원, 2010. 3.

3. 국내 플랜트 기자재 시험인증

플랜트 기자재의 품질이나 성능을 보증할 수 있는 시험인증에 대하여 국내의 수준을 살펴보면, 플랜트에서 사용되는 핵심 기자재에 대한 성능시험, 신뢰성 평가 및 공인인증 등 수출에 필요한 플랜트 기자재 시험인증 기반이 매우 취약한 실정이다. 따라서 국내에서 개발된 기자재가 우수하더라도, 플랜트 산업의 특성상 성능을 실증하거나 신뢰성을 입증할 수 없으므로 시장경쟁력을 확보할 수 없고 플랜트에 사용할 수 없게 되는 상황이 발생한다.

| 위험 관리

플랜트 건설 등의 해외 사업 시 위험 관리가 필수적인데, 신흥국 진출 시에는 위험이 더욱 증가되고 있어 이에 대한 대비를 해야 한다. 보통은 시공 및 건설 단계에서 발생하는 위험으로 인하여 현금 손실이 발생할 가능성이 가장 큰 것으로 알려지고 있다. 이에 대비하기 위해서는 프로젝트 종류별로 위험별 대응수준을 다르게 해야 할 필요가 있다. 사업 수행과 공사 위험사항, 그리고 정치적 위험에 대하여 살펴보면 다음과 같다.

1. 사업 위험

사업에 대한 위험은 플랜트 프로젝트 입찰 시 국내 업체나 해외 업체에서 공통적으로 발생하는 사항으로, 기획 및 입찰 단계에서 잘못된 예측이나 잘못된 입찰 평가로 인하여 수익성 저하를 가져오는 경우가 가능 큰 원인으로 꼽히고 있다. 따라서 입찰에 참가하기 전에 플랜트 프로젝트 각 과정의 추정 비용을 꼼꼼하게 체크해야 한다.

1) 국내 업체의 경우는 인력과 원자재에 대한 비용 상승 항목이 해외 업체와 비교하여 수익성을 저하시키는 중요한 원인으로 알려지고 있다. 또한 그다음의 원인으로 하청업체 역량 부족을 수익성 저하의 요인으로 꼽고 있다.

2) 지역별 위험 증대는 플랜트 프로젝트 지역별로 각기 다른 위험을 나타내며, 지역적 정보를 많이 가지고 있으면 대응력을 향상시켜 위험을 줄일 수 있으므로 정보공유 및 체계적인 정보관리가 필요하다.

3) 프로젝트 관련 위험은 필수적으로 사업성과의 비용으로 이어지게 되는데, 프로젝트 수행 등에 대한 위험을 세밀하게 분석하여 이에 대한 대응방안을 마련할 필요가 있다. 위험 대응방안으로는 위험요인을 사전에 제거하거나 감소시키는 예방적 대응과 함께 위험 발생 시에 그 영향을 최소화할 수 있는 후속 대응상황도 고려한다.

2. 공사 완공 위험

보통은 해당 플랜트의 잦은 설계 변경과 하청업체 역량 부족 등으로 공사 완공에 대한 위혂이 커질 수 있으므로, 유연한 설계능력을 보유하는 등 설계능력을 강화하고 프로젝트 관리능력을 향상시킬 필요가 있다. 특히 공사에 따른 위험요인들에 대하여 그 발생 가능성을 최소화시켜 계획된 공정을 지킬 수 있도록 함이 중요하다.

3. 정치적 위험

신흥국이나 중동지역 등의 플랜트 프로젝트 지역이 정치적 · 경제적으로 불안한 경우에 해당 국가의 정치 상황이나 경제 상황 등의 정치적 위험에 대응하기 위한 방안을 마련하여 접근하는 것이 바람직하다.

제2장

플랜트 정보통신 프로젝트

제2장에서는 플랜트 건설 등에 따른 정보통신 프로젝트에 대한 사항을 알아보기 위하여, 플랜트 프로젝트의 개요, 플랜트 정보통신 프로젝트, 정보통신 프로젝트의 수행사항, 정보통신 프로젝트의 완료에 대한 사항을 설명한다. 플랜트의 정보통신 프로젝트는 주로 통신시스템이나 보안시스템을 해당 플랜트에 대한 맞춤형 통합시스템으로 제작하여 납품하는 형태를 가지고 있다. 통신시스템을 공급하는 통신 프로젝트, 보안시스템을 공급하는 보안 프로젝트, 또는 통신시스템 및 보안시스템을 함께 공급하는 정보통신 프로젝트가 성립되곤 한다.

제1절 '플랜트 프로젝트 개요'에서는 플랜트 프로젝트의 기획부터 발주 및 계약 단계, 수행 단계, 완료 단계 등의 플랜트 프로젝트의 사업단계를 살펴본다.

제2절 '정보통신 프로젝트 수주'에서는 플랜트 정보통신 프로젝트의 진행절차와 입찰 진행과정, 그리고 계약 체결까지의 사항들을 설명한다.

제3절 '프로젝트 수행'에서는 수주한 정보통신 프로젝트의 요구사항 분석, 착수보고 업무협의 및 공정관리사항, 목표시스템의 설계, 시스템 제작, 제작된 시스템에 대한 검사 및 시험에 관한 사항 등을 상세히 설명한다.

제4절 '프로젝트 완료'에서는 시운전, 현장인수시험, 인수인계 및 준공사항에 대하여 설명한다.

제1절 | 플랜트 프로젝트 개요

플랜트의 운영에 있어, 플랜트 시설을 가동하거나 플랜트의 주요시설을 보호하는 등의 역할에 통신시스템 및 보안시스템의 활용도가 매우 높아, 정보통신의 중요성은 매우 커지고 있다. 또한 정보통신 네트워크 및 정보통신시스템을 활용한 플랜트 설비들의 가동능력 향상, 동작 확인, 계측제어 등에 있어서 그 효용성이 매우 높아지게 된다. 따라서 통신시스템과 보안시스템 등의 기자재를 조달하는 플랜트 정보통신 프로젝트를 이해하기 위하여 먼저 일반적인 플랜트 프로젝트에 대하여 설명한다. 그리고 제2절부터는 정보통신 프로젝트에 관한 사항들을 상세히 다룬다.

| 사업 단계

제1장에서 플랜트 및 플랜트 산업에 대하여 살펴본 바와 같이, 플랜트 건설을 위한 프로젝트는 주로 해외의 지역정부나 관련 대형 기업 등이 발주하게 된다. 일반적으로 플랜트 프로젝트의 사업 단계는 크게 보면 기획 단계, 설계 단계, 건설 단계, 운용 및 유지보수 단계로 구분할 수 있다. 여기에서는 프로젝트 진행절차와 기획 단계에 대하여 세부적으로 살펴본다.

1. 플랜트 프로젝트 진행절차

플랜트 프로젝트 진행절차의 예는 [그림 2-1]과 같과 같으며, 플랜트 프로젝트의 진행은 기획부터 설계, 건설, 운영 등에 대한 모든 업무를 소유주가 직접 수행하는 것이 가장 바람직하다. 그러나 실질적으로는 소유주가 단독으로 전반적인 업무를 수행하는 것이 어려우므로 EPC 등의 전문업체들에게 전부 또는 부분적인 업무를 맡기게 되며, 대부분의 경우에 설계 및 건설 등의 업무를 턴키 방식으로 발주한다.

2. 플랜트 프로젝트 기획

플랜트 프로젝트에는 소유주, 발주자, 수주자, 기자재 공급자, 시공자 등이 존재하며, 각자의 역할과 업무를 수행하게 된다.

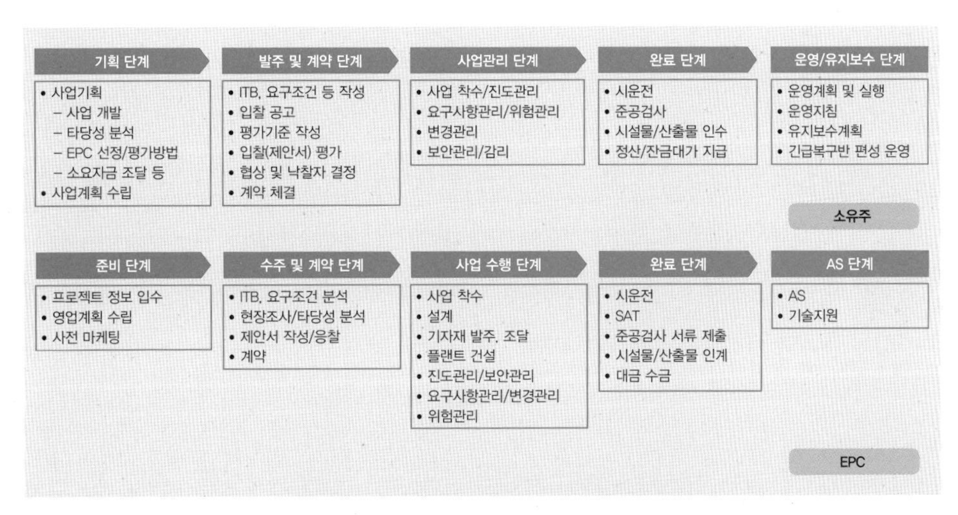

| 그림 2-1 | 플랜트 프로젝트 진행절차의 예

가. 소유주는 플랜트 프로젝트 완성물의 주인으로서 발주자가 될 수 있으며, 해당 플랜트 완성을 위해 필요한 프로세스별 대상자를 선정하여 기획 · 발주 · 프로젝트 관리 등의 역무를 위임하거나 직접 수행하기도 한다.

나. 또한 소유주는 플랜트 프로젝트의 설비 완공 후에 해당 플랜트의 운영 및 유지보수를 하게 되는데, 필요시에는 운영 및 유지보수 등의 역무를 전문업체에 위탁 운영하기도 한다.

다. 플랜트 사업을 기획하는 등의 과정에 의해 프로젝트가 성립되어, 플랜트 프로젝트를 발주하는 발주자는 소유주, 개발자, PMC, FEED업체 등이 담당 영역별로 발주자 역할을 수행할 수 있다. 일반적으로 플랜트 소유주는 목표로 하는 플랜트에 대한 프로젝트를 기획하고, 자신이 수행하기 곤란하거나 할 수 없는 분야에 대하여 전문가나 전문업체의 도움을 받아 진행하거나 해당 역무 전체를 위탁하기도 한다.

라. 플랜트 프로젝트 기획 단계에서는 사업 개발, 사업 타당성 분석, EPC 등의 전문업체 참여범위, 선정방법, 입찰방법, 평가방안 설계, 소요자금 조달 등을 검토하고 확정하는 것이 일반적이다.

마. 플랜트 프로젝트는 그 진행과정에서 각 단계별 전문 분야에 대해서는 특화된 전문업체에 해당 역무를 위탁하여 수행되는 경우가 일반적이며, 특히 플랜트 프로젝트의 설계, 구매조달, 건설 부분에 대해서는 EPC업체와 턴키베이스 계약으로 이루어지는 것이 보통이다.

바. EPC업체는 설계, 구매조달, 건설 임무를 수행하기 위해, EPC가 직접 수행이 가능한 분야 이외의 분야에서 특화된 전문업체(예를 들면 기계, 배관, 전기, 계장, 통신 등)와의 협력을 통하여 플랜트를 건설하고 프로젝트를 완성한다.

| 발주 및 계약 단계

일반적으로 설계, 구매조달, 건설을 담당할 EPC업체를 선정하기 위한 발주, 입찰 및 계약에 이르는 단계의 과정 및 절차는 제1장 제3절에서 설명한 바와 같으나, 다시 한 번 살펴보면 다음과 같다.

가. 발주자는 사전참여조사를 통한 지명경쟁입찰 등의 입찰방법을 결정하고 입찰 제안을 요청하는 ITB나 입찰 요구조건 등을 작성한다. ITB는 입찰유의서 또는 입찰 안내서를 의미한다.

나. 입찰공고 또는 대상 업체들에게 입찰안내서, 발주자 요구조건, 제안 요청사항 등을 공지한다.

다. 해당 플랜트 프로젝트 입찰에 참여하고자 하는 EPC업체는 다음과 같은 절차와 관련 서류 등을 준비하여 입찰에 참여할 것인지를 결정한다.

1) 입찰안내서의 내용 및 발주자 요구사항을 검토하고 수행 가능 여부 등을 분석한다. 또한 현장조사Site Survey 등을 통해서 필수적으로 반영하여야 할 사항 등을 구체적으로 파악한다.

2) ITB를 접수한 업체는 ITB 검토 및 분석내용과 현장조사를 통하여 파악된 사항들을 반영하여 응찰을 준비하고 입찰을 위한 구체적인 설계를 한다.

3) 프로젝트에 소요되는 자재수량내역서BOQ: Bill Of Quantity와 역무 범위SOW: Scope Of Work를 세부적으로 확인하여 프로젝트 수행기간 등의 일정을 예측하여 입찰에 대비한다.

4) 프로젝트 수행에 필요한 기자재 조달, 건설 등의 각 분야별 소요금액을 산출하여 총 소요예산을 산정한다.

5) ITB, 발주자 요구사항, 현장조사 결과, 소요공기, 소요예산, 위험 등을 종합적으로 분석하여 입찰 참여 여부를 결정한다.

라. 입찰 참여를 결정한 EPC업체는 입찰제안서를 작성하여 정해진 기한 내에 입찰에 응하고 관련 서류를 제출한다.

마. 발주자는 제출된 업체들의 제안서를 토대로 입찰평가를 한다. 입찰평가는 프로젝트 수행능력, 보유기술력, 요구조건의 충족 여부 등에 대한 평가와 제출된 예산금액 등을 고려하여 적정 업체를 선정한다. 보통은 최저가로 투찰한 업체를 선정하고, 발주자의 추가 요구사항이나 구체적인 계약조건 등의 수용 여부의 협의를 통하여 최종적으로 낙찰자를 결정한다.

바. 발주자는 낙찰자로 결정된 EPC업체와 프로젝트 수행에 따른 전반적인 사항에 대하여 협의하고, 필요시 협상절차를 거쳐 계약을 체결한다.

| 수행 단계

플랜트 프로젝트 수주 계약을 체결한 EPC업체는 플랜트 건설을 위한 플랜트 설계, 기자재 공급, 시공 등의 수행업무를 진행한다. 일반적으로 수행 단계에서 발주자는 프로젝트를 수주한 EPC업체의 수행 단계별 요청사항에 대한 승인과 정기적 또는 부정기적으로 보고서를 점검하고 확인하는 등의 사업관리를 한다. 플랜트 프로젝트의 주요 수행과정에 대한 관련사항은 다음과 같다.

1. 설계

가. 플랜트 프로젝트의 계약 요구사항 및 발주자의 요청사항 등에 대한 관련 자료 및 참고자료, 공인기술자료, 현장자료 등을 확보하고, 주요 기자재 자료 및 설계에 반영할 공통사항에 관한 자료 등을 수집하여 자료 우선순위를 정리한다.

나. 목표로 하는 플랜트가 적정하게 건설될 수 있도록 시스템을 설계한다.

다. 기자재의 사양 등에 대한 제품규격서Data Sheet, 배치계획, 운영조건 등을 상세히 분석하여 설계에 반영하고 시공도면 등의 설계도서를 생산한다.

2. 기자재 조달

플랜트 건설에 필요한 기자재를 건설현장에 공급하기 위한 모든 과정을 말한다. 즉, 플랜트에 필요한 각종 기계설비, 통신설비, 보안설비, 전기 및 계측제어 설비 등의 기자재를 조달하기 위하여 구매요구 및 입찰안내에서부터 플랜트 건설현장에 자재 도착 또는 납품이 이루어지기까지의 전 과정을 말한다. 일반적인 자재 조달과정은 구매규격 및 사양서 작성, 구매요구서 발행, 입찰안내서 발급, 입찰제안서 접수 및 평가, 구매협상, 발주서 발급, 공급자 도면 검토 및 승인, 제작과정 관리, 납품검사, 포장, 선적 등의 모든 과정이 포함된다.

3. 시공

플랜트를 건설하기 위한 공사를 시행하는 단계로 현장에 납품된 기자재를 사용하며, 설계도면에 의해 플랜트 공사 시공지침 등을 적용하고 인력과 장비를 투입하여 건설한다. 플랜트 공사에 있어 발주자의 협조가 필요한 사항은 사전에 협의를 마치는 것이 원활한 공사를 진행할 수 있다. 또한 시공현장의 주변 환경조건과 자재 공급 관련 사항들을 면밀히 확인하여 공사 진행에 차질이 없도록 대비한다.

| 완료 단계

공사가 완료되면 각종 기계설비, 통신설비, 보안설비, 전기 및 계측설비 등에 대한 가동상태를 확인하고 그 기능을 점검해보는 시운전 단계와 준공검사 단계를 거쳐 준공처리를 한다.

가. 시운전 및 준공: 일반적으로 플랜트 공사가 완료되는 시점에서 플랜트 시운전을 시행하여 목표 플랜트에 부합한지 등을 확인하게 된다.

1) 시운전은 시행에 앞서, 플랜트 시스템 설비에 대한 각 설비의 분야별 전문가와 해당 플랜트를 시운전한 경험이 있는 전문가Commissioning Manager들이 참여하여 플랜트 설비의 전반적인 사항을 점검하고 확인할 수 있도록, 시운전 계획을 수립하여 시운전을 준비하고 진행한다.

2) 시운전은 설치가 정상적으로 되어 있는지를 점검하는 예비점검, 각 단위설비 및 장치에 대한 운전시험, 모든 시스템을 동시에 가동하여 기능과 성능을 확인하는 종합시험으로 나누어 시험할 수 있다.

3) 시운전 시행 결과 문제점이 나타난 경우에는 해당 문제점이나 보완사항들을 해소시킨다.

4) 시운전 결과 문제가 없거나 보완사항 등을 해소한 경우에는 준공검사를 시행하고, 플랜트 공사에 대한 준공처리를 한다.

나. 운영 및 유지보수: 시운전 단계를 거쳐 준공이 되면, 플랜트의 운영 단계로 들어가게 된다. 플랜트 운영 중에 플랜트 설비에 고장이나 장애 등의 문제가 발생한 때에는 신속하게 조치를 취할 수 있도록 대비책을 마련해두어야 한다.

제2절 | 정보통신 프로젝트 수주

| 개요

가. 일반적으로 플랜트 건설 프로젝트를 수주한 EPC업체는 각 분야별 기자재 공급업체나 제조업체 등의 협력업체를 통하여 필요한 기자재를 조달하고 플랜트를 건설하는 역무를 수행한다. 따라서 플랜트의 정보통신 프로젝트는 플랜트 건설 프로젝트를 수주한 EPC가 사업을 수행하는 단계의 기자재 조달과정에서 성립되는 것이 보통이다.

플랜트 정보통신 프로젝트의 성립, 수행, 완료 등에 대한 절차나 방법은 일반적인 플랜트 기자재를 공급하는 대부분의 경우와 거의 같다. 단지 공급하는 기자재가 정보통신 시스템 분야로서 정보통신 분야의 특성이 반영되거나 고려해야 할 부분이 다른 점이라 할 수 있겠다.

나. 정보통신 분야는 해당 플랜트의 운영을 위하여 필요로 하는 통신서비스 제공이나 보안업무를 수행할 수 있는 기본 인프라 역할이 요구된다. 따라서 정보통신 네트워크, 플랜트 운용자 간의 통신, 플랜트 보안 및 각 설비의 보안 요구기능을 수행하는 장치나 장비 등에 대한 정보통신의 시스템화가 필요하다.

이러한 이유로 인하여 EPC업체는 기자재 조달 및 공급과정에서 정보통신 프로젝트를 성립시키게 된다. EPC업체는 보통 플랜트 정보통신 전문업체를 정보통신 프로젝트 수행업체로 선정하여 정보통신 시스템을 현장에 공급한다.

다. 정보통신 시스템은 플랜트의 특성이나 그 프로젝트의 요구사항 등에 따라 다양한 형태의 시스템이 적용될 수 있는데, 크게 나누면 통신 및 보안 영역으로 나누어 시스템을 구성할 수 있다.

1) 플랜트를 가동하고 운영하기 위하여 필요한 통신 영역의 시스템 설비들은 전화시스템, 랜 시스템, PAGA시스템 등이 있으며 자세한 사항은 제3장에서 살펴본다.

2) 보안 영역의 시스템 설비들은 CCTV, FIDS, ACS 시스템 등이 있으며 자세한 사항은 제4장에서 구체적으로 살펴본다.

3) 플랜트 정보통신 시스템은 해당 플랜트의 기능을 원활하게 수행토록 하거나 그 기능과 성능을 향상시키는 데에 기여하고, 해당 플랜트의 운영 및 유지보수를 효율적으로 할 수 있도록 구축됨이 바람직하다.

라. 플랜트 정보통신 프로젝트를 수주하고자 하는 SI[System Integration]업체는 EPC업체가 플랜트 프로젝트를 수주하는 단계에서 사전 마케팅 차원으로 정보통신 분야의 시스템과 기술 등에 대하여 EPC업체를 지원하기도 한다. 보통은 EPC업체가 수주한 플랜트 프로젝트의 수행과정에서 정보통신 기자재 공급에 SI업체가 참여하는 경우가 많다.

1) 일반적으로 플랜트 정보통신 프로젝트는 SI업체가 수행하며 EPC업체와 계약관계가 형성되나, 프로젝트 수행에 있어서는 EPC업체의 요구사항뿐만 아니라 소유주의 요구사항 및 절차를 따라야 하는 경우가 대부분이다.

2) 따라서 EPC업체의 기자재 발주 및 조달 단계에서 SI업체가 정보통신 프로젝트에 참여하게 되는 것이 일반적이나, 플랜트 프로젝트의 진행일정에 맞추어 종료되어야 하므로 충분한 납기를 확보하기 어려운 실정이다. 그러므로 SI업체는 프로젝트 응찰 시에 고객 요구사항, 시스템 공급 납기 등을 고려하여 일정계획을 검토하는 것이 중요하다.

| 프로젝트 진행절차

일반적으로 플랜트 건설 프로젝트를 수주한 EPC는 플랜트를 건설하기 위하여 각 분야 역무별로 자체 실행이나 외주용역 등을 검토하고 관련 프로젝트를 계획한다. 그에 따라 각 분야별로 기자재 조달을 위한 프로젝트를 성립, 발주, 관리하는 단계로 진행하는 것이 보편적이다. 플랜트 프로젝트에 대한 정보통신 프로젝트의 일반적인 진행 단계는 [그림 2-2]의 예와 같으며 제1절의 플랜트 프로젝트 진행절차의 예와 유사하다.

| 그림 2-2 | 플랜트 정보통신 프로젝트 진행의 예

1. 준비단계

플랜트 프로젝트에 정보통신시스템 분야의 기자재를 공급하고자 하는 업체(주로 정보통신 SI업체)는 프로젝트에 대한 정보를 입수하고 수주를 위한 영업계획과 사전 마케팅 활동을 한다.

2. EPC의 정보통신 기자재 발주

가. 일반적으로 플랜트 정보통신 프로젝트의 경우에는, EPC의 사업 수행 단계에서 EPC가 정보통신 분야 기자재 조달을 위한 견적요청서RFQ: Request for Quotation를 작성하고, 정보통신시스템 공급업체 등을 대상으로 시스템 공급 및 서비스 제공에 대한 프로젝트를 공고하고 지명경쟁 등의 방법으로 입찰을 진행한다.

나. 보통 플랜트 운영에 필요한 정보통신시스템은 통신시스템, 보안시스템, 통신망으로 크게 나누어볼 수 있다. 통신시스템은 플랜트 운영자, 운용요원들 간의 통신과 각 설비 운전에 필요한 기본적인 통신수단과 정보통신서비스를 제공하기 위한 시스템이다. 보안시스템은 플랜트의 주요 설비나 플랜트를 보호하기 위하여 출입자를 통제하거나 침입 시도 등을 탐지하는 등의 기능을 할 수 있는 시스템을 말한다.

다. 통신망은 통신시스템 및 보안시스템을 구성하는 각 개별 시스템이나 장비 등을 상호 연결하여 목적하는 기능을 수행하는 역할을 한다. 통신망을 의미하는 네트워크는 통신시스템을 위한 통신 네트워크와 보안시스템을 위한 보안 네트워크로 구분하여 구축될 수 있으며, 통신 및 보안시스템이 공동으로 사용될 수 있도록 공통적인 정보통신 네트워크를 구축할 수 있다. 따라서 정보통신 분야의 시스템 통합 및 관련 서비스를 제공할 수 있는 업체가 입찰 참여 대상이 된다.

3. 정보통신 프로젝트 수주 진행

플랜트 정보통신 분야의 프로젝트 수주 진행은 [그림 2-2]의 '수주 및 계약 단계'에서 보는 바와 같이 RFQ 및 요구사항 분석, 타당성 분석, 각 장비 및 장치 사양 분석, 견적서 작성, 응찰, 계약 체결 순으로 진행되는 것이 일반적이다. 따라서 해당 정보통신 프로젝트 입찰에 참여하고자 하는 SI업체는 다음과 같은 과정으로 관련 서류 등을 준비하여 입찰에 참여할 것인지를 결정한다.

가. RFQ의 내용 및 발주자EPC 요구사항을 검토하고 수행 가능 여부 등을 분석한다. 또한 해당 플랜트 및 현장 정보를 입수하고 관련 자료들의 분석을 통해서 필수적으로 반영하여야 할 사항 등을 구체적으로 파악한다.

나. 플랜트의 특성을 파악하고 프로젝트의 주요 내용을 검토하고 분석한다. 또한 프로젝트에 소요되는 자재 수량과 역무 범위를 세부적으로 확인한다.

다. 프로젝트 수행에 필요한 주요 기자재의 사양, 조달기간, 품질인증 등을 고려하여 비용을 산출하고 프로젝트 수행에 필요한 총 소요예산을 산정한다.

라. RFQ, 발주자 요구사항, 현장 관련 자료, 소요공기, 소요예산, 위험요소 등을 종합적으로 분석하여 입찰 참여 여부를 결정한다.

마. 프로젝트 수행기간 등의 일정을 예측하고 입찰을 위한 구체적인 설계를 하여 응찰을 준비한다.

4. 응찰

입찰 참여를 결정한 SI업체는 입찰제안서를 작성하여 정해진 기한 내에 입찰에 응하고 관련 서류를 제출한다.

5. 입찰평가

발주자는 제출된 업체들의 제안서를 토대로 입찰평가를 한다. 입찰평가 시에는 프로젝트 수행능력, 보유기술력, 요구조건의 충족 여부 등에 대한 평가와 제출된 예산금액 등을 고려하여 적정 업체를 선정한다. 보통은 최저가 투찰업체 등을 선정하고, 발주자의 추가 요구사항이나 구체적인 계약조건 등의 수용 여부에 대한 협의를 통하여 최종적으로 낙찰자를 결정한다.

6. 계약

발주자는 낙찰자로 결정된 SI업체와 정보통신시스템 공급 등 프로젝트 수행을 위한 전반적인 사항에 대하여 협의하고, 필요시 협상절차를 거쳐 계약을 체결한다.

7. 프로젝트 수행

프로젝트 수행 단계는 [그림 2-2]의 예와 같이 사업 착수, 상세설계, 필요장비와 장치의 발주 및 조달, 시스템 제작, 검사, 포장, 납품의 절차로 이루어진다. 그 과정에서 프로젝트의 진도관리, 요구사항관리, 변경관리, 위험관리 등이 수반된다.

가. 프로젝트 수행 진행절차 및 일정계획은 대부분의 경우에 발주자의 사업수행 단계의 절차에 따라 진행된다. 정보통신 분야의 기자재 공급은 통신시스템과 보안시

스템을 포함하는 것이 일반적이며, 필요에 따라 통신시스템이나 보안시스템을 구분하여 조달하기도 한다.

나. 정보통신 프로젝트 수주 계약을 체결한 SI업체는 정보통신 상세설계, 기자재 조달, 시스템 제작, 검사 및 시험 등의 업무를 진행한다.

8. 완료 및 AS

가. 완료 및 AS 단계는 시운전, 현장인수시험, 대금 수금, AS, 기술지원 등의 업무를 진행하게 된다.

나. 정보통신 프로젝트의 완료는 계약사항에 따라 그 절차가 진행되는데 보통은 원계약인 플랜트 프로젝트의 완료 단계 절차나 일정을 따르도록 발주자가 요구하고 있다. 따라서 정보통신 프로젝트의 계약사항이나 발주자와의 협의된 절차에 따라 진행하도록 하며, 해당 플랜트 프로젝트에 대한 일정 계획사항 등을 참조한다.

| 입찰

플랜트에 정보통신시스템을 공급하는 절차와 방법 등은 플랜트 프로젝트의 특성이나 그 프로젝트를 수행하는 EPC의 기자재 공급방법 등에 따라 달라질 수 있다. 앞의 '프로젝트 진행절차'에서 설명한 '수주 및 계약 단계'의 수주과정과 입찰과정을 좀 더 자세하게 살펴본다. 플랜트 정보통신 프로젝트를 수주하기 위한 입찰 참여 단계는 [그림 2-3]에서 보는 바와 같으며, 견적 요청 접수 및 검토 단계, 입찰 검토 단계, 최종견적 및 입찰 단계로 나누어볼 수 있다. 각 과정별 세부사항을 각 단계별로 설명한다.

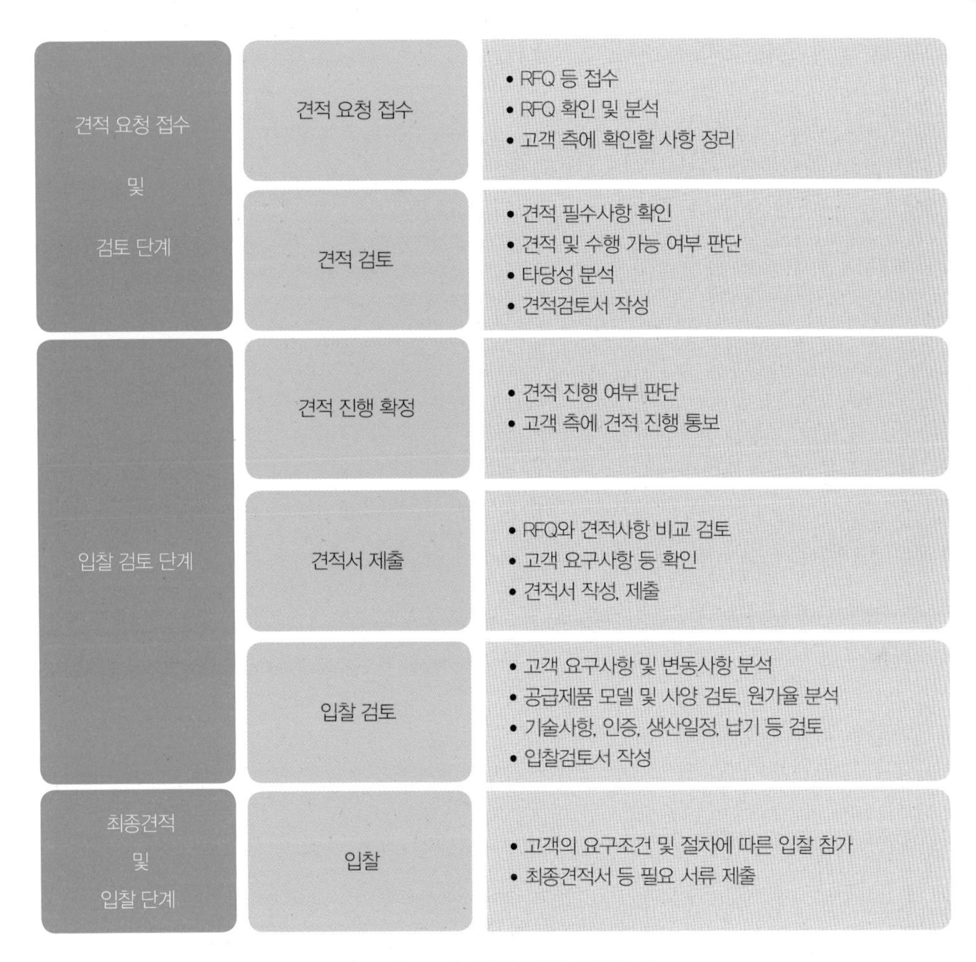

| 그림 2-3 | **입찰 진행과정의 예**

1. 견적 요청 접수 및 검토 단계

1) 견적 요청RFQ 접수

EPC 등의 고객사로부터 견적 요청을 접수하면 접수확인 통보를 하고 견적 제출일정 등을 협의 및 조정한다.

2) 견적 내용 등의 검토

RFQ 내용, 고객 요구사항, 견적요구일 등을 확인하고 접수된 RFQ를 기준으로, 요구사항에 대한 견적 가능 여부, 해당 프로젝트의 수행 가능(기존인력 활용 또는 외부인력 활용, 추가적인 자원 필요 등) 여부를 판단한다. 프로젝트 수행이 가능한 것으로 판단되면, 프로젝트 수행의 타당성을 분석하고 일반적인 사항 등을 검토한다. 그리고 검토 및 분석사항을 반영하여 견적검토서를 작성한다.

3) 기자재별 가격표 등의 작성

RFQ에 대한 견적을 준비하는 SI업체는 보다 객관적이고 신뢰할 수 있는 견적과 계약을 위하여 각 시스템이나 장비별로 표준가격표를 작성하여 관리하는 것이 바람직하다. 각 시스템, 장비, 장치 등의 표준가격표에는 다음의 내용을 반영하여 작성할 수 있도록 한다.

가. 제품 원가: 자사 제품인 경우에는 최종 판매원가, 외부공급 제품인 경우에는 제조사 또는 대리점 등을 통해서 해당 제품의 견적서를 받아 그 내용을 원가로 반영한다.

나. 가격인하율: 제조사 또는 협력업체와 해당 제품의 견적 요청과정에서 협의된 가격인하율의 내용을 반영한다.

2. 입찰 검토 단계

1) 견적 진행 확정

플랜트 정보통신 프로젝트에 대한 RFQ를 접수한 SI업체는 RFQ 및 고객 요구사항 분석 자료, 타당성 분석, 견적검토서 등에 대한 견적 검토 결과에 따라 해당 프로젝트에 대한 견적을 진행할 것인지 또는 포기할 것인지를 판단한다. 그 결정사항에 따라 발주처에 해당사의 입장을 통보한다.

2) 견적서 작성 및 제출

견적 진행을 결정한 경우, SI업체는 견적서 작성에 앞서 RFQ에서 요구하는 시스템을 제작할 수 있도록 요구시스템의 사양을 만족하는 장비 등의 기자재들을 선정하여 구성한다. 고객이 요구하는 목표시스템을 제작하는 데에 경쟁력을 갖춘 기자재들로 시스템을 설계하여 제안할 수 있도록, 적정한 장비 및 장치 등을 선정하는 것이 중요하다. 적정 장비라 함은 고성능이나 저성능이 아닌 요구 사양에 맞는 것으로 경쟁력을 갖춘 제품을 의미한다. 견적서 작성에는 목표시스템의 설계사항, RFQ 사항의 만족 및 일치 여부 등을 확인하고 핵심적인 고려사항을 반영하여 견적서를 작성한다. 작성된 견적서는 최고경영자 등의 최종 확인을 거쳐 발주처인 고객사에 제출한다.

3) 입찰 검토

입찰 검토는 입찰 참여의 타당성, 프로젝트 수주 고려사항 등을 한 번 더 확인하고 효과적으로 입찰에 참여할 수 있도록, 내부 검토사항과 RFQ 및 그에 상응하는 고객 요구사항이 부합하는지 등을 확인하는 것이다. 제출한 견적서 내용을 토대로 다음의 각 사항들을 확인하여 입찰검토서를 작성하고 일련의 조치를 취하도록 한다. 입찰검토서에 포함될 내용들은 다음과 같다.

가. 원가 검토: 공급할 제품의 모델과 사양, 구매업체의 견적서에 의한 해당 제품에 대한 가격 및 관련 정보를 확인하여 정해진 원가율을 유지할 수 있는지 등을 검토한다.

나. 기술 검토: 정보통신 프로젝트에서 요구하는 정보통신시스템을 제작하는 데 필요한 장비 및 장치 등의 기자재와 기타 필요한 사항들을 파악한다. 또한 목표시스템을 실현할 수 있는지에 대한 기술적 사항, 수행 난이도, 생산일정, 납기, 기타 요구사항의 적격 여부, 인증 관련사항 등을 판단한다. 세부적인 기술 검토는 다음과 같은 사항을 포함하여 확인함이 바람직하다.

- 목표 시스템의 요구사항
- 통신망 구성 및 방법, 사용자 및 전체 트래픽
- 공급시스템 구성, 공급시스템 내역, 각 시스템 기능 및 성능
- 공급시스템 간 연동, 기존 시스템 간의 연동사항
- 외부 망과의 연결 및 연동방안
- 설치지역, 설치 건축물(공간), 주변 환경요건
- 전원(주파수, 전압, 전압 변동폭, 백업시간 및 조건) 등

다. 설계 검토: 해당 정보통신 프로젝트에서 요구하는 목표시스템을 구성하기 위한 장치 및 장비에 대한 제품 도면, 기술자료서TDS: Technical Data Sheet 또는 카탈로그 등을 입수하여 검토하고, 목표시스템의 실현 여부를 판단한다.

라. 생산 검토: 주요장비 및 기자재 조달, 생산 가능 여부 및 일정과 관련하여 고객사의 납기 요구에 대한 부합 여부를 판단한다.

마. 수행 가능성 검토: 프로젝트 수행의 예상일정을 예측하고 관리에 의해 수행이 가능한지의 여부를 검토하고 판단한다. 여기에 포함될 사항들은 다음과 같다.

- FAT, SAT, 시운전에 대한 조건, 방법, 투입인력
- 관세, 세관 통관조건, 시스템 인도조건, 운송방법
- AS 조건, 보증기간, 배송비용 관련사항

- 기술지원 사항, 공급업체와의 협정조건 등

그 외 사항으로 비용 청구 및 지급방법 등의 일반적인 내용과 위에서 기술하지 않은 사항은 기타 사항으로 정리하여 검토한다.

3. 최종견적 및 입찰 단계

견적 및 입찰업무를 수행하는 담당자는 견적서에 기초하여 고객과의 의견조정 등을 성실히 수행하고 자체 검토 결과를 반영하여 최종견적서를 작성한다. 고객의 입찰조건이나 입찰서, 최종견적서 등의 필요 서류를 준비하여 입찰에 참가한다. 입찰서의 구성은 그 순서와 내용이 입찰안내서에 명시되어 있는 것이 일반적이나, 명시되지 않은 경우는 통상적으로 다음과 같이 두 개의 부분으로 구성한다.

1) 상업적 부분

이는 일반적인 공통사항으로 볼 수 있으며 그 구성은 계약 일반사항, 입찰금액 및 세부금액, 납기, 각종 공정표, 입찰보증서, 위임서, 사업관리 및 수행조직 구성, 유사 프로젝트 수행실적 및 예외사항 등이 포함된다.

2) 기술적 부분

공급 기자재의 기술사항들에 대한 내용으로 기술설명서, 기술자료, 도면 등을 준비한다. 협상 및 합의가 안 된 제조업체 품목의 기술 사양 등에 대해서는 계약 후 여러 업체를 상대로 구매할 수 있도록 일반사항만을 입찰서에 반영하는 것이 좋다.

4. 정보통신 기자재 공급업체 선정

1) 입찰평가

발주자EPC는 제출된 업체들의 입찰서 및 견적제안서 등을 토대로 입찰평가를 한다. 입찰평가는 프로젝트 수행능력, 보유기술력, 요구조건의 충족 여부 등에 대한 평가와 제출된 예산금액 등을 고려하여 적정 업체를 선정한다. 보통은 최저가 투찰업체를 선정하고, 발주자의 추가 요구사항이나 구체적인 계약조건 등의 수용 여부에 대한 협의를 통하여 최종적으로 낙찰자를 결정한다.

2) 기술평가

기술평가는 발주자가 요구하는 성능의 정보통신시스템을 공급할 능력이 있는지와 입찰한 기술적 사양 등이 프로젝트 요구사항을 만족시키는지를 평가한다.

- 공급능력은 수주 대상 업체의 제조설비, 기술인력, 자금능력, 기술자료 보유상태 등의 항목, 그리고 유사 또는 동일 사양의 품목을 납품한 실적 등을 확인한다.
- 프로젝트 요구사항의 만족 정도를 평가하는 데는 성능자료, 주요 부품 재질, 공급범위, 설계조건, 운전조건, 정상 가동에 필요한 요구조건, 예비부품, 제출도서 및 납기 등이 요구조건을 충족하는지 평가하는 것이 일반적이다.

| 계약

입찰에 참가한 SI업체가 발주자로부터 LOI를 접수하게 되면, 통상적으로 [그림 2-4]의 계약 업무사항의 예와 같이 계약 검토를 거쳐 계약을 체결하게 된다.

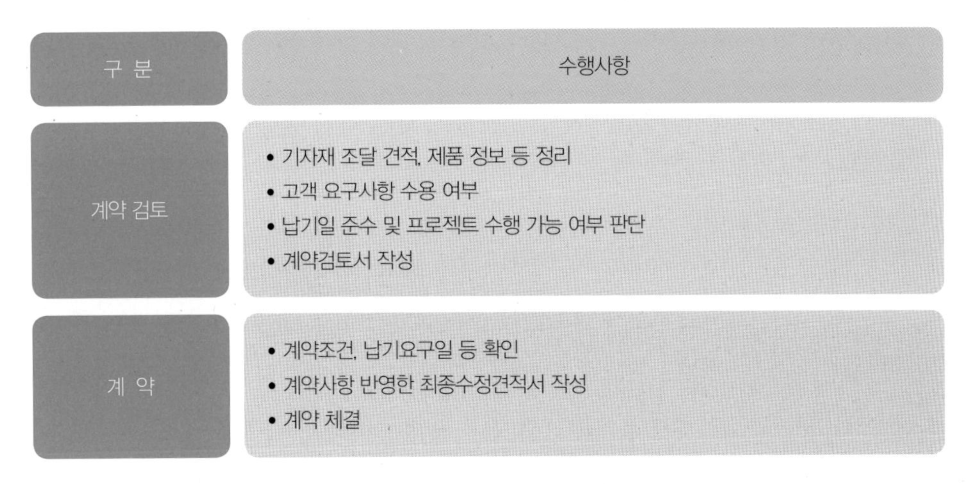

구 분	수행사항
계약 검토	• 기자재 조달 견적, 제품 정보 등 정리 • 고객 요구사항 수용 여부 • 납기일 준수 및 프로젝트 수행 가능 여부 판단 • 계약검토서 작성
계 약	• 계약조건, 납기요구일 등 확인 • 계약사항 반영한 최종수정견적서 작성 • 계약 체결

| 그림 2-4 | **계약 업무사항의 예**

1. 계약 검토

당해 프로젝트의 계약 대상 SI업체는 계약에 앞서 최종적으로 다음의 사항들에 대하여, 그동안 발주자와 협의된 사항이나 변경사항, 계약사항 등을 재확인하는 계약 검토를 실시하여 계약검토서를 작성한다.

가. 정보통신 프로젝트의 목표시스템에 대한 요구사항과 제작에 필요한 BOM, 기자재 공급업체 견적, 제품 정보, 계약조건 등을 검토한다.

나. 고객 요구사항 수용 여부와 기술적 평가사항을 정리한다. 그리고 제품규격서와 필요한 인증서 등을 준비한다.

다. 납기일자를 재확인하고, 프로젝트 수행을 위한 내부 역량과 프로젝트 수행 가능 여부를 판단한다. 또한 고객의 요구사항 해소에 대한 문제점을 파악하고 그 내용을 작성한다.

라. RFQ 대비 제안하는 장비나 장치 등에 대한 사양의 만족 여부를 확인하고, 초과 사양으로 적용되었는지 여부를 확인한다. 그리고 경쟁력 있는 시스템으로 제안되었는지를 확인하고 판단하여, 어쩔 수 없는 경우를 제외하고는 초과 사양은 피하고 요구사항에 적합하면서 저렴한 가격의 사양을 적용토록 한다.

마. 입찰 검토 단계 및 최종견적 단계에서 검토하였던 원가 검토, 기술 검토, 설계 검토, 생산 및 납기 검토, 수행가능성 검토 등의 자료를 정리하고, 다시 한 번 더 확인하여 추가 요구사항이나 변동사항 등을 계약 검토에 반영한다.

2. 검토 결과

이와 같은 검토들을 통해 계약 진행에 무리가 없다고 판단되면 계약에 필요한 일련의 업무를 진행한다.

1) 고객과의 협의: 계약 검토 결과 및 계약 이행에 따른 이의가 있을 때에는 RFQ의 요구사항을 재확인하고 문제점과 해결방안을 협의한다. 고객과의 협의를 통해 공급사양 작업범위 및 공급품목 등의 변경이 수반되는 경우에는 변경된 부분에 한하여 계약 검토를 다시 진행한다.

2) 검토 결과, 계약 불가인 경우: 해결방안 등에 대하여 고객과 협의하고, 협의를 반복한 결과 고객 측에서 수용이 되지 않아 계약 불가로 판단될 때에는 SI업체 내부적으로 계약 체결 여부를 결정하여야 한다. 계약대상자인 SI업체는 발주자인 EPC에게 그 결정사항을 통보한다.

3. 계약 협상

일반적으로 정보통신시스템을 공급할 해당 SI업체의 공급능력 및 프로젝트 요구사항을 만족하여 계약대상자로 선정되면, 발주자의 구매부서에서 주도하여 계약 협상이 진행된다. SI업체는 '2. 검토 결과'를 토대로 발주자와 계약협상을 한다. 계약 협상과정에서 가장 문제가 되는 것은 비용을 유발하는 사항들이다. 이는 주로 RFQ나 고객 요구사항이 명확하지 않아 발생하는 해석상의 차이, 그로 인한 제안 견적의 오류 및 추가 요구사항에 따른 비용 발생으로 유발된다. 따라서 각 이슈사항별로 면밀히 검토하고 문제상황에 대응할 수 있는 객관적인 판단자료를 준비하여, 계약 당사자 상호 간에 이해의 폭을 넓히고 협상을 통하여 해결책을 찾는 것이 바람직하다.

4. 계약 체결

계약을 체결하기 위하여 수주자인 해당 SI업체는 이전에 제출한 최종견적서 또는 계약당사자 간에 합의된 최종수정견적서와 계약서가 일치하는지를 확인한다. 그리고 계약에 필요한 각종 서류를 준비하여 발주자와 계약을 체결한다.

제3절 | 프로젝트 수행

계약이 완료되면 프로젝트 수행 단계로 접어들게 되며 계약서를 기본으로 하여 RFQ, 고객 요구사항, 그동안 협의된 사항 등을 재확인하고, 목표시스템을 제작하여 납기 내에 납품할 수 있도록 설계, 자재 구매, 제작, 검사 및 시험, 공정관리 등의 업무를 진행한다.

| 요구사항 분석 및 협의

1. RFQ상의 요구사항 분석

1) 계약 이후 변경사항이 있거나 고객 요구사항을 구체화하는 과정을 통하여 고객 요구사항을 최종적으로 확인하여 반영하고, 고객사로부터 접수한 최종 RFQ를 상세히 검토한다. 최종 RFQ에 의한 시스템 공급사항 및 특이사항 등에 대한 내용을 분석하고 프로젝트 수행계획에 구체적으로 반영한다.

2) 설계 담당자는 목표시스템 및 통합 제작할 제품에 대한 사항(기술자료, 성능/기능, 제품 선정, 호환성 판단)을 파악하고, 제품이나 시스템 운영 및 설치 환경을 고려하여 설

계 관련사항(설치 및 운영 가능성)과 목표시스템을 구성하는 제품 및 목표시스템의 목적과 기능 등에 관한 타당성을 검토한다.

3) RFQ상의 요구사항이 계약 검토 시 확인되었다면 계약검토서 및 관련 처리내용을 참고한다.

4) 설계 담당자는 RFQ 및 그 분석 내용, 계약검토서 등을 바탕으로 해서 각 제품 및 시스템의 기술자료, 카탈로그, 매뉴얼, 도면을 준비한다.

5) 또한 요구시스템 및 네트워크, 각 시스템의 요구 기능, 제출도서 및 인증서 목록 등 고객이 요구하는 제품의 기능 및 성능을 확인하고 기록하여 문서화한다.

2. 계약 요구사항 분석

1) 계약서에 의한 계약 요구사항을 정리한다.

2) 계약 협상과정에서 작성된 회의록 중에 기술에 관련된 사항은 별도로 발췌하고, 계약 기술사양에 대해서도 해당된 분야를 발췌하여 정리한다.

3) 계약서나 기술사양서에도 공통기술사항으로 전체 시스템 설계에 반영해야 하는 것이 있고, 해당 시스템마다 특별히 적용해야 할 특수기술사항이 있다.

4) 특정 요구사항은 기술사양서에는 없는데 도면에 표시되어 있는 경우도 있다. 따라서 해당 분야 설계와 관련 계약서의 각종 요구사항들을 확실히 파악하는 것이 중요하다.

3. 착수보고 업무협의

1) 정보통신 프로젝트 계약 이후, 고객과 협의된 날짜 또는 고객 요구날짜에 프로젝트 착수에 따른 착수회의KOM: Kick Off Meeting를 갖는다.

2) 고객과의 착수회의에서 프로젝트 진행 관련 업무협의를 위하여 프로젝트 진행일정, 제품 사양에 대한 기술자료 등을 정리하고 준비한다. 목표시스템의 제작 및 공급을 위한 프로젝트 진행상의 예상 문제점이나 고객사에 요청할 협력사항에 대하여 상호 이해와 협력을 이끌어내도록 한다.

3) RFQ상의 요구사항이나 계약 요구사항의 검토 결과에 오류가 있는 경우 고객사와의 협의를 통해 수정하거나 해결방안을 논의한다.

4) 특히 플랜트 정보통신시스템의 수출, 설치, 운용에 따른 해당 국가의 관련 법규 및 규제사항, 고객의 요구사항 변경, 프로젝트 수행상의 필요에 의한 설계 변경사항, 명확하지 않은 업무사항 등에 대해서도 착수회의 시에 재정립하고, 결론을 도출하여 프로젝트가 원활하게 진행되도록 조치를 취하고 관리한다.

5) 착수회의의 협의사항 등 결과에 대한 사항들을 당사자들이 공유할 수 있도록 회의록MOM: Minutes of Meeting을 작성한다.

4. 공정관리

정보통신시스템 공급을 위한 프로젝트의 수행이 원활하도록 목표시스템 제작 및 공급에 따른 모든 과정에 대하여 각 과정별 진행사항을 파악하고 일정계획에 차질이 없도록 관리한다. 특히 목표시스템을 제작 및 공급하기 위한 기자재 조달, VPISVendor Print Index & Schedule에 따른 도서 제출, 시스템 제작, 검사 및 시험, 포장, 선적, 운송, 통관 등에 대한 일정 및 절차 등을 확인하고 그 공정을 관리하여야 한다. 공정관리를 담당하는 프로젝트 매니저는 납기관리, 예산관리, 위험관리, 고객과의 협력 등 프로젝트 책임자로서의 역할을 수행한다.

| 목표시스템 설계

플랜트 정보통신시스템은 크게 구분하면 통신시스템과 보안시스템으로 나눌 수 있으며, 프로젝트에 따라 통신시스템 또는 보안시스템을 각각 발주하거나 전체를 묶어서 발주하기도 한다. 경우에 따라서는 통신시스템이나 보안시스템의 특정 설비를 별도로 발주하기도 한다. 이러한 정보통신시스템에 있어 고객이 요구하는 목표시스템은 해당 플랜트의 부대설비 중 하나이고 플랜트 운영에 한몫을 하기 위한 것이므로 궁극적으로는 플랜트 운영에 적합한 시스템으로 제작되어야 한다. 따라서 다음과 같은 사항을 고려하여 시스템을 설계한다.

1) 고객사의 요구사항을 명확히 파악하고 프로젝트 특성을 분석하여, 통신시스템 및 보안시스템의 요구수준에 대한 규모, 성능 그리고 시스템을 구성하는 장비 및 장치 등을 산정한다.

2) RFQ 등의 고객 요구사항에 최적화된 시스템으로 설계한다. 이를 위하여 견적 및 계약 검토 시 제품 선정과 기술 검토사항, 설계 검토사항, 기술자료 및 관련 문서 등을 참고하고 활용한다.

1. 설계자료 확보

1) 기술자료

일반적으로 계약서에 규격 및 표준 관련 조항을 두어 계약 이행과정에서 기준으로 하여야 할 목록이 명기되어 있고, 해당 제품마다 관련 표준협회 등의 적용기준을 제시하고 있는 경우가 많다. 이와 같은 내용이 있으면, 해당 플랜트 정보통신시스템의 기술기준이 되는 국제규격이나 관련 표준협회 등의 설계기준을 입수하여 적용한다.

이러한 공인된 자료에 의한 기준의 내용들을 설계에 적용하여 위험을 줄일 수 있도록 한다. 이러한 기준을 반영한 설계는 이해가 상충되는 문제 발생에 대한 해결에도 설득력을 가질 수 있다. 따라서 정보통신시스템을 설계하는 데 국제기술기준, 해당 국가의 관련 규정 및 기술기준, 절차 등을 확보하여 적용하면 도서 승인 및 목표시스템 검사 등을 원활하게 수행할 수 있다.

2) 현장자료

일반적으로 플랜트가 설치될 지역 및 장소 등 주변환경 요건에 따라 구성품의 온도조건이나 성능 등의 요구사항이 달라지게 되므로 설계에 적용하는 기준이 일률적으로 적용될 수 없게 된다. 따라서 플랜트의 지리적인 여건, 주변 자연환경 등의 자료, 정보통신시스템 설치장소 정보, 시스템 운용지침 등을 확보하여 설계에 반영토록 한다.

보통은 이러한 사항들이 RFQ의 요구사항에 적시되는 경우가 많으므로, RFQ와 고객 요구사항을 명확히 파악하고 필요시 발주처에 질의하거나 필요한 정보자료를 요구하고, 협의를 통해서 확인하여 최종 요구사항과 사양 등을 확정한다.

3) 참고자료 확보

목표시스템의 제작을 위해 설계해야 하는 정보통신시스템은 새로 만들어내는 것이 아니라 단일시스템이나 장치 등의 기자재들을 사용하여 통합 제작하는 것이라 할 수 있다. 다시 말하면 이러한 단일시스템이나 장치 또는 장비 등을 사용하고, 이미 검증된 기술을 적용하여 목표 성능 및 기능을 갖는 시스템으로 통합하는 것이다. 따라서 단일시스템 및 장치들의 기술자료, 목표시스템에 관련된 유사시스템 자료나 프로젝트 자료 등의 자료를 확보하여 설계의 기본자료로 활용하거나 참고자료로 사용할 수 있도록 한다.

2. 설계 기획 및 고려사항

1) 설계 기획

수주업체(SI업체)는 수주 프로젝트의 목표시스템에 대한 설계 기획에 있어 다음의 사항들을 점검하고 반영하여 프로젝트 요구사항에 일치하는 기획을 하였는가의 여부를 검증하고 타당성을 확인하여야 한다.

- RFQ 등의 요구사항과 고객의 요구사항 검토
- 프로젝트 수주 제안 및 시스템 제작을 위한 계획사항을 설계에 반영
- 목표시스템 분석 및 구성방안 수립
- 시스템 구성 기자재 수급방안
- 관련 법규와 규제 및 요구사항, 설계도서 생산 등

2) 설계도서 관련사항

설계에 공통적으로 적용할 사항으로 단위체계의 통일, 도면을 생산하기 위한 도면 번호부여체계, 도면 이름 표기법 등에 대한 세부사항들을 발주자와 협의하여 결정하여야 한다. 대부분의 경우는 발주자가 도면 번호부여체계 등에 대한 자신들의 기준을

갖고 있으므로 도서 양식을 입수하여 설계에 반영하거나 협의를 통하여 적용방안을 마련할 수 있다.

3. VPIS와 BOM 작성 및 설계 진행

1) VPIS는 'Vendor Print Index & Schedule', 즉 공급자 도서목록 및 일정계획을 의미하며 발주자에게 제출하여야 할 도서목록과 제출일정을 표시한 문서이다. VPIS는 발주처 또는 프로젝트에 따라 VPIS로 표기되거나, 공급자 도서 통제목록VDCI: Vendor Document & Drawing Control Index으로 통용되기도 한다.

2) BOM은 자재내역서Bill of Material를 말하며, 일반적으로 수주 프로젝트의 목표시스템을 제작하고 납품하기 위한 단위시스템 및 장치, 해당 장비나 장치의 구성부품, 기타 기자재의 하드웨어 목록과 해당 시스템을 운용하기 위한 소프트웨어를 포함한다.

3) 일반적으로 설계 진행 단계에서 VPIS가 작성되고, 목표시스템 제작을 위한 기자재 목록인 BOM이 완성된다. VPIS와 BOM을 작성하는 과정의 예는 [그림 2-5]에서 확인할 수 있다. VPIS 작성은 RFQ, 최종견적서, 계약서 내용과 그동안 진행된 고객사와의 협의내용을 근거로 하여 제출도서 목록을 작성한다. 그리고 프로젝트 수행일정과 시스템 제작일정, 고객사의 도서 요구일정을 고려하여 도서 제출일정 계획을 작성한다.

4) VPIS에 의한 도서 작성이 완료된 이후에 도서 승인 요청을 하여도, 해외 플랜트 프로젝트 특성상 도서 승인에 시간이 많이 소요되는 것이 보통이다. SI업체에서 EPC로 제출된 도서가 승인이 나기까지의 과정을 보면, SI업체 → EPC → 소유주 → EPC → SI업체로의 단계를 거치며, 회신이 오기까지 각 단계별로 검토, 수정 및

보완과정을 거치게 된다. 따라서 SI업체가 제출한 도서는 각 단계별로 EPC의 검토 및 보완 요구, 소유주에 승인 요청, 소유주의 검토 및 보완 요청, 그에 따른 수

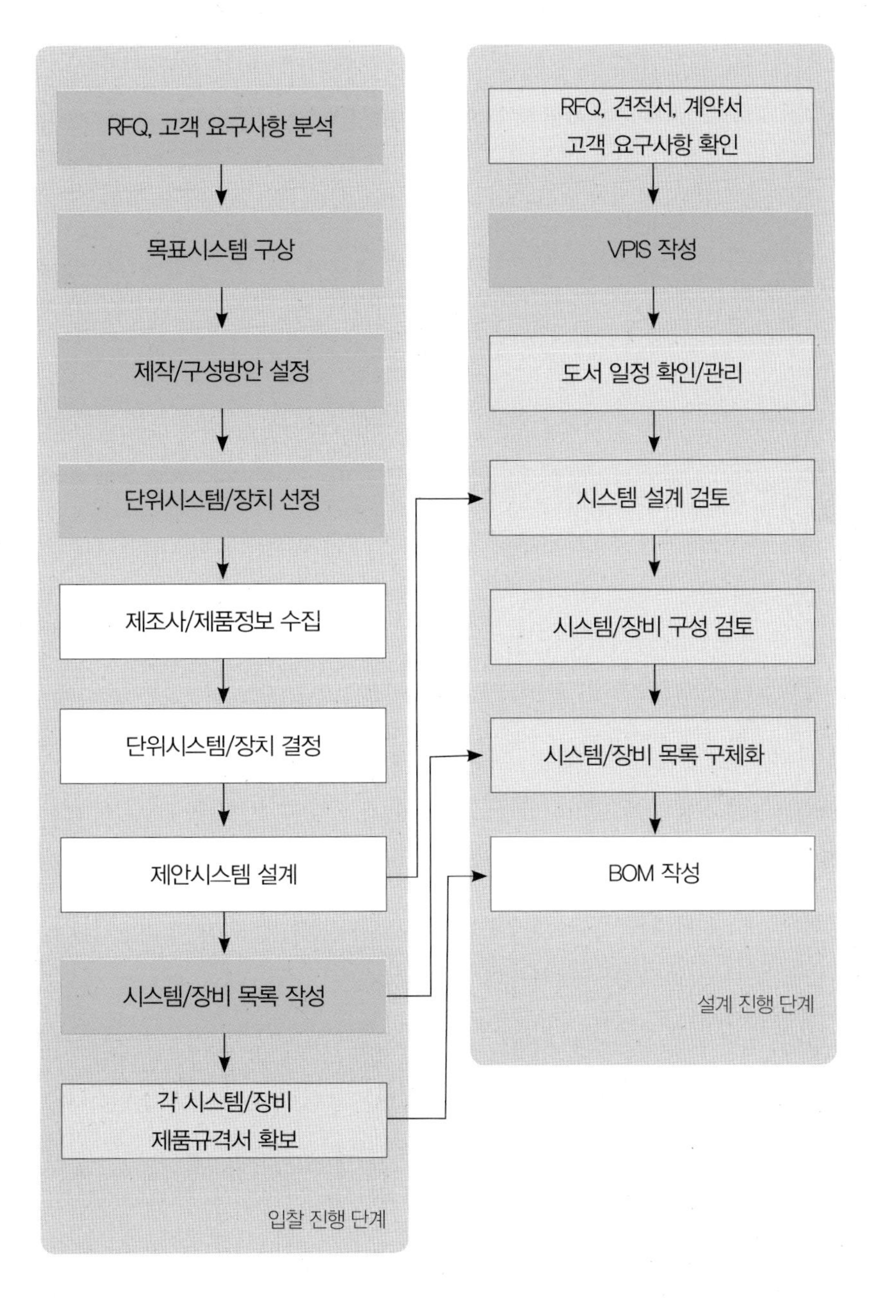

| 그림 2-5 | **설계 진행 및 VPIS, BOM 작성절차의 예**

정이 완료된 이후에 승인절차를 거치게 되므로 도서 승인까지의 시간이 지연될 요인 등을 사전에 제거하고, 그 일정을 감안하여 납기를 맞추어가야 한다.

5) BOM은 프로젝트 수주를 위한 입찰 진행 단계에서 목표시스템에 대한 개략적인 설계와 제안시스템을 구성하는 단위시스템 및 장치들의 제품정보, 규격 등을 목록으로 작성한 것이 근간이 된다.

6) BOM을 확정하기 위해서는 목표시스템을 설계하고, 그 시스템을 구성하는 장비나 장치에 대한 품명, 규격, 수량 등을 구체적으로 명기하는 목록이 작성되어야 한다.

7) 프로젝트 계약 이후에 최종적인 목표시스템을 설계하기 위해서, 먼저 입찰 단계에서 검토했던 제안시스템과 단일시스템 및 장비목록 등을 기준으로 삼아 계약서, 최종견적서, RFQ, 그리고 그동안 고객사와의 업무 협의사항을 재검토하여 목표시스템의 요구사항을 확정한다.

8) 목표시스템의 요구조건이 확정되면 이 요구조건을 만족할 수 있는 주요 단위시스템 및 장치들에 대한 설계를 진행한다. 보통은 견적 및 입찰을 진행하는 단계에서 검토하고 설계했던 제안시스템을 구체화하고, 계약체결 단계 및 KOM 등의 업무 협의사항으로 변경되는 부분을 반영하여 최종적으로 목표시스템을 상세하게 설계해간다. 상세설계는 기본 설계사항을 구체화하는 설계 단계이며 '실시설계'라고도 한다. 이는 프로젝트의 목표시스템을 구현하고 통합시스템으로 제작하여 납품하며, 최종적으로는 플랜트에서 운용하기 위하여 목표로 하는 정보통신시스템을 설계하는 과정이라 할 수 있다. 상세설계는 각 단위시스템의 기능, 사양, 성능 등의 세부적인 사항을 적용한다.

9) 대부분의 단위시스템들은 정보통신 네트워크를 통하여 상호 연결되어 작동한다. 따라서 각 단위시스템들의 규격이나 성능 등을 파악하고 각 시스템의 용량, 통신량,

트래픽 등을 환산하여 이들을 수용할 수 있는 통신망을 설계한다. 그다음에는 각 단위시스템과 통신시스템 이용자를 수용할 수 있는 통합방안을 마련하여 목표시스템을 설계한다. 각 단위시스템의 요구조건이나 고려사항의 예는 다음과 같다.

- 사설자동구내교환기PABX는 이용자 수용 용량, 트래픽Traffic 처리능력, 공중용 전화통신망PSTN과의 접속 인터페이스 등
- 랜LAN은 각 시스템 및 이용자의 접속방법, 접속속도, 인터넷서비스 제공자ISP 등과의 접속방법 등
- PA시스템은 안내방송 전달거리, 스피커의 설치 개소 및 장소, 음영지역 해소 등
- 각 단위시스템의 구성방안, 구성계통도Block Diagram, 접속계통도, 목표시스템으로의 통합방안 등
- 전원장치, 주 배선반MDF, 중간배선반IDF 등의 설치장소, 야외에 설치되는 시스템의 환경조건 등

10) 목표시스템에 대한 설계가 완료되면 그 시스템을 구성하는 단위시스템이나 장비, 장치들에 대한 제품명, 규격, 수량 등을 구체화하여 BOM을 작성한다.

11) BOM은 프로젝트 수행과정의 자재 구매, 시스템 제작, 검사 및 시험 등의 기준이 되는 기본도서이다. 특히 목표시스템 구현을 위한 원자재 또는 단일시스템 제품, 각종 장치 등의 제품을 구매하려면 자재사양서BOS: Bill of Specification가 필요하다. 따라서 이러한 BOS가 작성되고 BOM이 작성되는 것이 바람직하다. 동일한 기능을 하는 시스템이나 장치의 사양에 따라 물량이나 모델이 변경될 수 있기 때문이다.

- 자재사양서는 용량, 수량, 규격 및 품질요건은 물론 해당 자재의 설계, 제작, 검사, 납품, 설치, 시운전, 성능시험, 하자보증 등의 제반 기술적 사항이나 계약적 요구사항을 반영하여야 한다.

4. 설계도서 작성

이는 앞서 설명한 설계 진행사항([그림 2-5]의 설계 진행 단계 및 '3. VPIS와 BOM 작성 및 설계 진행'의 해당 사항 설명 참조)을 좀 더 구체화하고, 실제 목표시스템을 제작하기 위한 설계도 등의 도서를 작성하는 과정이다. 설계도서 작성절차의 예는 [그림 2-6]과 같다.

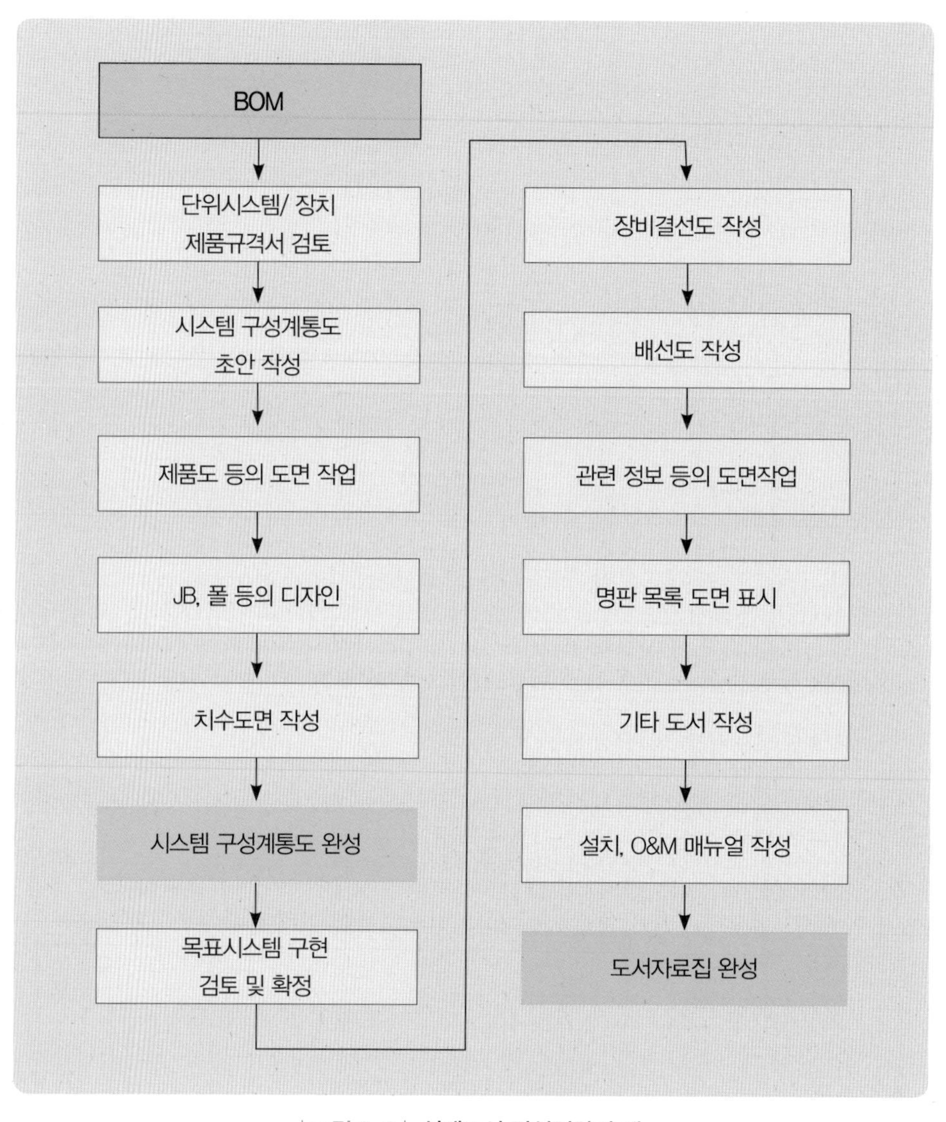

| 그림 2-6 | 설계도서 작성절차의 예

1) BOM을 기준으로 각 시스템 및 장치들에 대한 제품규격서를 검토한다.

2) 단위시스템과 각 장비 및 장치의 인터페이스Interface 및 구성방법 등을 확인하여 목표시스템의 구성계통 개념도인 시스템 구성계통도 초안을 작성한다. 또한 목표시스템에 대한 제품규격서를 작성한다.

3) 각 시스템 및 장비나 장치들에 대하여 확인해야 할 사항들의 예를 들면, 랜 시스템의 라우터Router, 코어Core스위치, 에지Edge스위치, L2 또는 L4 스위치의 포트Port수 및 규격, PA시스템의 성능 및 기능, 아날로그 PABX 또는 IP PABX 등에 대한 사양 및 제품규격서 정보 등이다.

4) 작성된 구성계통도 초안에 설계 입력사항을 반영하여 상세하게 작성한다. 설계 입력사항 작성 시에는 계약 검토 시에 파악된 모든 사항을 포함시켜야 한다. 설계 입력사항이 모호하거나 불분명한 경우는 고객사와 협의하여 조정하고, 다음과 같은 관련 자료 등을 파악하고 수집하여 결정한다.

- 기능 및 성능 요구사항
- 적용되는 법적 규제사항 등의 유의사항
- 적용 가능한 경우, 기존의 유사한 설계로부터 도출된 정보
- 설계에 필요한 필수적인 기타 요구사항 등

5) 각 시스템 또는 장치들에 대한 기호나 제품도 등의 도면작업을 한다.

6) 목표시스템을 완성하는 데 필요한 접속단자함JB: Junction Box이나 카메라 등을 설치하기 위한 카메라 폴Pole, 브래킷Bracket 등을 프로젝트 요구사항에 적합한 형태로 제작하기 위한 구조물을 설계한다.

7) 단위시스템 및 장치들의 치수도면Dimension Drawing을 작성하고, JB · 폴 등의 제작구조물의 사양서와 도면을 작성한다.

8) 고객사의 현장에 대한 해당 도면을 입수하여 시스템 구성계통도에 적용하고, 업무 범위 표기 등 필요정보를 수록하여 시스템 구성계통도를 완성한다. 해외 플랜트 프로젝트인 경우, 플랜트 현장에 시스템 및 통신망 구축을 위한 케이블 포설 등의 시공사항은 별개의 프로젝트로 진행되는 것이 일반적이다. 따라서 시공을 위한 도면이나 설치 등의 시공 관련사항은 제외되는 것이 보편적이나, 고객사와의 계약사항이나 합의사항에 의해 제공될 수 있다.

9) 목표로 하는 시스템의 구성계통도가 완성되면, 구성계통도에 표시된 구성장치들에 의해 실질적으로 시스템 구현이 가능한지, 그 기능과 성능은 프로젝트 요구사항을 만족하는지 등을 검토하여 확정한다.

10) 단위시스템 및 장비들에 대한 장비결선도Equipment Detail Drawing를 작성하고, 각 시스템 및 장비들 간의 배선도Wiring Diagram를 작성한다.

11) 각 도면에 시스템 및 장비들의 성능이나 기능 정보들을 표시하여 도면작업을 완성한다.

12) 각 시스템 및 장비들의 명판 목록Nameplate List을 작성하고 각 명판 크기 및 부착방법, 명칭, 글자 크기 등을 디자인하여 도면에 표시한다.

13) 위에서 설명한 도서 이외에 기타 도서들로는 소비전력 목록, CCTV 관찰범위도, 음향도달예상도, 무선통신 가능범위 보고서 등이 있다. 계약사항이나 고객 요구에 의해 제출키로 합의된 도서는 정해진 기간 내에 작성하여 제출할 수 있도록 준비한다.

14) 계통도, 제작도 등의 설계도서 작성이 완료되면 시스템 설치, 운용 및 유지보수에 필요한 매뉴얼을 작성하고, 전체 도서와 예비품 목록, 포장명세서 등의 관련 자료를 취합하여 최종 도서자료집을 완성한다.

15) 설계 진행에 있어 각 설계 단계마다 입력, 출력, 검증의 단계를 거치고, 제작 도면의 작성 및 도면번호 부여 등에 대한 검증 및 승인절차를 거치도록 한다. 이러한 절차에 의해 설계도서를 완성하여 제출하는 것이 설계 및 도면 작성의 오류를 줄이는 방법이다.

16) 설계를 진행할 때는 다음 사항들을 고려하거나 확인하여 설계에 반영하도록 한다.

- 매뉴얼: 제품 및 시스템의 사용설명서로 설치 및 운영, 보관, 기술자료에 대한 내용을 포함할 수 있다.
- 문서관리: 설계부서에서 관리, 보관되는 제품 및 프로젝트와 관련한 세부 기술자료 및 운영 매뉴얼 등의 관리로, 예를 들면 매뉴얼, 브로슈어, 카탈로그, 기술자료 등이 포함된다.
- 설계입력: 설계를 위한 기초자료로 활용되는 관련 법규 및 규제, 계약요건, 규정, 코드 및 고객사 요구사항 등이 해당된다.
- 설계출력: 도면 등과 같이 설계결과로 산출된 문서 등을 말한다.
- 설계검토: 설계입력에서 설계출력까지 설계 진행의 각 단계별로 요건 만족을 보증하기 위하여 평가 및 검토를 실시한다.
- 설계검증: 설계 단계별로 설계출력이 각 설계 단계에서의 입력자료와 일치하는가를 확인한다.
- 설계 타당성 확인: 설계검증을 거친 최종 출력물이 사용자의 요구나 기대에 부합하는지 확인한다.

5. 프로젝트 수행의 유의사항

1) 주요 기자재 조달

대부분의 경우에 프로젝트의 목표시스템을 제작하기 위한 주요 정보통신 기자재는 주로 글로벌 기업의 제품을 사용하게 된다. 이는 플랜트 프로젝트를 발주하는 소유주 등이 인지도가 높은 글로벌 기업의 제품을 선호하고, EPC가 소유주에게 요청하는 설계도서(SI업체가 EPC에 제출하여 승인된)의 승인과정에서 소유주가 제품품질 증명을 요청하는 경우에도 세계적으로 인증되거나 인정되는 브랜드의 제품이 유리하기 때문이다.

그러나 이러한 인지도가 높은 글로벌 기업의 제품들을 조달하는 데에는 어려움이 많다. 가격 및 납품조건, 납기 등의 협상에 있어 국내 SI업체의 영향력이 미미하기 때문이다. 특히 국내 SI업체가 구매발주자이고 제품을 공급하는 글로벌 기업이 수주자임에도 구매력보다는 공급자의 힘이 더욱 크게 작용하는 경우가 빈번히 발생하고 있다. 이는 국내 플랜트 정보통신 SI업체가 국제시장에서 외국의 공급업체들에게 영향력을 행사할 만한 위치에 있지 못하기 때문이기도 하다.

2) 증빙자료 확보

발주자인 EPC사에 정보통신 프로젝트의 목표시스템을 공급하는 SI업체의 담당 엔지니어는 RFQ 및 계약서의 기술사항을 정확히 알고 있어야 하며, 계약 일반사항도 숙지하고 있어야 한다. 또한 프로젝트 수행 중에 수정이나 변경사항이 발생하는 경우에, 처리방안과 함께 제출하여야 하는 도면이나 자료 등의 도서가 지연될 때의 계약사항을 잘 파악하고 있어야 한다. 특히 계약서의 벌과금 조항이나 기성금 지급조건에 영향을 받지 않도록 도서 제출일정이나 납기 등을 준수함이 중요하다.

이러한 사항들이나 프로젝트 수주 후 모든 진행과정에서 EPC사의 변경 요청, 또는 EPC사의 귀책사유로 인하여 프로젝트 수행에 차질이 예상되면 계약 조항에 연계시켜 가능한 한 자세하게 문서화하는 것이 중요하다. 특히 정해진 기한 내에 도서 제출이 이루어졌으나 승인 지연 등으로 인하여 납기 차질이 예상되는 경우에는 그 사항을 EPC사에 통보하고 협의하며, 관련사항을 기록으로 남긴다.

| 시스템 제작

정보통신 프로젝트의 목표시스템을 제작하기 위하여 각각의 단위시스템이나 장비 및 장치 등의 자재들을 조달하여, 설계된 시스템으로 구성하고 통합하여 목표시스템을 완성한다. 목표시스템을 제작하는 절차의 예는 [그림 2-7]과 같다.

1. 자재 조달

1) 프로젝트를 수행하는 SI업체의 PM 담당자나 시스템 제작 담당자는, 목표시스템 제작에 필요한 자재내역서BOM에 근거한 구매발주요청서POR: Purchase Order Requisition를 작성하여, 구매 담당자에게 자재 구매를 요청한다. 구매 담당자는 자재 구매 요청이 접수되면 해당 자재의 구매 및 조달절차를 진행한다.

2) 구매발주요청서는 BOM에 근거하여 구매하고자 하는 자재 품목 및 사양, 수량 등을 먼저 작성한다. 이 구매발주요청서에는 공급자가 납품과정에서 준수해야 할 사항들을 명시하여, 돌발상황 등에 대한 분쟁의 소지를 없앨 수 있도록 하는 것이 중요하다. 그리고 우선납기를 정하는 데는 기자재의 납기만을 명시하지 말고, 해당 기자재에 관련된 각종 도서 제출시기도 명시하도록 한다.

3) 구매한 자재의 입고과정에서 구매한 자재가 맞는지와 각 장비나 장치 등의 수량,

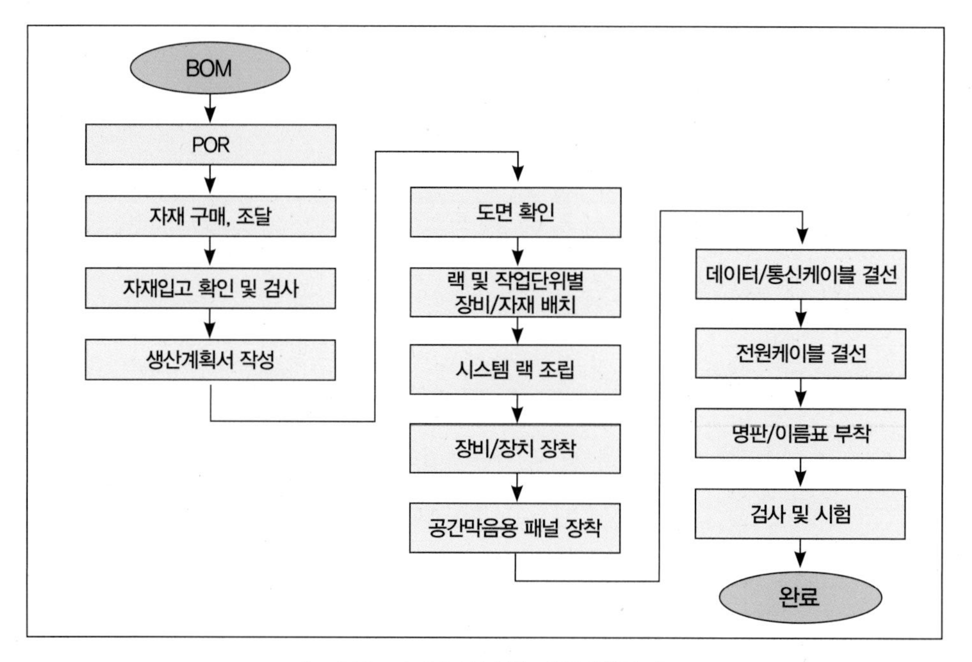

| 그림 2-7 | **목표시스템 제작절차의 예**

품목, 모델, 규격, 제조사 등을 확인하고 흠집이나 결함은 없는지 등을 검사하는 입고검사를 한다.

4) 입고검사 시의 검사 항목은 주로 구매요구서POR: Purchasing Order Requisition에서 명시한 규격이나 요구조건을 기준으로, 해당 장비나 장치, 그 구성품 등에 대하여 적합 여부를 검사한다.

5) 검사절차와 방법은 공산품, 양산품, 주물품, 가공품, 조립제품, 제관품(용접 포함) 등 품목에 따라 검사율(전수검사 또는 샘플링 검사)과 검사기준을 정하여 검사를 시행할 수 있다. 또한 입고 수량, 수입검사의 양, 제품의 특성, 제조사나 공인기관의 검사 및 시험 성적서 등을 고려하여 검사에 반영하도록 한다.

6) 주문제작에 의한 제작품의 경우에는 구매사양서나 해당 도면에서 요구한 사항이

달성되었는가의 여부를 확인하는 검사 및 시험을 한다.

2. 시스템 구성 및 통합

1) 정보통신 프로젝트를 원활하게 수행하기 위하여 시스템 제작에 앞서 장비나 장치의 통합 및 제품 생산을 위한 생산계획의 수립, 작업표준서 작성과 함께 식별 및 추적관리, 공정관리 방안 등이 선행적으로 마련되어야 한다.

2) 목표시스템에 대한 생산계획에는 목표시스템의 제작사양 및 요구사항을 검토하고 확인한 결과를 반영한다. 또한 목표시스템의 특성 및 특이사항 등을 고려하여야 하며, 자재 및 인력 투입, 공정계획, 작업표준서 적용, 작업방법 등을 확인하여 생산계획서를 작성하도록 한다.

3) 시스템 제작팀은 생산계획서의 생산 공정에 따라 랙Rack, 장비나 장치, 자재를 작업 단위별로 생산라인에 배치하고 인력을 투입하여 작업표준서를 기준으로 해당 작업을 실시한다.

4) 목표시스템의 제작은 [그림 2-7]의 예에서 보는 바와 같은 절차에 의해 시스템 랙을 조립하고 조립된 랙에 장비 및 장치를 장착하는 등의 작업을 진행한다. 그리고 장비나 장치를 장착할 수 있는 랙의 빈 공간에는 공간막음용 패널Blank Panel을 장착하도록 한다. 각 장비 및 장치들 간에는 설계도면에 의해 데이터케이블이나 통신케이블을 연결하고 전원케이블을 결선한다. 그 다음에는 명판이나 이름표를 부착하는 과정으로 목표시스템의 제작을 완성해가는 것이 보편적이다.

5) 그리고 랙 내의 내부 배선, 랙 ID 및 이름표, 케이블타이 등을 말끔하게 정리하여 제작작업을 완료할 수 있도록 한다. 또한 시스템 제작과정 중에 조립이나 생산이

완료된 반제품 등에 대하여는 중간검사를 실시하여 문제가 없을 시 다음 공정으로 진행하는 것이 바람직하다.

6) 시스템 제작이 완성되면 도면과의 일치성, 중간 검사결과의 보완사항, 작업사항의 결함은 없는지 등을 확인 및 검사하고, 각 장비나 장치들의 동작 상태를 시험하는 자체검사 및 시험을 실시한다.

| 검사 및 시험

일반적으로 검사 업무는 제품 및 공정의 특성을 계측, 조사, 시험 및 측정하여 규정된 요건과 이를 비교하여 적합성 여부를 판정하는 행위를 말한다. 보통 검사는 제품의 상태나 제품에 관련된 도서 등을 확인하고, 시험은 제품의 기능이나 성능을 확인하는 것이라 말할 수 있다.

1. 검사 및 시험계획

1) 정보통신 프로젝트의 목표시스템 제작이 완료되면, 당해 시스템이 프로젝트에서 요구하는 기능과 성능을 만족하는지를 확인하는 검사와 시험절차가 필요하다. 이와 같이 제작된 시스템을 검사하고 시험하기 위하여 수립되는 계획이 검사 및 시험계획ITP: Inspection & Test Plan이다.

2) 정보통신 프로젝트의 시스템 제작에 관련한 검사와 시험은 자체검사, 사전공장인수시험Pre-FAT, 공장인수시험FAT: Factory Acceptance Test, 포장검사, 현장인수시험SAT: Site Acceptance Test을 들 수 있다.

3) 검사와 시험에 대하여, EPC와 프로젝트 검사회의PIM를 통하여 협의하고 결정한다. 각 시스템의 특성 및 운용조건 등을 반영한 시험방법과 절차 등에 대한 검사 및 시험계획서ITP, FAT 절차서, SAT 절차서를 작성하고 제출하여 승인을 받는다.

4) 프로젝트에서 요구하는 목표시스템의 기능 및 성능 등의 규격조건은, 목표시스템이 전체 플랜트의 한 부분으로서 현장에서 제대로 작동하여 제 기능과 성능을 발휘하여야 한다는 것이다. 따라서 이에 대한 사항을 확인할 수 있도록 검사 및 시험계획이 작성되어야 한다.

2. 자체검사 및 시험

1) 목표시스템인 최종 제품이 제작된 후에 나타날지도 모르는 결함을 파악하여 문제점을 사전에 예방하기 위하여, 가공 · 조립 · 통합 등의 각 공정 단계에서 검사와 시험을 이행하는 것을 자체검사라 할 수 있다. 다시 말하면 자체검사는 시스템 제작 진행과정에서 각 공정 종료 시마다 제작된 장비나 장치 또는 단위시스템에 대하여 정상적으로 제작되었는지, 문제는 없는지 등을 검사하는 것이다.

2) Pre-FAT는 제작된 시스템의 납품을 위하여 시행하는 공장인수시험에 앞서 자체적으로 FAT와 같은 절차 및 방법으로 검사하는 것을 말한다. Pre-FAT 절차 및 방법은 FAT 절차서에 의하여 검사하는 것이 일반적이다.

3. 공장인수시험

1) 목표시스템의 제작이 완료되면 발주처의 검사요원 입회하에 FAT를 실시하는데, FAT는 최종 출하검사를 하는 단계로 보통 공장에서 이루어진다. 목표시스템을

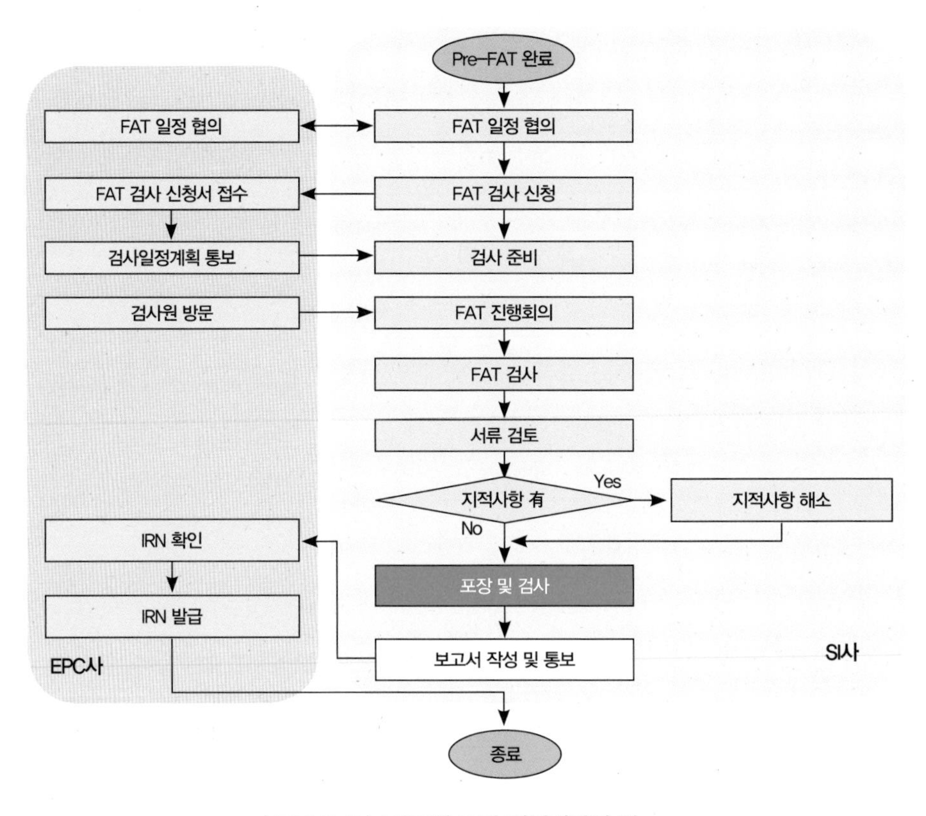

| 그림 2-8 | FAT 및 포장 진행절차의 예

납품하는 SI업체는 Pre-FAT를 시행한 결과 부적합 사항이 없거나 그 사항들을 해소한 경우에 FAT 절차를 진행한다. FAT 및 포장 진행의 예는 [그림 2-8]과 같다.

2) FAT를 수검하는 SI사는 발주처인 EPC사와 일정을 협의하고 검사를 신청한다. EPC사는 FAT 검사 신청에 대한 검사일정계획을 수검 SI사에 통보한다.

3) 수검 SI사는 FAT 검사를 위한 서류, 제작시스템 및 관련 장비 등을 검사 및 시험이 가능한 상태로 배치하고 기능시험이 가능하도록 통신망 구성 등의 시험환경을 구축한다.

4) 제작된 시스템의 FAT에서는 가급적 시스템 설치현장 조건과 유사한 형태로 시험 환경을 구성하여 주요 기능 및 성능을 확인하는 시험을 할 수 있도록 하는 것이 필요하다. 그러나 공장시험 조건을 설치현장 조건과 일치시키기는 매우 어려우므로, 주로 각 시스템 단위의 시험이 이루어지는 경우가 많다.

5) 지정된 날짜에 검사원이 방문하면 FAT 진행회의를 통하여 FAT 진행방법, 검사 및 시험 등에 대한 협의를 한다.

6) FAT 진행회의에서 협의된 일정 및 방법으로 FAT를 진행한다. FAT는 외관, 수량, 치수, 재질, 색상, 조립상태, 결선상태 등 외형적인 검사와 함께 해당 시스템의 작동 및 기능을 입증하는 시험을 실시하는 것이 일반적이다.

7) FAT 검사 및 시험 후에는 시스템 제작 및 FAT 관련 서류를 검토하고 검사결과를 정리한다.

8) 검사 및 시험 완료 후 고객사에서 지적한 사항이 있는 경우는 그 지적에 대한 조치를 취하여 문제를 해소토록 한다. 지적사항이 현장에서 조치가 안 되는 경우에는 추후에 지적사항에 대한 시정조치 완료 후 시정조치완료보고서를 작성하여 고객사에 전달하여 해결하도록 한다. 고객사의 요청 등 필요한 경우에는 해당 부분에 대한 재검사를 받는다.

9) 수검 SI사는 FAT 지적사항 해소, FAT에 관련된 고객사 요구사항 등이 완료되면, FAT 수행에 대한 보고서를 작성하여 고객사EPC에 통보하고, EPC사는 검사성적서 IRN: Inspection Release Note를 발급한다. IRN을 받으면 검사가 완료되어 선적이 가능함을 의미한다.

4. 포장 및 포장검사

1) 제작시스템에 대한 FAT 실시 후 이상이 없으면 다음 공정인 포장 단계를 진행한다.

2) 포장을 위한 포장명세서는 주로 PM 담당자가 작성 및 확인하여 포장 담당자에게 보낸다. 포장명세서는 BOM에 근거하여 납품목록을 작성하고 포장재, 포장재 규격, 수량, 중량을 확인하여 포장검사 및 포장 관련 담당자에게 통보한다.

3) 포장에 앞서 수출포장업체에 포장 크기, 특이사항 등의 정보를 전달하여 포장을 할 수 있도록 준비한다. 해당 시스템 등의 장비들에 대한 박스 테이핑, 제품식별표 부착, 제품 포장물별 분류 등의 작업을 완료하여 포장검사를 준비한다.

4) 포장 및 포장검사를 실시하고, 제품 포장 및 검사 진행 등에 관련된 사진을 촬영하여 포장검사결과보고서 작성에 사용할 수 있도록 한다.

5) 출하제품의 포장 시에 부식 가능성이 있는 품목은 부식 방지를 위하여 방습제를 투입하여 포장한다. 포장박스 외부에는 포장명세서와 화인Shipping Mark을 부착하고, 제품의 적재 시에는 적재한 화물의 편하중 및 이탈이 발생하지 않도록 고려하여 견고하게 적재하여야 한다.

6) 또한 고객의 요구사항이 있을 시 고객의 요구사항을 반영하여 포장을 실시한다. 제품 포장 시에는 포장재 내부에 제품, 매뉴얼, 인증서 등의 도서가 포함되어 있는지 확인한 후 밀봉해야 한다.

5. 출고

제작시스템의 포장검사를 완료한 제품은 출고일정, 출고지, 담당자 등 출고 관련사항을 협의하여 고객이 요청하는 일정의 시간 및 장소에 운송한다. 제품 운송 도중 화물의 편하중 및 이탈이 발생하지 않도록 하고 제품 상차 및 적재 시에도 제품손상 등을 방지할 수 있도록 고려하여 제품을 적재한다.

6. 검사 기록

1) 목표시스템에 대한 FAT, 포장검사, 출고 등이 완료되면 검사 및 시험 결과와 함께 관련 증빙자료를 첨부하여 검사보고서를 발주처에 제출한다.

2) 제작시스템에 대한 각 단계별 검사 및 시험 결과는 기록으로 남겨 관리하고, 필요한 경우에 사용할 증빙자료, AS, 문제해결 등에 활용하도록 한다.

3) 출하된 제품은 필요시 출하제품의 식별을 위하여 사용된 장비 및 장치 등의 모델, 수량, 규격, 고유번호, 제조사, 구입처 등 향후 추적이 가능한 세부사항을 기록 관리한다. 원자재나 제품의 식별은 전표, 라벨, 스티커, 마킹, 팻말, 명판 등의 방법을 사용한다.

4) 또한 USB, 동글Dongle, 소프트웨어가 탑재된 CD나 DVD 등이 손실되거나 망실되는 것을 방지하기 위한 예방조치를 취하도록 한다.

제4절 | 프로젝트 완료

정보통신 프로젝트 결과물인 목표시스템 제품이 납품되어 플랜트 현장에 설치되고 플랜트 공사가 완료되면 플랜트 설비 및 관련설비 등의 기능과 성능을 확인해보는 시운전을 실시하고, 인수시험 단계를 거쳐 준공절차가 진행된다.

| 시운전

가. 일반적으로 플랜트 시운전 시에 통신설비 및 보안설비도 시운전을 시행하게 되는데, 시운전에는 해당 설비의 예비점검, 단위시스템 설비에 대한 운전시험, 전체 시스템에 대한 종합시험으로 나누어 시행할 수 있다.

나. 시운전을 위한 플랜트 정보통신시스템의 각 설비를 동작시키기 전에, 설치작업은 제대로 되어있는지, 전원을 켜도 좋은지를 검사하는 예비점검을 시행한다. 예비점검의 기준이 되는 체크리스트는 사전에 준비되어야 하며, 예비점검사항은 모두 기록으로 남겨 시운전 결과보고서에 근거자료로 사용할 수 있도록 한다.

다. 플랜트 정보통신시스템에 대한 통신설비나 보안설비 또는 통신 및 보안 설비의 시운전은 대부분 SAT와 같이 진행되는 경우가 많다. 시운전 및 SAT 절차의 예는 [그림 2-9]와 같다.

1) EPC사로부터 납품시스템에 대한 시운전 요청이 접수되면 SI사는 시운전 정보를 수집하고 준비하여, 해당 시스템의 시운전요원을 플랜트 현장에 파견하여 플랜트 시운전에 참여하도록 한다.

2) 현장 작업사항은 앞에서 설명한 예비점검이라 할 수 있으며, 정보통신시스템의 케이블 접속, 전원케이블 접속, 단위시스템 간 케이블 연결상태, 통신실 및 통신 시스템 간 접속, 시스템 설치상태 등을 점검하고 확인한다.

3) 정보통신 시운전요원은 시운전 및 SAT에 필요한 설계도서 및 도면, 공구, 시험 및 계측장비 등을 준비하여 참여하도록 한다. SAT 수행에 필요한 관련 자료는 ITP, 구성계통도, 결선도, 배치도, O&M 매뉴얼 등의 도서이다. 도서는 IFC[Issued for Construction] 도서의 최종 버전을 참고하며, 필요시에는 IFA[Issued for Approval] 도서와

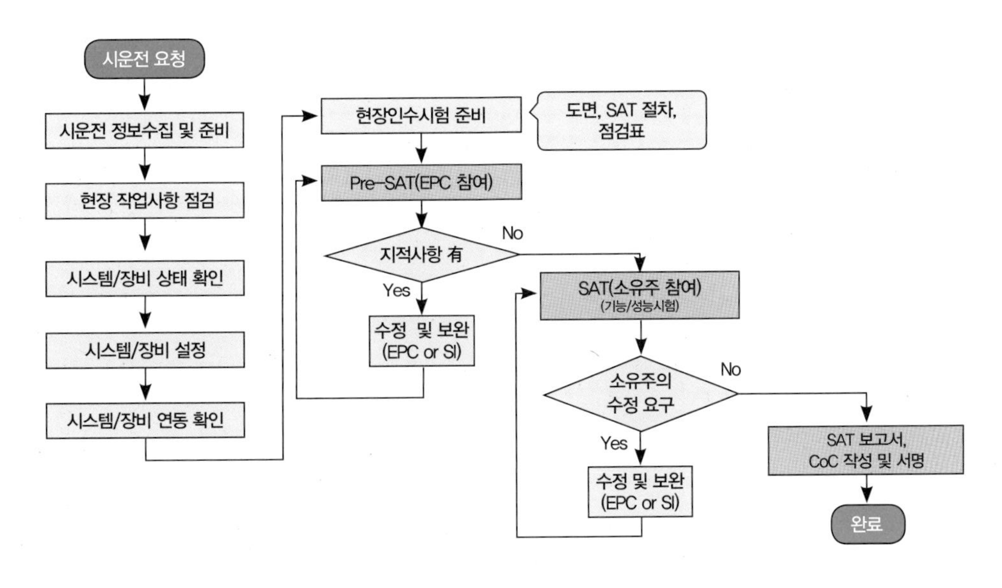

| 그림 2-9 | 플랜트 정보통신시스템 시운전 및 SAT 절차의 예

BOM 등 필요 도서를 확보하고 숙지하여 시운전 및 SAT 수행에 차질이 없도록 한다.

4) 각 단위시스템, 장비, 장치 등에 대한 상태를 점검하고 인입전원(AC, DC, 전압, 단상, 3상 등) 상태 등을 확인한다.

5) 각 기기에 전원을 공급하여 해당 기기가 작동하는지, 각 기기의 동작상태는 정상인지 등을 확인하고, 시스템 및 장비에 대한 설정작업을 한다. 그리고 그 기기의 기능은 적정한지를 확인하는 기능시험을 한다.

6) 단위시스템이나 개별 기기 또는 장비에 대한 기능시험은 주로 무부하 운전시험 또는 개별기기 운전시험이라고도 하며 타 기기 및 시스템과 연동하지 않은 단독 운전시험을 말한다.

7) 모든 장비 및 시스템의 설정작업이 완료되면 각 시스템 및 장비들의 연동운용 상태를 확인한다. 확인 결과 이상이 없으면 SAT를 시행한다.

| 현장인수시험

가. 현장인수시험SAT은 납품된 시스템 제품이 현장에 설치되어 고객에게 인도되기 전 최종적으로 시행되는 검사로, 주로 플랜트 현장에서 이루어진다. SAT 절차는 미리 작성하여 협의된 ITP에 근거한 SAT 절차서에 의해 진행된다.

나. 정보통신시스템에 대한 성능시험은 주로 해당 시스템 공급자가 주도하여 진행하며, SAT 절차서는 FAT의 경우와 같으나 FAT에서 확인이 안 되는 사항이나 현장 요건을 반영한 확인사항 등이 추가되기도 한다.

다. SAT는 납품된 목표시스템의 정보통신설비들에 대하여, 이 시스템들이 운영되기 전에 납품된 시스템을 인수하기 위한 검사이므로 현장상황에 맞게 설치되어 그 기능을 수행하는지, 운영상의 문제가 발생할 가능성은 없는지 등에 대한 검사와 시험이 이루어지도록 한다. 그 과정에서 현지의 상황과 시운전 과정에서 문제가 없다고 판단될 경우에는 SAT 방법이나 절차를 변경할 수 있다. SAT 결과 고객에 의해 지적된 문제점은 인도되기 전에 수정 및 보완되도록 조치한다.

| 인수인계

일반적으로 플랜트의 시운전 및 인수시험이 완료되면, 소유주와 EPC 간에 시설물과 설비들에 대한 인수인계절차가 진행된다. 플랜트 정보통신 프로젝트의 결과물에 대한 인수인계는 대부분 EPC사에 해당 정보통신시스템(목표시스템)을 납품하는 것으로 완료된다. 정보통신시스템을 납품한 SI사는 AS 및 시스템 운영에 대한 기술지원을 진행하게 되며, 그 기간이나 조건 등은 계약사항을 따른다.

| 준공

가. 플랜트 건설의 주된 목적은 해당 플랜트를 가동하여 제품을 생산하는 것으로 볼 수 있다. 따라서 플랜트의 시운전이 완료되어 소유주가 요구하는 목적물 생산이 계속적으로 가능하다는 것이 입증되면, 소유주는 정보통신시스템을 포함한 해당 플랜트를 EPC로부터 인수하게 된다.

나. 시운전이 진행되는 과정에서 수정 및 보완사항이 발생하여 도면을 수정하게 되

면, EPC사는 준공처리를 위한 플랜트 운용 및 유지보수 지침서와 준공도면을 최종 수정 보완하여 제출한다.

다. 이 단계에서 EPC사의 정보통신시스템(목표시스템)에 대한 수정 요청사항이나 해당 시스템에 대한 도면들도 준공용 도서로 작성하여 EPC사에 제출하여야 한다.

라. 대부분의 프로젝트들은 준공시점에 프로젝트가 완료되는 경우가 많으나, 플랜트 정보통신 프로젝트는 본선인도FOB: Free on Board 시점에 대금지급이 완료되는 경우가 많다.

1) 목표시스템 인도조건은 FOB, 관세지급 인도조건DDP: Delivered Duty Paid 등이 있으며, 계약조건에 따라 프로젝트 완료시기가 달라진다. 보통은 프로젝트 계약조건에 시운전 및 SAT 인력 파견비용을 포함하거나 선택사항 형태로 계약하기도 한다.

2) FAT, 포장검사, 시운전, SAT 등이 완료되면, 각종 도서, 발행물, 도서 제출시기, 프로젝트 이력 등 해당 프로젝트의 관련자료를 구분하여 모두 편철한다. 프로젝트 종료시점에 관련자료 내역과 프로젝트 진행상의 특이사항 등을 분석하고 반영하여 프로젝트완료보고서를 작성한다.

3) 프로젝트완료보고서는 향후의 프로젝트 수주나 수행 시에 참고자료로 활용하여 보다 효율적이고 효과적인 업무수행이 되도록 적용할 수 있다.

제3장

플랜트 통신시스템

제3장은 플랜트에서 주로 사용되는 통신시스템으로, 구내교환시스템(PABX), 근거리통신망(LAN), PA 및 페이징시스템, 무선시스템에 대하여 설명한다.

제1절 '구내교환시스템'에서는 기존의 구내교환기인 아날로그 PABX와 최근에 각광을 받고 있는 IP PBX, 아날로그 방식과 IP 방식의 혼합 형태인 하이브리드 PABX, 그리고 아날로그 전화기와 IP 전화기에 대하여 설명한다.

제2절 '근거리통신망'에서는 랜 서비스 모델, 네트워크 토폴로지, 랜 구축 시의 고려사항 등을 살펴본다. 또한 랜을 구성하는 주요 시스템인 라우더, 스위치, 방화벽 등과 랜 케이블의 종류 및 특성에 대하여 자세히 설명한다.

제3절 'PAGA시스템'에서는 페이징시스템, PA시스템, PAGA시스템에 대한 사항을 상세히 설명한다.

제4절 '무선시스템'에서는 플랜트 현장에서 사용되는 무전기, 안테나 그리고 무선시스템의 고려사항에 대하여 설명한다.

제1절 | 구내교환시스템

플랜트 통신시스템은 주로 플랜트 구내의 플랜트 운용요원들 간의 통신이나, 플랜트 외부의 관련 부서나 본사 또는 플랜트 운영에 관련된 기관이나 업체, 기타 단체 등과의 통신을 위한 시스템을 말한다. 이는 플랜트 설비들을 가동하거나 가동상태를 관찰하고 확인하기 위한 목적의 시스템도 포함된다. 일반적인 플랜트 통신시스템 구성의 예는 [그림 3-1]과 같으며 PABX시스템, 랜 시스템, PA시스템, 페이징시스템, 무선시스템을 들 수 있다.

플랜트 통신시스템의 기본적이고 주요한 구성요소 중의 하나로 전화시스템을 들 수 있으며 플랜트 설비 운용요원이나 플랜트 운영에 관련된 사람들 간에 통신을 위한 수단을 제공해준다. 이용자들 상호 간에 전화통화를 위해서는 구내교환시스템이 필요한데, 구내교환시스템은 PBX 또는 PABX를 들 수 있으며, 최근에는 대부분의 구내교환기 기능이 자동화를 이루어 PBX나 PABX를 굳이 구분하지 않고 혼용하여 사용되고 있다.

PBX는 'Private Branch Exchange'의 약어로 사설구내교환기를 말하며, PABX는 'Private Automatic Branch Exchange'의 약어로 사설자동구내교환기를 말한다. PABX는 주로 전화서비스를 제공하며 데이터 통신서비스를 제공하기도 한다. 최근에는 인터넷 프로토콜IP: Internet Protocol 방식의 IP PABX 또는 하이브리드 PABX 시스템에 의한

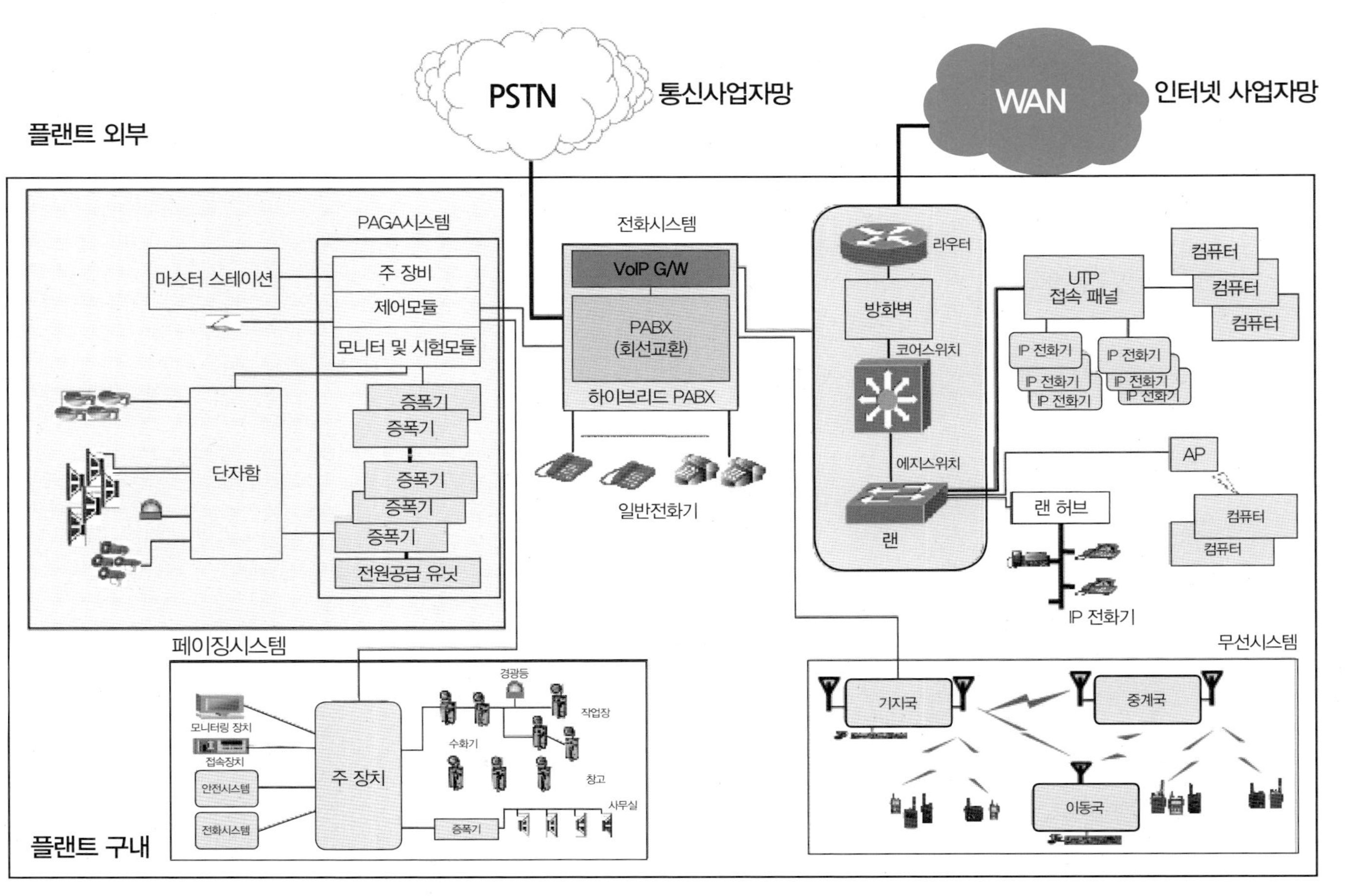

| 그림 3-1 | 플랜트 통신시스템의 예

전화Phone, 화상Image, Picture, 영상Video 등의 멀티미디어 서비스 제공이 가능해졌다. 또한 플랜트 구내의 PA시스템 등과도 연동하여 특정장소 외에서도 긴급상황을 전파하거나 해당 구역에 안내방송을 할 수 있도록 시스템을 구성하기도 한다.

구내교환기인 PABX는 구내의 전화통신망을 구성하는 핵심요소로서 플랜트 구내의 전화기를 접속할 수 있는 구내전화선과 전화국의 전화회선(국간중계회선 또는 국선)을 수용하여 국선과 내선, 내선 상호 간의 전화교환을 해주는 시스템을 말한다. PABX를 통하여 구내의 이용자 상호 간이나 구내와 구외의 전화가입자 간에 전화통신을 가능하게 해준다. PABX는 아날로그 PABX, IP PABX, 하이브리드 PABX로 나누어볼 수 있다.

| 아날로그 PABX

아날로그 사설자동구내교환기PABX시스템에 대한 구성도의 예는 [그림 3-2]와 같으며 플랜트 구내의 이용자 상호 간에 전화통화를 할 수 있다. 또한 PABX의 국선을 공중용 전화통신망PSTN: Public Switching Telephone Network에 접속하여 구내이용자가 플랜트 구내·외의 외부 전화가입자에게 전화를 걸거나 외부에서 걸려온 전화를 받을 수 있도록 하고 있다.

플랜트 구외의 가입자와 통화하기 위한 전화접속 계통도의 예는 [그림 3-3]과 같으며 플랜트 구내의 전화이용자는 PABX와 공중용 전화통신망을 통하여 시내통화, 시외통화, 국제통화를 할 수 있다. 일반적으로 공중용 전화통신망은 시내교환기Local Exchange, 시외교환기Toll Exchange들로 구성되어 시내통화나 시외통화를 할 수 있도록 통신사업자가 서비스를 제공한다.

그리고 외국의 전화가입자와 통화를 위해서는 국제교환기와 외국의 전화통신망을 거쳐 해당 전화가입자를 호출하게 되고, 상대방이 응답하면 통화를 할 수 있다. 외국이

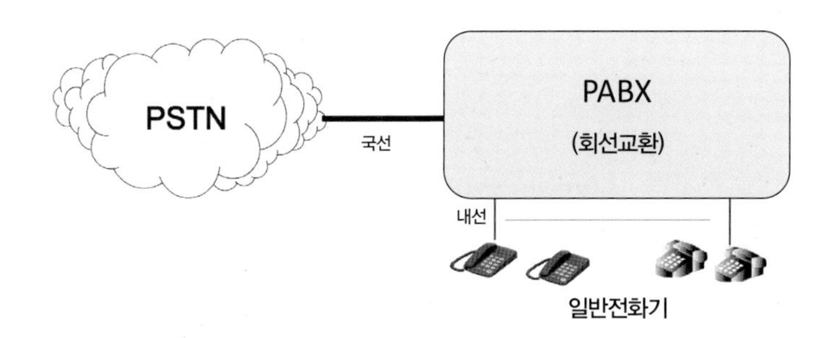

| 그림 3-2 | 아날로그 PABX 구성도

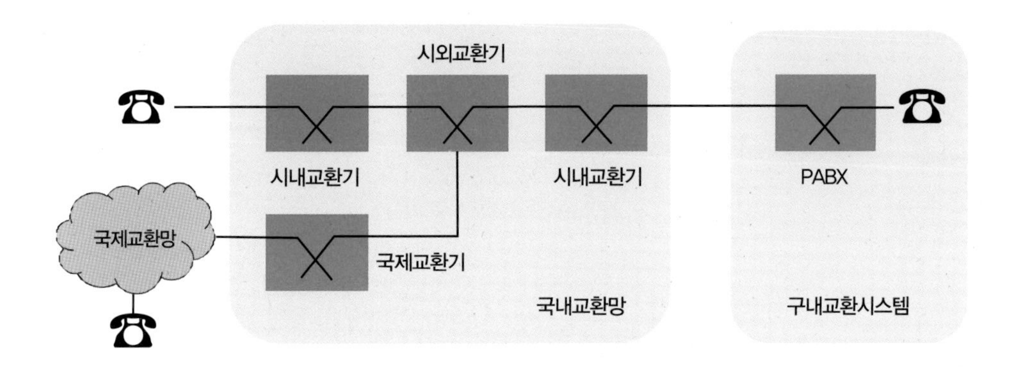

| 그림 3-3 | PABX와 PSTN의 전화접속 계통도

나 외부의 전화가입자가 플랜트 구내의 이용자와 통화를 할 경우에는 반대의 순서로 플랜트 외부의 전화가입자가 플랜트 구내가입자를 호출하여 연결이 된 후에 통화가 가능하게 된다.

플랜트 구내에 PABX시스템을 구축할 때에는 설치장소, 상면, 전원 등 기본적인 고려 사항 이외에도, 주요한 기술적인 사항으로 가입자 회선 수용 용량, PSTN과의 접속방법 및 인터페이스(T1 회선 또는 E1 회선 방식 등), 구내전화 가입자 수, UPS 적용 유무 및 그 요구사항(무정전 요구시간 및 용량 등), 가입자 수용방안(MDF, IDF 접속) 등을 확인하여 반영하여야 한다.

| IP PBX

IP 방식의 구내교환기는 IP PBX 또는 IP PABX를 말하며, 인터넷 전화서비스를 제공한다. IP 방식 구내교환기는 기존의 회선교환Circuit Switch 방식의 전화망이 아닌 인터넷망으로 음성정보를 전달한다. IP PBX 구성도의 예는 [그림 3-4]와 같으며, 플랜트 구내에서는 랜(구내정보통신망)에 IP PBX 시스템을 구성하여 음성통화를 할 수 있다.

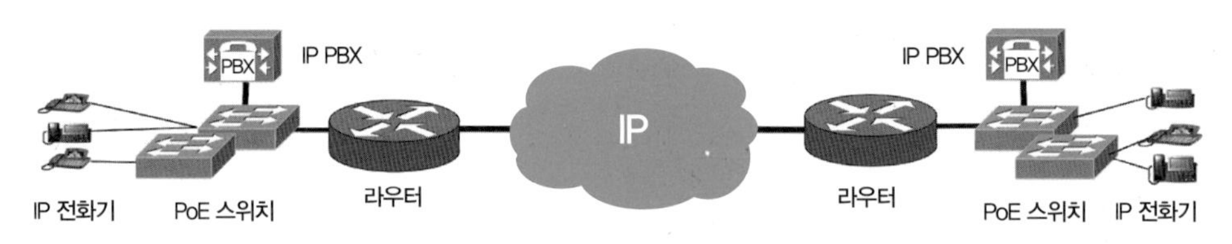

| 그림 3-4 | IP PBX 구성도

IP 전화 단말기는 전화기 형태로 제작된 IP 전화기나 컴퓨터에 소프트웨어적으로 인터넷전화 기능을 구현한 소프트웨어 전화기(소프트폰) 등이 있다. IP 전화기는 인터넷이나 랜 등의 네트워크와 연결되는 물리적 인터페이스를 가지며, 음성을 디지털 및 패킷 형태로 변환하여 인터넷 프로토콜을 사용하는 방식으로 전화통화를 할 수 있다.

IP PBX시스템 구축 시의 고려사항은 아날로그 PABX 구축 시 확인하여야 할 사항 이외에도 랜 시스템과의 연동방안 및 인터페이스, 랜의 라우터 규격 및 기능, IP 전화기 사용자 단말 및 PoE 포트 소요 수, 케이블 규격(CAT.5, CAT.6) 등을 확인하여 반영하여야 한다.

| 하이브리드 PABX

하이브리드 PABX시스템은 일반전화와 IP 전화를 같이 사용할 수 있다. 하이브리드 PABX는 사설자동구내교환기인 PABX를 IP PBX화하여 기존의 전화기를 그대로 사용하고, 인터넷 전화기와 PC 전화기 등의 IP 전화기를 혼용하여 사용할 수 있다. 하이브리드 PABX 구성도의 예는 [그림 3-5]에 보이고 있다.

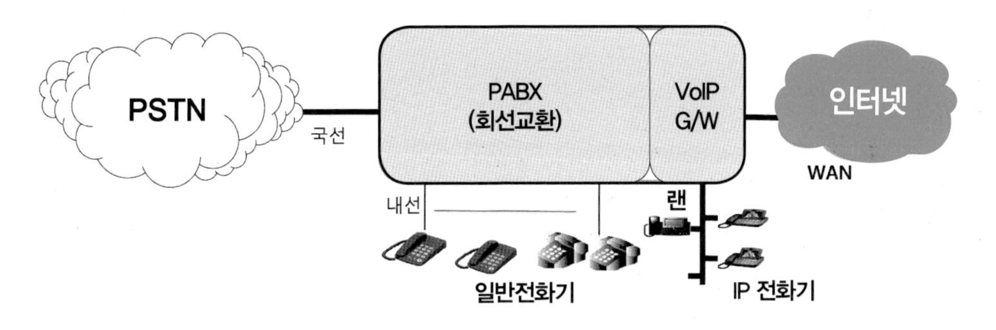

| 그림 3-5 | 하이브리드 PABX 구성도

즉 하이브리드 PABX는 PSTN과 접속하여 기존의 전화시스템 및 전화기를 사용할 수 있고, 인터넷 전화VoIP: Voice over Internet Protocol 게이트웨이G/W를 통하여 인터넷에 접속하여 인터넷 프로토콜에 의한 인터넷 전화를 사용할 수 있다.

| IP 전화기 및 아날로그 전화기

일반적으로 IP 전화기는 인터넷 프로토콜 기반의 전화장치를 말하며 기존의 일반전화를 아날로그 전화기로 구분한다. 우리가 흔히 사용하는 전화기인 아날로그 전화기는 PSTN에 접속되어 음성통화서비스를 이용하게 된다. 반면에 IP 전화기는 인터넷 프로토콜을 사용하므로, 인터넷망에 접속하여 IP 방식에 의한 통신과 통화를 할 수 있도록 기존 전화기와는 다른 기능들이 추가되어야 한다.

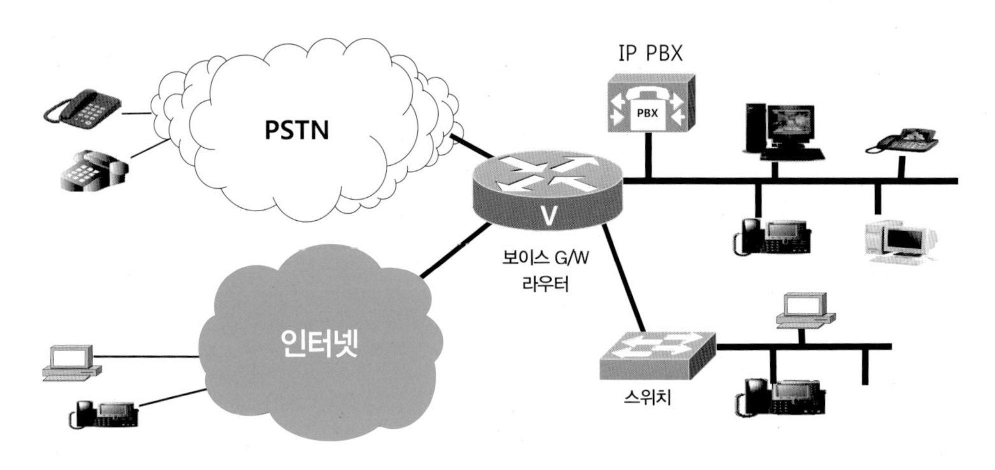

| 그림 3-6 | IP 전화기 및 아날로그 전화기 접속 계통도

플랜트 구내의 인터넷망인 랜(근거리통신망, 구내정보통신망)에 의한 전화 접속 구성계통도는 [그림 3-6]과 같으며, 플랜트 구내의 IP 전화기 상호 간 또는 플랜트 구외 원격지의 IP 전화기 간에도 음성통화가 가능하다. 그리고 보이스 게이트웨이Voice Gateway에 의해 PSTN과 연동하여 IP 전화와 일반전화 가입자 간의 음성통화를 할 수 있다. 일반전화는 전화선의 호출신호음, 통화중, 비응답상태On-hook, 응답상태Off-hook 등의 신호를 E&MEarth & Magneto, or Ear & Mouth 회선을 통해 전송하고 있는데, 인터넷전화는 보이스 게이트웨이 기능을 갖는 라우터를 사용하여 그 기능을 수행하며, PBX의 발신음을 확장할 수 있다.

제2절 | 근거리통신망

| 개요

랜LAN: Local Area Network은 근거리통신망을 말하며, 플랜트나 대형 건축물 등의 구내정보통신망을 지칭한다. 일반적으로 랜은 한정된 지역에서 컴퓨터가 기본인, 여러 가지 전자기기나 장비들 간에 문자, 이미지, 영상 등의 정보를 주고받을 수 있는 통신 네트워크로 정의되며, 보통은 랜을 구축한 사용자가 직접 관리하고 운영한다. 랜은 컴퓨터, 인터넷 전화, CCTV, 인터넷 단말장치 등을 수용하여 상호 간에 통신할 수 있는데, 주로 근거리인 구내에서 IP 기반의 정보통신서비스를 제공한다. 구내를 벗어나는 지역과의 통신을 위해서는 광역통신망WAN: Wide Area Network과 접속하여 정보통신서비스를 제공하는 지역범위를 확대할 수 있다.

정보통신 네트워크 추세는 다양한 트래픽을 통합화 · 융합화하여 처리할 수 있도록 발전해가고 있으며 그 실현방안으로 IP 네트워크가 지목되고 있다. 다시 말하면 음성, 데이터, 이미지, 영상 등 모든 미디어(다중미디어)의 정보를 하나로 통합하여 처리할 수 있으며, 다중미디어를 처리할 수 있는 통신망으로 IP 네트워크가 각광받고 있다. 따라서 ALL-IP망 실현을 위하여 네트워크 장비, 시스템 장비, 단말장치 등을 단일 IP 네트워크에 접속하여 그 기능을 발휘할 수 있도록, 각 장비 및 장치들에 IP기술을 적용하여 발전하는 추세에 있다.

따라서 랜 구축 및 운영에 있어서도 통합화를 염두에 둔 IP 네트워크 구현이 필요하다. 앞에서 언급한 단일 네트워크 및 통합회선은 서비스당 대역폭 감소, 회선 효율성 증대로 비용절감에 기여하고, 다양한 솔루션을 제공할 수 있다. 또한 모든 미디어가 하나의 트래픽으로 통합되므로 흐름 제어가 용이하다는 등의 장점이 있다. 그러나 회선 장애나 네트워크 기능 이상 시에는 모든 서비스가 중단될 수 있으므로 이에 대한 대책을 강구하여야 한다.

| 랜 구축

1. 랜 서비스 모델

일반적으로 필요한 정보를 검색하거나 전달하는 형태는 클라이언트Client/서버Server 모델이 기본적인 형태이며, 정보통신망을 이용하여 데이터 신호 등의 정보를 주고받는다. 랜에서 제공 가능한 서비스 역시 [그림 3-7]과 같은 클라이언트/서버 모델이라 말할 수 있다.

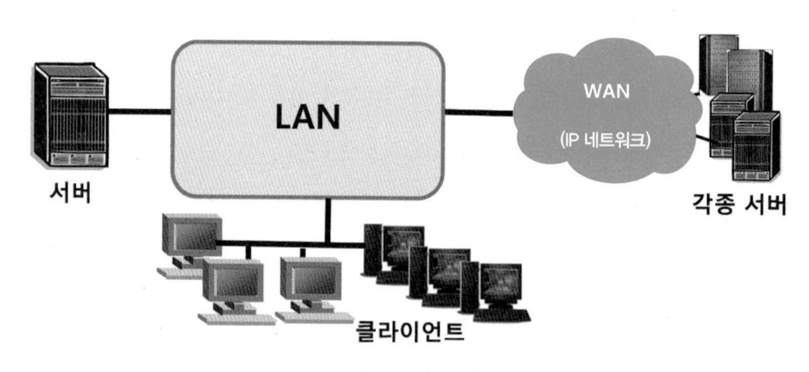

| 그림 3-7 | 랜 서비스 모델의 예

보통은 서버에 필요한 정보데이터 등을 저장해놓거나, 랜에 접속된 단말장치에 의해 수집된 이벤트나 데이터를 랜을 통하여 서버에 보내어 보관하고, 클라이언트 단말장치로 필요한 정보를 서버에서 검색한다. 또한 수집된 정보나 검색된 정보, 수신된 이벤트 등의 분석 결과에 의해 상황 발생을 모니터링하거나 해당 장치나 장비를 제어할 수도 있다.

이러한 이벤트 신호나 데이터 정보들은 랜을 매개로 하여 랜에 연결된 각 시스템들 간에 전달되고, 사전에 설정하거나 프로그래밍된 절차에 의해 해당 과업을 수행하고 그 결과 등을 서버에 저장할 수 있다.

랜이 공중용 인터넷과 같은 외부 네트워크와 연결된 경우에는 랜에 접속된 클라이언트에서 일반 인터넷 등의 외부 네트워크에 연결되어 있는 서버들의 정보를 검색하고 필요한 정보를 얻을 수 있다. 랜에 접속된 서버는 정보제공뿐만 아니라 랜의 구축목적에 따라 플랜트 운영에 필요한 정보를 수집하거나, 단말장치나 클라이언트의 접속 등을 모니터링하고 특정 단말장치나 해당 클라이언트를 통제하거나 제어할 수 있다.

이러한 랜 시스템의 기본 구성요소로 보통은 경로설정 장비 라우터, 집선장치(스위치 허브 등), 서버, 클라이언트(단말장치 등)를 들 수 있다.

2. 네트워크 토폴로지

일반적으로 토폴로지Topology는 네트워크를 구성하는 방식으로, 컴퓨터 간의 통신을 위하여 네트워크의 구성요소인 링크Link와 노드Node 등을 연결하는 방식을 말한다. 랜의 망 접속형태, 즉 네트워크 토폴로지는 물리적 토폴로지와 논리적 토폴로지가 같거나 다를 수 있으며, 네트워크상에서 노드와 노드 간의 데이터 흐름은 논리적 토폴로지에 의해 결정된다고 볼 수 있다. 보통 네트워크 토폴로지의 종류는 버스형, 성형, 링형, 망형, 트리형 토폴로지 등으로 나눌 수 있으며, 랜에서 주로 사용하는 대표적인 네트워크 토폴로지의 예는 [그림 3-8]과 같다.

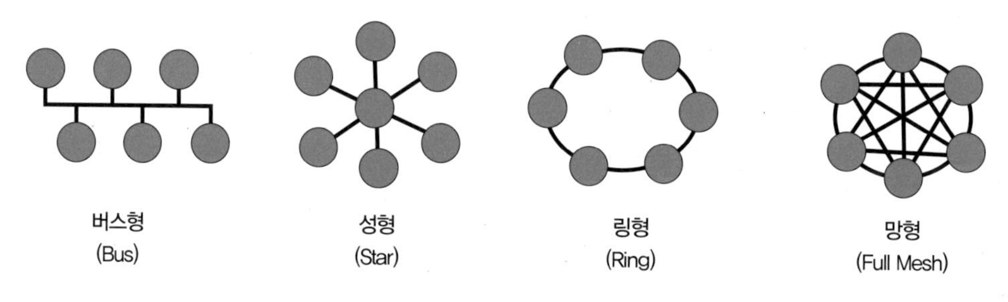

| 그림 3-8 | 네트워크 토폴로지의 예

1) 버스형 토폴로지

버스형 토폴로지는 버스라 불리는 공유통신 경로에 각 노드들을 연결하고 그 경로의 링크를 통해 각 노드들 간에 통신을 할 수 있는 네트워크 구조를 말한다. 한 노드에서 어떤 신호나 정보를 전송할 때 그 신호나 정보들은 단일 전송경로인 버스를 따라 전달된다. 전송하고자 하는 모든 신호는 전체 네트워크에서 양방향으로 전송되고, 네트워크에 연결된 모든 노드의 장치는 같은 신호를 수신하게 되며, 버스의 각 노드에 접속되어 있는 컴퓨터 등의 장치는 수신지로 지정된 해당 장치에서 메시지나 정보를 수신할 수 있다.

버스형 토폴로지는 다른 토폴로지와 비교하여 모든 장치를 가장 간단하게 네트워크에 접속할 수 있는 특징이 있다. 이는 공통적으로 공유할 수 있는 단일 케이블에 각 노드를 연결하여 네트워크를 구성할 수 있고, 해당 케이블에 T자형으로 연결한 모든 노드들은 버스형 네트워크를 형성하게 된다. 버스 끝에는 종단장치Terminator를 달아 신호의 반사를 방지할 수 있다. 버스 네트워크는 단일 케이블에 접속하는 형태이므로 그 버스 케이블에 문제가 발생하면 전체 네트워크가 마비될 수 있는 단점이 있다.

2) 성형 토폴로지

성형(스타형)의 네트워크는 랜에서 가장 널리 사용되는 물리적 토폴로지이며, 네트워크의 중앙에 주 네트워크 장비(라우터, 스위치, 허브 등)인 주 장치를 배치한다. 중앙에 위치한 주 장치를 중심으로 각 장치들이 케이블에 의해 주 장치와 직접 연결되어 네트워크를 형성한다. 각 노드 간의 정보 전송은 중앙에 위치한 주 장치인 중앙노드를 통하여 전달된다. 이 방식의 토폴로지는 모든 노드에서 중앙노드에 각각 접속해야 하므로 전송로(케이블 연결) 등에 대한 비용이 많이 소요된다.

이는 어느 특정 전송로(케이블 등)에 문제가 발생한 경우에 해당 노드만 영향을 받고 네트워크의 나머지 노드들은 정상적인 작동이 가능한 특징이 있다. 이러한 장점으로 인해 대부분의 랜이 성형 토폴로지로 설계하여 사용되고 있다. 그러나 중앙노드에 문제가 발생하면 모든 노드에 영향을 미치게 되므로 중앙의 주 장치에 대한 이중화 등의 보완대책이 필요하다.

3) 링형 토폴로지

링형 토폴로지는 각각의 노드가 양옆의 두 노드와 연결하여 전체적으로는 링Ring 형태로 하나의 연속된 경로를 통해 네트워크를 형성하여 통신을 하는 네트워크 구성방식이다. 이 방식의 네트워크에서는 전송하고자 하는 데이터는 노드에서 노드로 이동을 하게 되며 각각의 노드는 정해진 설정에 따라 옆의 노드로 그 데이터를 전달한다. 링 토폴로지는 어떤 두 노드 간에 물리적으로 하나의 경로가 존재하며, 링 네트워크는 단 하나의 링크에 문제가 발생하여도 전체 네트워크에 영향을 주게 된다. 이 경우에 통신 두절을 방지하기 위하여 문제가 된 링크에 접속된 노드에 정보를 전달하기 위해서는, 반대편의 모든 노드들을 거쳐 해당 노드로 데이터를 전송할 수 있다.

즉, 평상시에는 한 노드에서 시계 방향이나 반시계 방향, 또는 양방향으로 데이터를 전달하다가, 데이터의 끊김이 발생하는 경우는 그 반대 방향으로 전체 데이터를 전달하게 되므로 연속적으로 통신 가능상태를 유지할 수 있게 된다. 그러나 각 노드에서 처리하는 트래픽 및 데이터 전송량은 한계가 있어 최종 목적지까지의 시간당 데이터 전송량이 감소하게 된다. 일반적으로 링 토폴로지 기반의 토큰 네트워크는 FDDIFiber Distributed Data

Interface 논리 토폴로지가 적용되며, 전송거리는 200km까지 확장이 가능하다.

링형 토폴로지의 특징은 다음과 같다.

- 모든 장치들이 순차적으로 토큰에 접근할 수 있으며 토큰 패싱을 통해 패킷의 충돌을 방지하면서 데이터를 전송할 수 있다.
- 트래픽이 비교적 많은 네트워크에는 버스형 토폴로지보다 성능이 우수하다.
- 각 노드 간의 연결을 관리하기 위한 네트워크 서버가 불필요하다.
- 한 노드의 링크가 동작불량인 경우에도 네트워크 전체에 영향을 끼친다.
- 네트워크 어댑터 카드 등이 이더넷 카드나 허브보다 비싸다.
- 일반적인 부하 환경에서는 전송속도가 이더넷망보다 느리다.
- 각 노드의 장비를 재배치하거나 추가 또는 변경할 경우에 전체 네트워크에 영향이 미친다.

4) 망형 토폴로지

일반적으로 망형 토폴로지는 완전접속형과 부분접속형으로 구분할 수 있다. 이 방식은 모든 노드들 간에 링크가 연결된 형태이며, 어떤 링크에 문제가 생겨도 전체 네트워크에는 영향을 미치지 않는다. 그러나 각 노드마다 모든 노드와 링크가 접속되어야 하므로 링크 구성비용이 많이 소요된다. 완전 망형 방식의 네트워크는 생존성이나 신뢰성이 타 방식보다 매우 높다. 따라서 대규모 네트워크나 높은 신뢰성과 생존성이 확보되어야 하는 경우에 많이 사용된다.

3. 랜의 구성

구내정보통신망인 랜을 구성하고 네트워크 장비 등을 배치하는 방안은 여러 가지가 있을 수 있다. [그림 3-9]는 랜 시스템을 구성하는 방안 중의 하나로 네트워크 구성, 장비 배치 및 접속의 예를 보이고 있다. [그림 3-9]에서 보는 바와 같이 랜의 핵심구성 요소로 라우터, 스위치, 방화벽을 들 수 있다.

라우터Router는 광역통신망과의 접속점을 제공한다. 보이스 게이트웨이 역할도 하는 라우터의 경우 공중용 전화통신망PSTN과 연결할 수 있다. 라우터는 각 사용자 단말장치의 목적지로 향하는 패킷전송경로를 설정하여 데이터를 전달하는 기능을 수행한다. 또한 구내통신망을 외부의 통신망과 연결하여 통신가능 지역을 확장할 수 있는 기능을 제공할 수 있다.

방화벽Firewall은 인가되지 않은 외부 네트워크나 장비들이 구내정보통신망 내부의 서버나 단말장치 등에 접근하는 것을 차단하거나 허용해주는 역할을 한다.

스위치Switch는 그 용도나 성능 등에 따라 코어스위치, 에지스위치 등으로 나누어볼 수 있는데 랜의 규모, 노드 수 등에 따라 코어스위치와 에지스위치 사이에 접속스위치 등

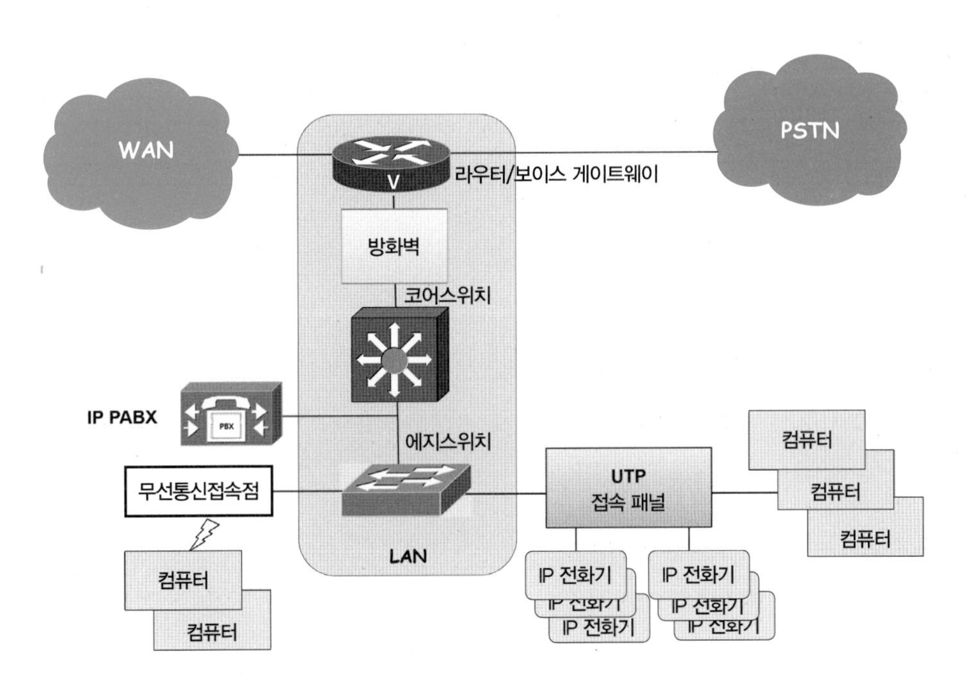

| 그림 3-9 | 랜 시스템 구성 및 장비 배치의 예

의 중간 스위치를 두기도 한다. 에지스위치는 주로 사용자 단말장치 등을 수용하고 사용자 수나 단말장치 등의 규모에 맞게 여러 대가 설치되는 것이 보통이다.

코어스위치는 모든 트래픽이 집중되는 중심에 하나 이상이 설치되는데, 보통은 이중화 개념으로 2대가 설치되어 방화벽 또는 라우터와 망형Mesh으로 접속하는 경우가 대부분이다. 근거리통신망인 랜에는 대표적인 통신 프로토콜로 TCP/IP가 사용되며, 랜 장비(스위치나 단말장치 등)들 간의 접속에는 대부분 이더넷Ethernet 기술이 적용되고 있다. 이더넷은 OSI 7계층 모델의 1계층Layer인 물리 계층에 대한 신호와 배선, 2계층인 데이터 링크 계층에 대한 매체접근제어MAC: Media Access Control 패킷과 프로토콜의 형식을 정의하고 있다. 이더넷은 버스형 구조이며, 토큰 링, FDDI 등의 다른 표준을 대부분 대체하여 랜에 가장 많이 사용되고 있다.

4. 랜 구축 시 고려사항

랜을 구축할 때에 고려할 사항은 설치장소, 주변 환경조건, 랜 시스템 운영환경 등의 일반적인 사항과 기술적인 사항을 들 수 있다. 주요한 기술적 사항은 다음과 같으며, 구체적인 내용을 확인하고 분석하여 네트워크 및 시스템 설계에 반영하여 랜을 구축하는 것이 바람직하다.

1) 사용자 및 단말장치

- 사용자 수, 사용자 단말장치 수, 장비접속 단말장치 수
- 각 장치의 접속방법
- 랜 접속 인터페이스
- 사용자 및 단말장치 확장성 등

2) 서버 및 제어시스템

- 랜에 접속해야 하는 서버 및 제어시스템의 수
- 서버 및 제어시스템의 성능 및 규격
- 서버 등의 접속방법 및 접속속도
- 포트, 인터페이스의 종류 및 성능 등

3) 통신망 구조 및 구성 시스템

- 사용자 및 단말장치 등을 수용하기 위한 노드 및 노드 수
- 노드들 간의 인터페이스, 접속속도
- 통신망 구조 및 시스템 구성방안
- 랜을 구성하는 라우터, 스위치, 터보 등의 성능과 사양
- 외부 통신망WAN과의 접속방안
- 경로설정 정책, 방화벽 정책
- IP 부여 및 IP 관리방안 등

4) 랜 운용사항

- 통신망 관리방법
- 통신망 확장성
- 통신망 및 시스템에 대한 장애대책
- 주요 장비의 이중화, UPS 적용 등

플랜트 구내의 정보통신서비스를 제공하기 위한 랜의 요구사항과 향후의 운영방안 등을 반영하여 통신망을 설계하고, 랜을 구성하는 주요 시스템들을 선정하고 결정하여 구현할 수 있도록 시스템 설계에 반영하여 IP 네트워크를 구축한다.

또한 라우터 이중화 및 장애에 대한 대책, 네트워크 병목구간[1]에 대한 대응방안을 마련함이 바람직하다. 랜의 장애와 같은 문제 발생으로 인한 플랜트 설비의 운영 중단 및 오류를 방지하기 위하여, 설계 단계부터 네트워크의 생존성, 신뢰성, 안정성 확보를 위한 방안들을 도출하고 그 대책을 마련함이 매우 중요하다.

| 랜 시스템

랜 시스템의 주요 구성요소로 라우터, 네트워크 스위치, 방화벽, 무선 엑세스 포인트 WAP: Wireless Access Point 등을 들 수 있다.

1. 라우터

1) 라우터란?

라우터Router는 발신 패킷을 목적지로 전송하기 위하여 최적의 경로를 찾아 경로를 설정하고, 이 경로를 따라 데이터 패킷을 전송하는 장치라고 정의할 수 있다. 라우터는 각각의 독립된 네트워크들을 연결시키거나 분할 또는 구분하여 접속해줄 수 있으며, 라우터의 물리적인 인터페이스에 의한 네트워크 간의 접속과 논리적인 네트워크의 접속은 다를 수 있다.

---

1 예를 들면, 서버와 스위치 구간, 코어스위치와 에지스위치 구간, 코어스위치와 라우터 간 등이다.

2) 라우터의 기능

라우터의 기본기능은 크게 보면 경로 설정Routing 기능과 패킷 전달Forwarding 기능을 들 수 있다.

가) 경로 설정 기능은 라우터들이 상호 접속된 네트워크에서 경로를 찾아 해당 패킷의 흐름에 대한 경로를 배정하고 제어하는 기능을 말한다. 경로 설정은 사전에 경로를 설정하거나, 상호 간에 경로정보를 주고받으며 동적으로 경로표Routing table에 의한 경로 설정을 할 수 있다.

나) 패킷 전달 기능은 라우터의 한 포트에서 수신한 패킷을 목적지로 향하는 다른 포트로 패킷을 전송하는 기능을 말한다.

다) 부가기능

라우터는 앞에서 설명한 기본기능에 수반되는 부가적인 기능들을 수행할 수 있는데, 다음과 같은 사항을 예로 들 수 있다.

- 라우터에 연결되는 네트워크의 정보와 경로를 탐색하고, 설정한 경로정보를 기록하고 관리하여 추후에 최적의 경로를 빠르게 설정할 수 있도록 한다.
- 라우터는 라우터의 입력포트와 출력포트들에 연결되는 링크에 대하여 트래픽을 분산시켜줄 수 있으며, 어떤 링크 하나가 고장나면 다른 링크로 경로를 설정하여 트래픽을 우회시켜 전송할 수 있다.

3) 라우터의 종류

라우터는 그 용도나 규모, 네트워크에 존재하는 위치 등에 따라 달리 구분할 수 있는데, 대규모 백본Backbone 네트워크에서는 코어라우터, 센터라우터, 엑세스라우터, 에지라우터 등으로 구분하고 있다. 일반적으로 코어라우터나 센터라우터 등은 대용량의 기가스위치 라우터GSR: Gigabit Switch Router가 사용되고 광케이블 접속 인터페이스(155Mbps,

622Mbps, 2.5Gbps급 등)를 제공할 수 있으며, 기가급 이더넷GE: Gigabit Ethernet, 고속 이더넷FE: Fast Ethernet 등의 인터페이스가 가능하다. 비교적 소규모 네트워크이며 가정이나 기업 등에서 사용되는 라우터로는 브로드밴드 라우터, WAN 라우터, 핫스팟 라우터 등으로 불리는 라우터를 들 수 있으며, 이더넷 인터페이스가 많이 적용된다.

4) 라우터의 특징

라우터는 네트워크와 네트워크를 연결하는 게이트웨이 기능과 트래픽을 제어하는 역할을 하는 등 다음과 같은 특징을 가지고 있다.

가) 패킷의 중계 및 전송

라우터에 수신된 패킷의 목적지 주소를 확인하여 최적 경로를 선택하고 해당경로로 패킷을 전송하면, 이웃의 라우터나 네트워크의 경로를 따라 최종 목적지에 패킷이 전달된다.

나) 라우터의 동작

라우터는 OSI 7계층 모델의 3계층에서 동작한다. 이는 데이터 및 정보를 전송하기 위하여 네트워크 정보를 수집하고 전달할 뿐만 아니라, 어떤 경로를 선택할 것인지를 결정하여 경로를 설정할 수 있다.

다) 경로 설정

라우터가 경로를 선택하고 설정하는 방식은 정적 라우팅 방식과 동적 라우팅 방식을 들 수 있다. 정적 라우팅은 사전에 사용자가 미리 특정 경로를 설정해두는 방식이며, 동적 라우팅은 라우팅 소프트웨어에 의해 최적의 경로를 찾아 자동적으로 선택할 수 있는 방식이다. 라우터는 자체의 경로표를 생성하여 관리하고 있으며, 경로표를 참조하여 경로를 설정하게 된다. 라우팅 소프트웨어는 수신 패킷의 목적지 주소를 확인하고 최적의 경로를 탐색하여 경로표를 생성하거나 갱신하여 경로 설정에 적용할 수 있다.

2. 네트워크 스위치

1) 랜 스위칭

일반적으로 랜 스위칭LAN Switching은 근거리통신망LAN에 패킷 교환기술을 적용하여 패킷 트래픽을 처리하는 스위칭 기술을 말하며, 이러한 기능을 수행하는 장비로 스위치를 들 수 있다. 스위칭 기술에 있어 하드웨어 기반 스위칭이 소프트웨어 방식에 의한 스위칭보다 빠르다. 랜 스위칭은 다양한 네트워크 스위치를 사용하며 L2스위치, L3스위치, L4스위치 등에 의해 네트워크를 구성할 수 있다. 각 스위치들의 사용용도나 구성방법은 네트워크의 규모, 서비스 형태, 구성방식 등에 따라 달라질 수 있다. 스위치의 스위칭은 앞에서 언급한 바와 같이 MAC 주소를 이용하여, 패킷이나 정보데이터를 송수신하는 발신장치와 수신장치 간에 패킷을 전달하도록 동작한다.

가) L2스위치

L2Layer 2스위치는 멀티포트 브리지Multiport Bridge라고도 할 수 있다. 이는 OSI 7계층의 2계층인 데이터링크 계층에 해당되며, 데이터링크 계층은 네트워크 기기들 사이에 데이터를 전송하는 역할을 한다. 또한 각 기기들 간의 데이터 전송에 오류가 없도록 패킷을 프레임으로 구성하여 1계층의 물리계층으로 전송한다. L2스위치의 주요 특징은 다음과 같다.

- 하드웨어 기반으로 데이터 패킷을 전달한다.
- 서버나 단말 등의 작업그룹을 연결하거나 세분화하는 데에 사용된다.
- 패킷 전송 지연이 적으며 효율적이다.
- 동보전송Broadcast 도메인의 예방이나 차단이 불가능하다.

- 네트워크 규모와 성능에 한계가 있다.
- 리피터Repeater, 허브, 라우터로 구성된 네트워크보다 L2스위치를 사용하여 더욱 세분화할 수 있다.

나) L3스위치

L3Layer 3스위치는 패킷 프레임의 헤더에 지정된 목적지 IP주소를 기반으로 하여 스위칭 기능을 수행한다. L3스위치는 네트워크 계층에서 동작하며, 네트워크에 연결된 기기들 사이에 전송되는 데이터그램Datagram의 경로를 설정해주는 역할을 한다. L3스위치는 발신 데이터를 분석하고, 최적의 경로를 선택하며, 데이터를 패킷 단위로 분할하여 목적지로 전송한다. L3스위치의 주요 특징을 살펴보면 다음과 같다.

- 하드웨어 기반으로 패킷 포워딩을 수행한다.
- 고성능 패킷 스위칭이 가능하다.
- 전송속도의 고속화에 의한 확장이 가능하다.
- 패킷 전달 등의 지연시간이 낮다.
- 라우터보다 비용이 저렴하다.

라우터도 기본적으로는 네트워크 계층의 기능을 수행하는데, L3스위치와의 차이점은 경로설정을 하는 방법에 있다. 일반적으로 스위치는 하드웨어 기반의 패킷 교환을 하는 반면에, 라우터는 소프트웨어 기반으로 경로를 설정하여 CPU가 처리한다. L3스위치는 라우터보다 기능이 다양하지는 않지만, 고가의 라우터와 비교하여 처리속도가 비슷하고, 상대적으로 비용이 저렴하여 랜 등에 흔히 사용되고 있다.

다) L4스위치

L4Layer 4스위치는 전송계층Transport Layer의 기능을 수행하는 역할을 하며, 프로세스

사이의 데이터 이동을 책임진다. 따라서 L4스위치는 데이터가 목적지에 오류 없이 도착할 수 있도록 데이터의 순서를 맞추고 오류를 체크한다. L4스위치를 사용하는 가장 큰 장점으로 트래픽 조정 및 부하분담을 들 수 있다. 예를 들면, 랜을 구축하기 위한 설계과정이나 랜 시스템을 운영하는 단계에서, 사용자 단말장치 또는 사용자 그룹 등의 사용자별 요구조건이나 정의된 서비스 품질QoS: Quality of Service에 의해서, L4스위치로 데이터 트래픽의 우선순위를 구분하고 해당 단말장치나 사용자 그룹의 트래픽 양을 조정하는 기능을 수행할 수 있다.

2) 이더넷

이더넷Ethernet은 앞의 '랜 구축'의 '3. 랜의 구성'에서 언급한 바와 같이 버스형 구조이며 랜에 가장 많이 적용되고 있다. 이더넷에 연결된 각 장치들은 48비트 길이를 갖는 고유의 MAC 주소를 가지고 있으며, 이 주소로 식별되는 각 장치들 상호 간에 데이터를 전송할 수 있다. 전송매체로는 BNCBayonet Neil-Concelman케이블 또는 UTPUnshielded Twist-Pair 케이블이나 STPShielded Twist-Pair케이블을 사용하며, 각 장치들을 상호 연결시키는 데에는 허브, 스위치, 브리지 등의 장비를 사용한다.
이더넷에서 사용되는 통신 프로토콜은 반송파감지 다중접속 및 충돌탐지CSMA/CD: Carrier Sense Multiple Access with Collision Detection 방식이며, CSMA/CD 기술을 사용하여 이더넷에 연결된 여러 컴퓨터 장치들이 하나의 전송매체를 공유할 수 있도록 한다. 이더넷에서의 CSMA/CD 동작과정은 다음과 같다.

① 어떤 컴퓨터 장치가 데이터를 전송하려면 네트워크에 접속되어 있어야 하며, 네트워크를 사용하려는 컴퓨터는 현재 네트워크에 전송되고 있는 데이터가 있는지를 먼저 확인한다.

② 현재 어떤 데이터가 전송 중이면 사용할 수 있을 때까지 기다리고, 전송 중인 데

이터가 없으면(네트워크가 비어있는 상태이면) 보내고자 하는 데이터 패킷을 네트워크에 전송한다.

③ 발신 컴퓨터 장치에서 전송한 데이터 패킷은 네트워크에 연결된 모든 컴퓨터 장치로 동시에 전달된다. 데이터 패킷의 전송은 최소 패킷 시간 동안 전송을 계속하고, 다른 데이터 패킷을 발신하고자 하는 다른 컴퓨터가 충돌을 탐지할 수 있도록 한다.

④ 이후, 임의 시간 동안 기다린 뒤에 네트워크상의 데이터 전송 유무를 확인하고, 네트워크가 비어있으면 전송을 다시 시작한다.

⑤ 모든 데이터의 전송을 마치면, 상위 계층에 전송이 끝났음을 알리고 종료한다.

최근에는 CSMA/CD에서와 같은 충돌이 발생하지 않도록 이더넷 스위치를 사용하여 교환망Switched Network을 구성하는 것이 보편적이다.

가) 이더넷의 구분

일반적으로 이더넷을 구분하는 방법으로 매체의 종류, 구성방식, 전송속도 등에 의해 구분할 수 있으며, 이더넷, 고속 이더넷, 기가급 이더넷, 10기가급 이더넷 등을 들 수 있다. 이더넷과 고속 이더넷은 10~100Mbps, 기가급 이더넷은 1Gbps, 10기가급 이더넷은 10Gbps의 전송속도로 패킷을 처리할 수 있다. 랜 등에서 많이 사용되고 있는 이더넷의 종류 및 규격을 살펴보면 다음과 같다.

- 10BASE-T: 10Mbps를 지원하는 이더넷으로, 보통 CAT.3 또는 CAT.5에 해당하는 UTP 케이블 2쌍(4가닥)을 이용하여 데이터를 송신 및 수신한다. 네트워크에 연결하는 구성방식은 허브나 스위치를 이용해 성형 토폴로지 형태로 이루어지는 경우가 많다.

- 100BASE-TX: 100Mbps를 지원하는 이더넷으로, CAT.5의 UTP 케이블 4가닥을 이용하며 10BASE-T와 같은 방법으로 배선 및 접속한다.
- 100BASE-FX: 100Mbps를 구현하는 이더넷으로 광케이블을 이용한다.
- 1000BASE-T: 1Gbps를 지원하는 이더넷으로 CAT.5e나 CAT.6의 UTP 케이블을 이용한다.
- 1000BASE-SX: 1Gbps를 지원하며 멀티모드 광케이블을 이용해 550m까지 데이터 전송이 가능하다.
- 1000BASE-LX: 1Gbps를 지원하며, 멀티모드 광케이블로는 550m, 싱글모드 광케이블로는 10km까지 데이터 전송이 가능하다.

나) 10기가급 이더넷

이더넷상에서 초당 10기가비트의 데이터 속도를 제공하는 IEEE 802.3a 표준의 이더넷이다. 대부분 랜의 이더넷에 적용되고 있으며 네트워크와 네트워크 간의 데이터 전송, 네트워크와 단말 간의 데이터 전송에 공통적인 기술을 제공할 수 있다. 이 방식은 광섬유 케이블을 사용하여, 비동기 전송 방식ATM과 동기식 광통신망SONET 다중화 장비를 사용하는 기존의 네트워크를 대체하여 사용할 수 있다. 또한 데이터 전송속도도 2.5Gbps에서 10Gbps로 개선할 수 있다.

10기가급 이더넷은 구내정보통신망LAN, 광역통신망WAN, 도시권 통신망MAN을 상호 접속하는 데 사용하고, IEEE 802 이더넷 MAC 프로토콜의 프레임 형식과 크기를 사용하며, 상당한 거리까지 양방향 송신이 가능하다. 다중모드 광섬유를 사용하는 경우에는 거리 300m까지, 단일모드 광섬유의 경우에는 40km까지 송신이 가능하다.[2]

2 TTA 정보통신 용어사전

다) 40/100기가급 이더넷

이는 미국 전기전자학회IEEE의 이더넷 규격(IEEE 802.3ba-20 10)으로, 이더넷상에서 초당 40기가비트나 100기가비트의 데이터 속도를 제공한다. 여기에는 다양한 규격이 존재하는데, 예를 들면 서비스 거리에 따라 수 미터를 지원하는 40G/100GBASE-CR4, 40G/100GBASE-KR4, 100GBASE-KP4, 수백 미터를 지원하는 40G/100GBASE-SR4, 100GBASE-SR10을 들 수 있다. 그리고 10km를 지원하는 40G/100GBASE-LR4, 40km를 지원하는 40G/100GBASE-ER4 등을 들 수 있다. 주로 40GbE는 4채널×10Gbps, 100GbE는 4채널×25Gbps 형태로 데이터를 전송한다. 40/100기가급 이더넷은 전송거리가 늘면서 근거리통신망은 물론 도시권통신망, 광역통신망 및 무선가입자망으로 영역이 확장되고, 산업 · 항공 · 자동차 · 국방 · 방송 등 다양한 분야에 적용되고 있다.[3]

3) 이더넷 허브

이더넷 허브Ethernet Hub는 이더넷 네트워크에서 컴퓨터 등의 단말장치, 네트워크 장비들을 연결하는 장치이다. 1대의 허브를 중심으로 다수의 단말장치와 네트워크 장비가 성형Star으로 서로 연결되며, OSI 7계층 모델의 물리계층에서 이더넷 허브의 작업이 이루어진다. 허브와 컴퓨터 등의 단말장치 간의 연결에는 보통 UTP 케이블과 RJ45 커넥터가 쓰인다. 동일한 이더넷 허브에 연결된 단말장치와 네트워크 장비에서 송신 및 수신하는 데이터는 같은 허브에 연결된 다른 모든 장치들에게 동보전송broadcast되어 상호 간에 통신을 할 수 있게 된다.

따라서 연결된 단말장치의 개수가 증가할수록 네트워크에서의 충돌collision은 많이 발생하게 되므로 속도가 느려진다. 이러한 속도 저하를 개선하기 위해서 최근에는 데이터 전송이 필요한 단말장치에만 데이터를 전송할 수 있도록 개선된 이더넷 스위치 장

3 TTA 정보통신 용어사전

비가 많이 사용되고 있다. 일반적으로 이더넷 허브는 반이중Half Duplex 방식으로 데이터를 전송하고 충돌을 감지하며, 대부분의 이더넷 스위치는 전이중Full Duplex 방식으로 데이터 전송을 지원한다.

4) 네트워크 브리지

네트워크 브리지Network Bridge는 IEEE 802.1D 표준을 따르는 장치를 뜻하며, 가끔 L2스위치와 같은 의미로 사용된다. 브리지는 OSI 7계층 모델의 데이터 링크 계층에 있는 네트워크 기기들을 연결해준다. 브리지는 리피터나 네트워크 허브와 비슷하기는 하나, 단순한 데이터 전달보다는 특정 기기나 네트워크에서 수신되는 트래픽을 관리할 수 있는 것이 리피터나 허브와는 다르다. 또한 브리지의 작업은 OSI 7계층 모델의 데이터 링크 계층에서 브리징Bridging이 이루어진다.

5) 이더넷 스위치

이더넷 스위치Ethernet Switch는 이더넷 허브와 거의 동일한 기능을 수행하고 스위칭 허브 또는 포트 스위칭 허브로 불리기도 하며, 간단하게 스위치라고도 한다. 이더넷 스위치는 네트워크 속도 측면에서 이더넷 허브보다 개선된 성능을 보이고 있다. 이더넷 스위치는 각 단말장치에서 송수신하는 데이터를 다른 모든 단말장치에 동보전송하지 않고 정보 전달이 필요한 단말장치에만 전송한다. 반면에 이더넷 허브는 각 단말장치에서 송수신하는 데이터를 모든 단말장치에 동보전송한다. 따라서 이더넷 스위치는 이더넷 허브에서 발생하는 병목 현상이 적고, 대부분의 이더넷 스위치는 전이중 방식을 지원하므로 동시에 송신과 수신을 하는 경우에 더욱 빠른 속도의 성능을 얻을 수 있는 장점이 있다.

일반적으로 스위치는 각 단말장치의 고유한 MAC 주소를 기반으로 하여 통신을 한다. 따라서 MAC 주소를 기억하고 각 데이터들을 해당 MAC 주소로 보낼 수 있도록 판단하는 기능을 갖추어야 한다. 스위치를 통한 각 단말장치들 간의 통신에도 대량의 트래픽 처리나 스위치의 처리용량을 초과하는 트래픽 집중에 대해서는 취약하므로 랜 시스템 구축 설계에 그 대책방안을 마련하여 반영함이 바람직하다.

3. 방화벽

일반적으로 방화벽Firewall은 자신의 네트워크와 외부의 다른 네트워크 사이에 위치하며, 외부에서 자신의 네트워크에 접근하는 트래픽을 차단하거나 허용하는 장치로, 하드웨어 방화벽 또는 소프트웨어 방화벽 형태로 존재한다. 방화벽의 기본 역할은 인터넷 등의 신뢰 수준이 낮은 네트워크에서 들어오는 트래픽을 검사하거나 확인하고, 유해 여부를 판단하여 자신의 네트워크 접근을 허용하거나 차단하는 것이다.

방화벽은 외부 네트워크에서 내부 네트워크로의 접근을 허용하거나 차단하는 기능 외에 접근이 허용된 트래픽에 유용한 트래픽으로 가장하여 침입을 시도하는 트래픽을 제한할 수도 있다. 또한 비무장지대DMZ 구역을 두어 여기에 서버를 접속하고 서버에서 서비스를 제공함으로써 내부 네트워크를 보호하는 기능도 제공할 수 있다.

1) 방화벽의 정책

대부분의 방화벽은 정책을 기반으로 하는 형태이며 정책 수준을 다양화하여 유해 트래픽이나 네트워크 사이의 트래픽을 제어할 수 있다. 정책 수준은 크게 보면 다음과 같이 두 가지로 나눌 수 있다.

- 일반 수준의 정책: 특정 외부 네트워크에서 내부 네트워크로 접근하거나 외부에서 들어오는 특정 범주의 모든 트래픽을 차단하거나 허용한다.
- 고급 수준의 정책: 외부 네트워크에서의 접근이나 수신되는 트래픽에 대하여 미리 설정한 정책에 따라 접근을 허용하거나 제한하거나 차단할 수 있다. 또한

트래픽 흐름을 제한하거나 통제하는 등의 기능을 수행할 수 있도록 정책을 부여할 수 있다.

일반 수준의 정책은 비교적 간단한 데 반하여 고급 수준의 정책은 매우 복잡하나 다양한 정책을 설정하여 유해 트래픽의 흐름을 통제할 수 있는 유용한 정책 설정이 가능하다.

2) 방화벽의 분류

그동안 방화벽은 많은 발전을 이루어왔다. 그 발전 형태와 기능별 또는 구현방법 등에 따른 방화벽의 분류를 살펴본다.

가) 1세대 방화벽

초창기의 방화벽은 패킷필터의 형태로 특정한 IP나 특정한 포트에 대하여 네트워크 접근을 허용하거나 차단하는 용도로 사용되었다. 일반적으로 이러한 형태의 방화벽을 1세대 방화벽이라 하며, 수신되는 패킷만을 확인하여 사전에 설정해놓은 정책에 따라 접근을 허용하거나 차단하는 기능을 수행한다. 1세대 방화벽은 패킷필터 기반의 방화벽이며, 세션을 관리하지 않는 특징이 있다.

나) 2세대 방화벽

2세대 방화벽의 등장배경을 보면, 인터넷 등 네트워크의 발전과 함께 해킹이 증가하였고, 초창기의 해킹공격이 점차 발달하여 일반적인 트래픽 형태를 띠면서 해킹하는 형태로 공격 패턴이 발전하게 되었다. 따라서 이러한 해킹공격 등에 대한 방어 및 대응에 패킷필터 기반의 방화벽으로는 한계가 있어, 그 한계를 극복할 수 있는 응용계층 게이트웨이ALG: Application Layer Gateway가 등장하였다. 응용계층 게이트웨이는 패킷의 내용을 검사하고 애플리케이션에 미치는 영향을 분석하여 미리 설정한 정책을 수행한다. 이러한 기능을 수행하는 애플리케이션 방화벽을

2세대 방화벽으로 분류할 수 있다. 애플리케이션 방화벽은 다음과 같은 장비들을 말한다.

- 침입방지시스템IPS: Intrusion Prevention System
- 웹 애플리케이션 방화벽WAF: Web Application Firewall 등

다) 3세대 방화벽

패킷필터 형태의 방화벽은 효율성이 뛰어나지만 모든 패킷에 대하여 모든 정책의 해당 여부를 검사하는 동작을 수행하므로, 방화벽의 정책이 많아지면 그 처리 속도가 느려진다. 또한 어떤 경우에는 모든 포트를 다 열어야 될 수도 있어 보안의 취약성이 커질 수 있다. 이와 같은 문제들을 해결하기 위하여 상태반영검사 Stateful Inspection 기능을 갖춘 방화벽이 등장하였는데, 이를 3세대 방화벽으로 분류할 수 있다. 3세대 방화벽은 네트워크에 유통되는 트래픽을 패킷 단위로 검사하지 않고 세션 단위로 검사하는 방화벽을 말한다. 이는 모든 연결을 추적하여 세션테이블Session Table(상태테이블)을 유지하며, 헤더뿐만 아니라 패킷의 내용 전체를 해석하는 패킷 검사를 통하여 접근규칙을 적용하게 된다.

라) 4세대 방화벽

4세대 방화벽으로 통합위협관리UTM: Unified Threat Management 장비를 들 수 있으며, UTM은 다양한 보안 솔루션 기능을 하나로 통합하여 관리하는 통합보안 솔루션 장비를 말한다. 이는 방화벽, 침입탐지시스템IDS:Intrusion Detection System, 침입방지시스템, 가상사설망VPN: Virtual Private Network, 안티 바이러스Antivirus 및 안티 스파이웨어 Antispyware, 안티 스팸Antispam, 웹 필터링Web Filterling, 무선 랜 보안, 데이터베이스 보안, 웹 보안, 콘텐츠 보안 등의 기능을 하나의 장비에서 통합적으로 제공할 수 있다. 따라서 각각의 솔루션이나 보안장비들을 개별적으로 구축하는 것보다는 통합보안 솔루션을 구축하므로 비용 절감 및 관리의 단순화가 가능하고, 복합적인

위협에 효과적으로 대응할 수 있다.

4. WAP

무선통신접속점WAP: Wireless Access Point은 무선단말장치 등에서 구내통신망LAN에 접속할 수 있도록 해주는 장치이며, 와이파이WiFi나 블루투스Bluetooth에 관련된 표준을 적용한다. 대부분의 경우 IEEE 802.11 표준이 적용된 WAP가 사용되고 있다. WAP는 와이파이 기술을 이용하여 노트북이나 스마트폰 등의 단말장치를 무선 방식으로 랜에 연결이 가능하도록 해주는 통신접속점AP: Access Point이라 할 수 있다.

따라서 WAP는 랜에 유선으로 접속되어 있으며, WAP와 단말장치 간에는 무선으로 연결하여 무선접속 단말장치에서 랜에 접속할 수 있게 된다. 무선단말장치는 랜에 접속된 AP 근처에서만 무선 방식으로 랜에 접근할 수 있으므로, 그 접근범위가 제한된다. 따라서 무선 방식으로 랜에 접근할 수 있는 범위를 넓히려면 AP를 여러 개 설치하여야 하며, 많은 수의 AP를 설치하려면 AP 간 전파간섭 등을 고려하여야 한다.

| 랜 케이블

랜 케이블LAN Cable은 일반적으로 RJ-45 단자를 사용하는 연선Twisted Pair 케이블을 말한다. 기본적으로 4쌍의 꼬임선Twist-Pair인 8가닥의 구리선 케이블이며, 주변의 전기자기파 등의 간섭을 줄이기 위한 구조로 되어있다. 랜 케이블은 크게 보면 UTP, FTP, STP의 세 가지로 분류할 수 있다. FTP나 STP 같은 차폐 형태의 케이블은 외부의 간섭이나 케이블 간의 간섭을 줄이기 위하여 케이블 내부에 접지용 구리선 한 가닥을 추가하고, 알루미늄 포일 등을 이용하여 케이블 피복 내부를 한 번 더 감싸는 구조의 케이블이다.

1. 차폐방법에 따른 분류

차폐방법에 따른 랜 케이블의 구분은 [그림 3-10]에서 보는 바와 같은 형태의 구조로 되어있다.

1) 비차폐 꼬임선UTP: Unshielded Twist-Pair

일반적인 랜으로 차폐기능이 없으며, 통신거리는 이론상 최대 100m이다.

2) 금속차폐 꼬임선FTP: Foil Screened Twist-Pair

FTP 케이블은 알루미늄 포일 등으로 피복 안쪽을 한 번 감싸고 그 포일을 접지할 수 있도록 구리접지선을 추가한 형태이다. 일반적으로 이러한 형태의 케이블은 이론상 150m의 거리까지 데이터 전송이 가능하다.

3) 차폐 꼬임선STP: Shielded Twist-Pair

차폐처리가 되어 있는 케이블을 말하며, FTP 형태의 케이블 내부에서 꼬여있는 구리선 한 묶음씩 각각을 포일로 감싸준 형태의 케이블이다. 이는 [그림 3-10]의 STP 구조로 되어있으며 가장 높은 차폐능력이 있는 케이블이다. 따라서 다른 랜 케이블보다는 두껍고

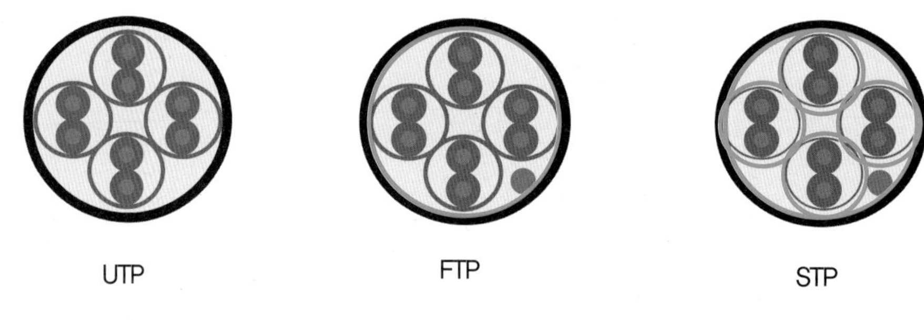

| 그림 3-10 | 랜 케이블의 구분

비싸며, 데이터 전송거리는 이론상으로 200m에 달한다.
또한 이중차폐 꼬임선SSTP: Shielded Shielded Twist-Pair 케이블이 있는데 이는 STP에서 한 번 더 차폐를 한 형태의 케이블이다.

2. 카테고리에 따른 분류

일반적으로 랜 케이블에는 당해 케이블의 종류, 차폐 여부를 표시하는 문자, 배열번호, 카테고리CAT: Category 등을 표기한다. CAT는 CAT.5, CAT.5E, CAT.6, CAT.7 등이 있으며 그 각각의 특성은 다음과 같다.

1) CAT.5

이는 케이블 내부에 차폐구조를 갖는 별도의 처리 없이 선의 꼬임만으로 외부 간섭의 영향을 줄이려는 형태의 UTP 케이블이다. 일반적으로 CAT.5 규격은 100Mhz의 대역폭으로 최대 100Mbps의 전송속도를 지원한다.
이는 100Base-TX 규격으로 표시되며, 제작이 쉽고 가격이 저렴한 이점이 있으나, 현재 CAT.5 규격은 거의 사용되지 않고 CAT.5E 규격이 대부분 사용되고 있다.

2) CAT.5E

CAT.5E 랜 케이블은 가장 많이 사용되는 규격으로 대부분의 랜 장비들의 접속에 이 케이블 규격이 적용되고 있다. 이는 100Mhz의 대역폭을 사용하여 1Gbps의 전송속도로 데이터를 전송할 수 있으며 1000BASE-TX 규격으로 표시된다. 이는 차폐 여부에 따라 UTP와 FTP로 나뉘는데, FTP 케이블의 경우 UTP 케이블에 비해 데이터 전송 손실을 줄이는 등 성능이 우수하나 제작이 어렵다.

3) CAT.6

CAT.6 규격의 케이블은 간섭의 영향을 줄이기 위하여 UTP 케이블 내부에 개재 또는 크로스 필러라고 불리는 X자 모양의 칸막이를 넣은 구조의 케이블 규격이다. UTP CAT.6 케이블은 기가비트 케이블로 통용되며, 내부의 십자형 개재가 각 페어(1쌍) 간 간섭의 영향을 감소시키는 역할을 한다.

CAT.6 규격의 케이블은 250Mhz의 대역폭을 사용하여 데이터를 1Gbps의 전송속도로 전송할 수 있으며, 1000BASE-TX 규격으로 표시된다. 이는 주로 기업체 랜에서 기가비트 속도로 안정적인 데이터 전송을 위해 서버나 전산망 장비 등의 접속에 많이 사용된다.

4) CAT.6E

CAT.6E는 10G 기본규격으로 500Mhz 대역폭, 10Gbps의 전송속도를 지원하며, 간섭을 더욱 줄여 CAT.6보다 약 2배 정도 향상된 성능을 나타낸다.

5) CAT.7

CAT.7 케이블은 각 쌍마다 알루미늄 포일 등으로 차폐하고 다시 한 번 편조 형태로 차폐를 하는 구조의 규격으로 외부 간섭을 완벽에 가깝게 차단할 수 있다. 이는 10G 기본규격으로 600Mhz의 대역폭을 사용하여 최대 10Gbps의 속도로 데이터를 전송할 수 있으나, 타 규격의 케이블에 비하여 제작이 어렵다.

제3절 | PAGA시스템

| 개요

일반적으로 PAPublic Address시스템은 전관방송시스템이라 불리며 대형 빌딩, 항만, 공항 등의 구내방송이나 연회장, 강단, 세미나 장소, 공원이나 야외무대 등에 설치되는 대형 확성장치 및 안내방송시스템을 총괄적으로 일컫는다. 페이징시스템Paging System은 경보를 알리기 위한 경보음이나 긴급공지사항을 안내할 수 있는 시스템을 말한다. 경보GA: General Alarm시스템은 화재나 재난 발생을 감지하고 경보를 발생시키거나, 어떤 작업 수행 시 발생되는 위험 등을 감지하여 알리는 시스템을 말한다.

플랜트 구내에 설치되는 PA시스템은 넓은 공간과 기계 등의 소음이 많이 발생되는 구역에도 안내방송이 전달될 수 있도록 고출력 앰프가 사용되며 대형 및 소형 스피커, 혼Horn 스피커 등이 사용된다. 일반적으로 플랜트 구내에는 PA 기능과 경보 기능을 수행할 수 있는 PAGA시스템을 설치하는 것이 보편적이다. 최근의 PA시스템은 GA 기능을 포함하거나 추가할 수 있는 제품들이 많이 사용되고 있다.

| 페이징시스템

페이징시스템은 확성기, 증폭기, 경보장치, 연결장치(전화시스템Telephone System 등의 인터페이스)로 구성되는 경우가 많다. 여기에서 증폭기Amplifier는 중앙증폭기와 자체증폭기로 구분할 수 있다. 자체증폭기는 스피커 자체에 소형 증폭장치를 장착하여 소리를 증폭하는 경우에 사용된다.

일반적으로 중앙증폭시스템은 고출력 또는 70V 시스템으로 통용되며, 자체증폭시스템은 저출력 또는 24V 시스템이나 분산시스템을 말한다.

1. 페이징시스템의 구성

페이징시스템의 구성 예는 [그림 3-11]과 같으며, 수화기Handset, 경광등Strobe Light, 스피커 등의 단말장치를 하나 또는 여러 구역으로 구분하여 필요한 곳에 설치한다. [그림 3-11]에서 보는 바와 같이 사무실 등의 조용한 곳은 경보방송이나 공지사항 등을 스피커에 의해 전달할 수 있으며, 창고 등 소음이 있는 곳은 수화기의 벨소리 등으로 신호를 보내 통신할 수 있도록 하고 있다.

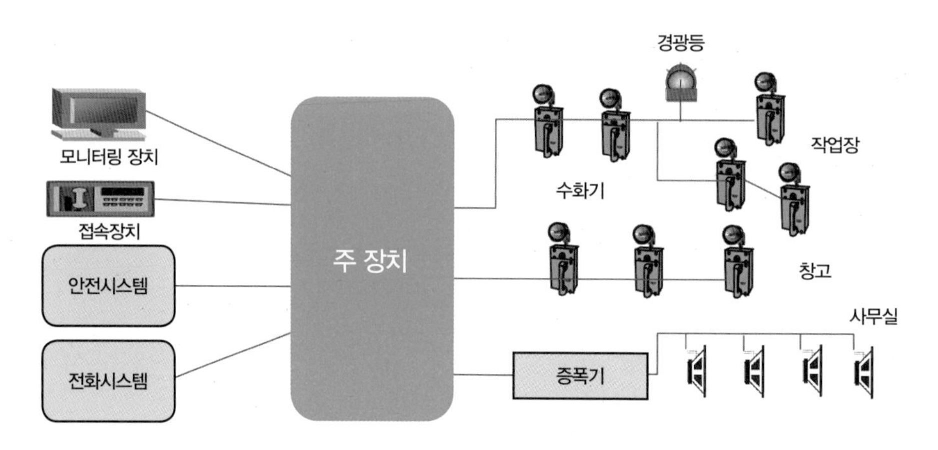

| 그림 3-11 | 페이징시스템의 예

일반적으로 작업장에는 기계시설 등에 의한 소음이 많이 발생하고 있으므로 벨소리를 인지하지 못할 수도 있어 경광등에 의한 불빛 신호로 경보 및 통신내용이 있음을 알리고 수화기와 접속장치 등을 통해 통신할 수 있다. 페이징시스템에 의한 통신은 경보 발생을 인식하면 사전에 준비된 음성안내를 자동으로 송출하거나 시스템 운용자 등이 작업장의 현장요원 등과 통신하여 경보사항 등을 알리고 필요한 조치를 취하도록 한다.

페이징시스템은 각 구역에 있는 다음과 같은 시스템이나 장치들을 주 장치에 연결하여 구성할 수 있다.

- PA시스템의 중앙증폭기Central Amplifier
- 안전시스템
- 처리제어시스템
- 전화시스템
- 접속패널
- 수동 누름버튼 신호 전송장치
- 시각 및 청각적 신호장치

2. 페이징시스템의 특성

대부분의 페이징시스템은 다음과 같은 기능들을 갖추어 자동이나 수동으로 작동되도록 할 수 있으며, 필요에 따라 그 기능의 일부 또는 전부를 사용할 수 있다.

- 수화기를 통한 통화 등 내부통신을 한다.
- 경보음, 사전에 녹음된 음성, 시각적 표시기 등에 의한 긴급공지를 한다.
- 미리 프로그램해놓은 소프트웨어에 의한 시스템을 동작시키거나 운용한다.

- 페이징 및 경보 발생에 구역별, 빌딩별 등으로 우선순위를 부여한다.
- 경보 발생을 자동이나 수동으로 동작되도록 할 수 있다.
- 스피커 음을 자동 조절한다.
- 시스템 구성장치들과 그 장치들에 접속된 케이블의 동작 상태를 감시한다.
  - 스피커 증폭기 회로의 감시
  - 스피커 케이블 및 스피커 음성 코일의 감시 등
- 오작동 정보를 기록한다.

| PA시스템

PA시스템은 기본적으로 작은 소리를 특정한 목적에 맞게 큰 소리로 확성하여 들려주려는 목적을 갖고 있다. 따라서 음성이나 특정 음원은 마이크를 통해 전기적 소리 신호로 변환하여 증폭장치인 앰프AMP로 보내고, 전기 신호로 변환된 소리 신호는 앰프에서 사용자가 결정하는 증폭 양에 따라 소리 신호를 증폭하게 된다. 증폭된 신호(전기 신호로 변환된 소리 신호)는 스피커를 통해 음성이나 특정 음원의 소리로 들을 수 있다. 이와 같은 PA시스템은 구내 안내방송에 사용될 수 있고, 화재와 같은 긴급한 상황이 발생한 경우나 재난이 발생하였을 때에 비상상황 방송용으로 사용된다.

1. PA시스템의 구성

PA시스템은 보편적으로 입력 소스, 증폭기, 확성기, 모니터링 및 제어장치로 구성된다. 기본적인 입력 소스는 다음과 같다.

- 생방송을 위한 마이크에 의한 사운드와 녹음된 사운드
- 표준화된 방법으로 사전에 녹음 및 기록된 메시지들을 선택하도록 자동화된 장비
- 전화시스템과 같이 연동이 허용되는 시스템

PA시스템에서 사용 가능한 입력 소스들은 오디오 신호를 공급하는 구역Zone의 프리앰프로 전달되어 전치 증폭하고, 증폭된 오디오 신호는 파워앰프로 전달된다. 파워앰프에서 증폭된 오디오 신호는 스피커로 전달되고, 스피커는 오디오 전기 신호를 음향으로 변환하여 확성된 소리를 낸다. 다시 말하면, 전체 PA시스템의 기능은 음성이나 음향을 마이크로폰에 의해 픽업하여 앰프에서 증폭된 전기적 소리 신호를 스피커에서 음성이나 음향으로 전달하게 된다.

이때 스피커의 소리가 다시 마이크로폰에 입력되어 증폭되고 스피커로 나오는 오디오 피드백이 일어날 수 있다. 이는 시스템 볼륨이 너무 높으면 시끄러운 고음의 비명이나 스크래치 같은 하울링 음이 발생하기도 하는데, 마이크 및 스피커의 방향이나 시스템 볼륨 등의 적정한 조정으로 방지할 수 있다.

PA시스템에서 사용하는 증폭기는 일반적으로 50V, 70V 또는 100V 스피커 라인 레벨Speaker line Level의 오디오 신호를 증폭한다. 그리고 스피커 라인 레벨의 높은 전압은 낮은 전압보다는 증폭기에 스피커를 접속하는 케이블의 손실을 줄여주는 효과가 있으나 스피커에 오디오 신호를 전달하기 위해서는 변압기를 필요로 한다.

전관방송용 스피커는 장거리로 전송하는 손실을 줄이기 위해서 일반적인 8Ω의 임피던스를 가지는 오디오 스피커와는 다르게 500Ω부터 2kΩ 이상의 고임피던스를 가진다. 일반적으로 방송용 스피커 내부에는 앰프에서 출력한 100V, 70V를 낮추어서 유닛에 공급해주는 강압변압기가 있으며, 앰프에서는 고임피던스의 스피커에 100V, 70V 신호를 출력하기 위한 승압변압기를 갖추고 있다.

감시 및 제어 기능을 수행하는 제어장치는 증폭된 신호가 스피커에 도달하기 전에 앰프의 동작상태나 스피커 라인을 모니터링하여 고장 여부를 검출해낸다. 또한 이 제어장치는 PA시스템 영역을 구분하고 분리하여 해당 구역에 할당된 증폭기에 오디오 신호 등을 전달하는 역할도 한다.

2. PA시스템의 구분

전관방송시스템이라고도 하는 PA시스템은 아날로그와 디지털 형식의 제품으로 구분할 수 있다. 아날로그 기반의 PA시스템은 음향을 먼 거리로 전송할 때 잡음 유입이나 음질 저하 등의 문제점이 발생한다. 반면에 디지털 PA시스템은 아날로그 오디오 신호를 디지털로 바꿔 전송하므로 아날로그 PA시스템에 비해 방송 품질이 우수하며, 컴퓨터나 네트워크와 연결하여 특정 음원이나 배경음악을 설정할 수 있는 기능 외에도 다양한 부가기능을 제공할 수 있다. PA시스템은 다음과 같이 구분해볼 수 있다.

1) 소형 PA시스템

간단한 PA시스템들은 마이크로폰, 증폭기, 그리고 하나 이상의 스피커로 구성된다. 이 유형의 PA시스템은 간단하고 작은 규모로 50~200W의 출력을 제공할 수 있으며 보통은 학교 강당, 교회, 작은 상점 등 비교적 조그마한 장소에 사용된다. 입력 소스로 음악이 시스템을 통해 재생될 수 있는 CD 플레이어나 라디오 등의 음원이 PA시스템에 연결될 수 있다.

2) 대형 PA시스템

대형 PA시스템은 증폭기, 믹서, 스피커 및 네트워크 장비 등으로 구성되며 플랜트 현장이나 국제공항 등에서 많이 사용된다. 이러한 PA시스템은 산업 현장, 야외 운동경

기장, 대학 캠퍼스 등의 장소에서 그곳의 전체에 안내방송 등의 정보를 전달할 수 있도록 각 구역별로 스피커들을 배치하여 전관방송시스템으로 구성할 수 있다. 그리고 PA시스템은 재난발생 등의 비상시에 경고방송용 시스템으로 사용될 수 있다.

3) 전화 페이징 PA시스템

전화교환시스템인 아날로그 또는 IP PBX(사설교환기)는 전화와 PA시스템을 연계하여 페이징 기능을 사용할 수 있다. 페이징 장치는 보통 전화시스템에 내장되지 않으나 PBX 시스템의 트렁크 포트에 별도의 페이징 제어기를 연결하여 사용할 수 있다. 페이징 제어기는 지정된 디렉토리 번호나 PBX의 네트워크 접속 라인 중 하나로서 접속될 수 있다. 최근에는 페이징 기능을 전화교환시스템에 통합하고, 공지 안내는 전화기의 스피커를 통해 재생될 수 있는 기능으로 통합되는 추세이다. 따라서 대부분의 소규모 사무실 등은 페이징 시스템에 대한 단독 통신접속점으로 전화시스템을 사용하는 것을 선택하는 경우가 많다. 또한 학교나 대규모 기관 등도 PA시스템보다는 해당 학교나 기관의 여러 지점들에서 쉽게 접속할 수 있는 전화시스템 페이징을 선호하고 있다.

4) IP 기반 PA시스템

일반적으로 IP 방식의 PA는 중앙의 증폭시스템AMP System에 직접 연결하여 오디오 신호를 전송하는 기존 방식과는 달리, IP 네트워크를 이용하고 있는 건물이나 캠퍼스 또는 그 외의 다른 곳의 위치에서 IP 네트워크를 사용하는 PA시스템을 의미한다. IP 네트워크에 연결된 송신단말장치의 프로그램은 컴퓨터의 사운드카드에 의한 입력이나 시스템에 저장된 오디오에 대한 디지털 오디오 스트림Digital Audio Stream을 근거리 네트워크LAN를 통해 전송한다. 수신단말장치나 특정 인터콤 모듈IP(스피커라고도 한다)들은 네트워크에 전송된 신호를 수신하여 아날로그 오디오 신호를 재생한다. 이와 같은 형태의 시스템은 IP 네트워크에 접속되어있는 인터콤과 같은 단말장치들에, 할당되어 있는 각 IP주소로 오디오 신호를 전송하여 안내방송을 할 수 있는 소규모의 PA시스템이다.

5) WMT PA시스템

무선휴대전화WMT: Wireless Mobile Telephony PA시스템은 건물이나 캠퍼스 또는 그 외의 다른 위치에 있는 중앙앰프시스템에서 페이징 위치로 직접 오디오 신호를 배포하지 않고, 무선이동전화시스템의 네트워크를 통하여 음성안내 신호를 전송하는 PA 페이징 및 인터콤시스템을 의미한다. 모바일 네트워크는 통신기능을 제공하며, 송신단에서는 PSTN 전화, 휴대전화, VOIP 전화 등 음성통화를 할 수 있는 통신장치에 의해 모바일 네트워크에 접속하여 오디오 신호를 전송한다. 수신단에서는 네트워크에 전송된 신호를 수신하고 전력증폭기와 스피커를 통해 아날로그 오디오 신호를 재생한다. WMT 네트워크를 활용하면 장소에 구애받지 않고 어느 곳에서든지 실시간으로 안내 등의 공지를 할 수 있다는 장점이 있다.

| PAGA시스템

PAGA시스템은 전관방송PA 및 경보GA 시스템을 말하며, 최근에는 PA시스템과 PAGA시스템을 별도로 구분하지 않고 사용되는 경향이 있다. 보편적으로 PA시스템이 GA 기능을 갖추고 있는 경우가 많다. PAGA시스템 구성의 예는 [그림 3-12]와 같다.
플랜트 구내 소방설비의 화재경보 등과 연계하여 경보 발생을 알리거나 안내방송이 작동되도록 할 수 있다. 일반적으로 PAGA시스템은 증폭기, 스피커, 모니터링 및 제어장치 등으로 구성된다. PAGA시스템의 주 캐비닛은 대부분 제어모듈과 모니터 및 시험모듈이 포함된 주 장치, 증폭기, 그리고 이들 장비에 전원을 공급해주는 전원공급

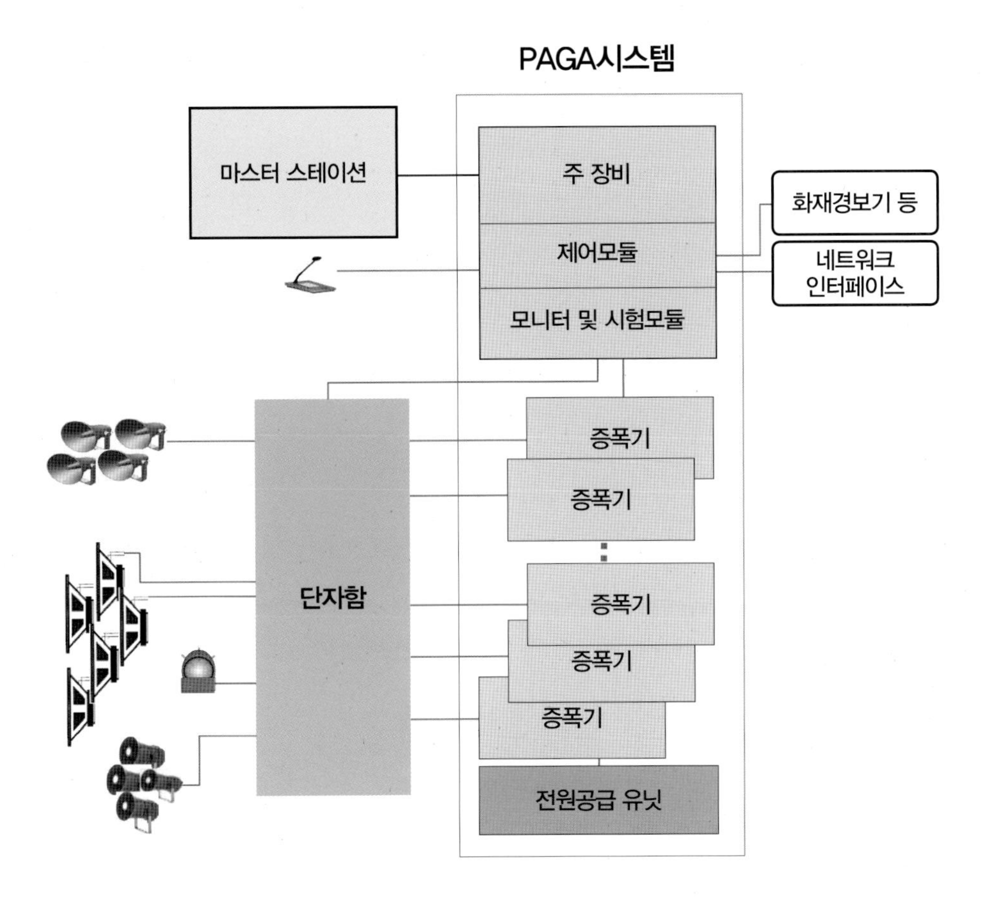

| 그림 3-12 | PAGA시스템 구성의 예

유닛PSU: Power Supply Unit 등을 장착하도록 설계한다. 또한 각 구역별 또는 건물별로 스피커나 경광등 등을 배치하여 연결하도록 하고 있다.

1. PAGA시스템 설치

플랜트에 설치하는 PAGA시스템은 플랜트 구내의 공장이나 건물, 작업장 등에서 화재 및 가스 누출 등과 같은 위급상황이 발생하거나 재난 등의 위험상태를 감지 또는 인지한 경우에, 해당 구역에 경광등 및 경보음을 통해 위험을 알리고 대처방법과 대피요령 등을 안내하는 방송을 함으로써, 위험으로부터 피해를 최소화하는 데에 사용되는 유용한 시스템이다.

이러한 PAGA시스템은 필수적인 플랜트 설비로 인식되고 있으며, [그림 3-13]은 플랜트 구내에 PAGA시스템을 구축하는 예를 나타내고 있다.

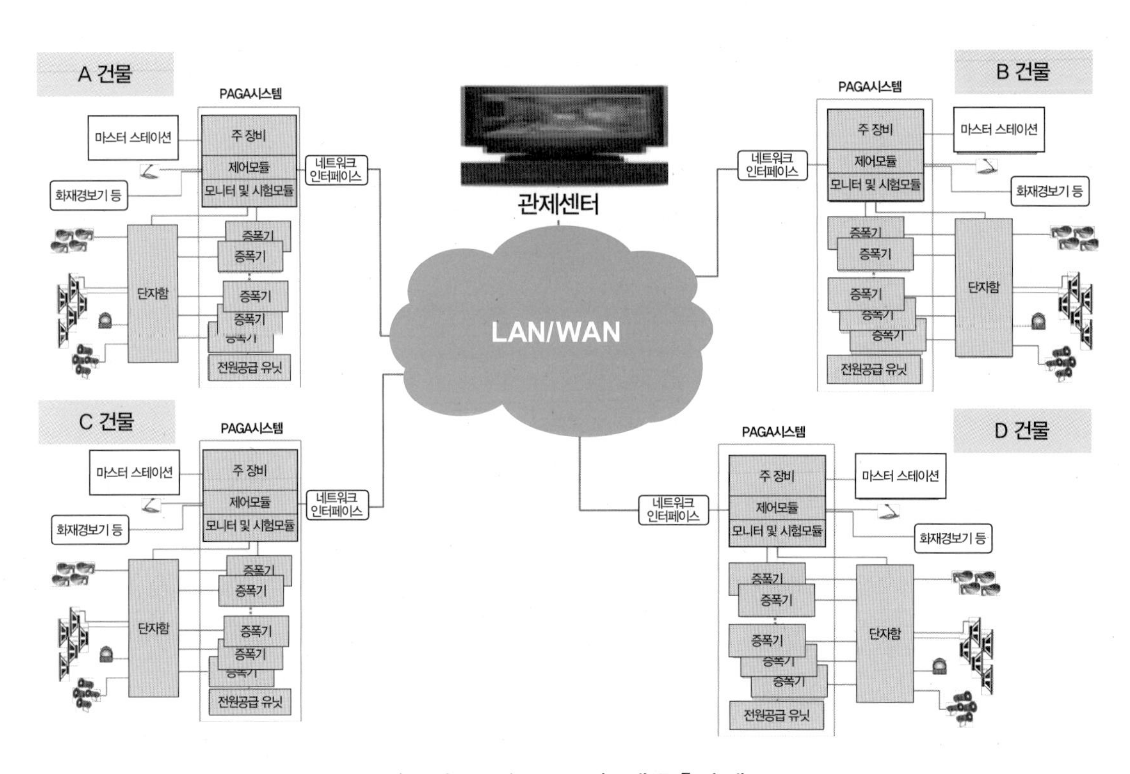

| 그림 3-13 | PAGA시스템 구축의 예

플랜트의 PAGA시스템 구축에 있어, 다음과 같은 추가 장비나 시스템 등을 주 시스템의 캐비닛에 연결하여 PAGA시스템의 기능이나 역할을 확장하거나 유용성을 향상시킬 수 있다.

1) 주 시스템 구성장치

- 네트워크 제어기: 오디오 채널 제어를 확장할 수 있으며, 다른 시스템의 접점 또는 오디오 입출력 구성 가능
- 전력증폭기: 스피커, 확성기 등에 안내방송 음성 및 사운드 전송
- 오디오 확장기: 추가적인 오디오 입출력 확장
- 확성기 감시 기기: 확성기 라인을 지속적으로 감시하여 단락회로, 개방회로, 접지누설 등의 상태를 LCD 패널에 표시

2) 호출장비

- PA시스템을 호출하여 안내방송 등을 할 수 있는 수화기Handset, 마이크, 전화기 등의 장치

3) 관련 시스템 및 하드웨어 인터페이스

- PABX: 4선 E&M, 아날로그 라인 또는 IP
- 화재 및 가스 스테이션: 직류신호, 개방 인터페이스, 릴레이 접점의 화재 및 가스 인터페이스
- UHF/TETRA 시스템: 릴레이 접점과 오디오 라인의 인터페이스 가능
- 엔터테인먼트 시스템: 릴레이 접점, 이 기능은 경보 중에 엔터테인먼트 시스템의 음을 소거하는 음소거Mute 기능 작동에 사용

- 현장 장비: 주로 점멸표시등, 확성기들을 연결하고 각 장치에 AC와 DC 전원을 공급하며, 확성기 및 표시등 출력Output에 대한 접지불량과 과부하 상태 등을 감시

2. 특징

PAGA시스템은 그 시스템의 설계나 구성에 따라 기능이나 특징이 달라질 수 있으나, 일반적으로 다음과 같은 역할을 수행하는 특징이 있다.

- 내부 확성기 무음
- 외부 표시등
- PABX에 접속Access
- RS232 결함 및 이벤트 기록
- 외부 페이지 장치 접근
- 전력증폭기 제어
- 긴급경보
- 공지사항 안내방송
- 배경음악 방송
- 대상 구역을 하나 또는 그 이상의 구역으로 구분
- 각 구역별 독립적 공지 또는 경보 방송

3. PAGA시스템의 기능 향상

최근에는 주 시스템과 현장 장비의 고장을 즉각적으로 감지Detection할 수 있는 기능과 각 장치의 결함 진단기능을 갖추어 PAGA시스템 운용의 편리성과 효용성을 높여가는 추세이다. 또한 PAGA시스템의 네트워크 접속을 통하여 국소지역의 PAGA뿐만 아니

라 멀리 떨어진 원격지에 오디오 전송이 가능하다. 네트워크 인터페이스는 원격유지보수와 시스템 재설정 등이 용이하여 운용유지보수 비용을 절감할 수 있다. 그리고 다음과 같은 사항을 추가로 적용하여 PAGA시스템의 성능 및 기능을 향상시킬 수 있다.

- 자체 앰프와 원격지의 앰프를 함께 활용 가능한 설계
- 라우드 스피커와 표시등Beacon은 중앙의 주 시스템에 접속하여 제어
- 하나 또는 여러 개의 라우드 스피커 및 표시등을 그룹으로 묶어 구역별로 설치
- 전화, 라디오, 다른 페이징시스템이나 인터콤시스템과의 인터페이스
- TCP/IP 이더넷 인터페이스
- 등화기, 진단기, 피드백 억압기, 고주파 통과 필터HPF, 저주파 통과 필터LPF 등
- 온라인 모니터링
- 자동 레벨 제어
- 스피커 모니터링 보조시스템
- 시험음 발생기 등

4. 시스템 고려사항

요즈음은 대부분 디지털 방식의 PAGA시스템이 사용되고 있어 많은 기능들이 프로그램되어 있는 소프트웨어를 통해 동작하게 된다. 따라서 다음과 같은 사항과 구축시스템의 규격과 및 기능 등을 면밀히 검토하여 적용함이 바람직하다.

- 주 시스템 설치 위치, 원격시스템 구성방안
- 각 구역의 구분 및 우선순위Zones, Priority
- 증폭기
- 스피커

- 증폭기와 스피커 간의 거리
- 외부 인터페이스: 음성Voice, 화재경보 등
- 오디오 입출력, 제어 입출력, 알람 소리 등

각 구역별로 유효범위 내의 잡음 정도를 측정하거나 확인하여, 어떤 종류의 스피커 또는 혼Horn을 사용할지를 결정한다. 일반적으로 음압레벨SPL: Sound Pressure Level은 보통 조용한 사무실의 경우는 50데시벨, 건설현장에는 100데시벨까지 적용할 수 있는데, 정확하지 않으면 그보다 크게 환산하여 설계하는 것이 좋다.

제4절 | 무선시스템

| 개요

일반적으로 무선시스템Radio Systems은 차량이나 도보로 이동하는 중에도 지상의 사용자가 사용할 수 있는 무선 방식의 통신시스템을 말한다. 이러한 시스템은 응급구조, 건설공사 현장, 대형 선박, 플랜트 산업현장 등에서 흔히 사용되고 있다. 무선 방식의 시스템은 유선 방식의 시스템보다 편리하고 이동성을 확보할 수 있는 장점이 있으나 전파방해나 잡음 등에 취약한 단점이 있다. 그러나 휴대성과 이동성 및 편리성 등으로 인하여 사용 목적 및 용도에 적합한 곳에서 무선시스템이 많이 사용되고 있다.

무선 방식의 통신시스템은 독립적으로 운영하기도 하나, 대부분의 경우에 공중용 전화통신망PSTN 또는 셀룰러 네트워크와 같은 시스템에 연결하여 통신지역이나 이용자 등을 확장할 수 있다. 무선 방식의 통신시스템 중에 휴대가 간편하고 동시에 여러 명과 함께 통신할 수 있는 등 운영이 편리한 무선통신장치로 무전기를 들 수 있다.

| 무전기

무전기는 플랜트 건설현장에서 각 작업장의 현장요원들 간에 또는 통제요원과 현장요원들의 통신수단으로 유용하게 사용하고 있다. 또한 무전기는 플랜트 건설 이후에 플랜트 설비의 운영 단계에서도 효과적으로 사용되고 있으며, 음성통화나 음성메시지 전달, 문자메시지 및 데이터서비스 등의 기능을 제공할 수 있다. 플랜트 건설현장 등의 업무현장에서 적용되는 무선시스템의 예를 [그림 3-14]에 보이고 있으며, 음영지역을 해소하고, 무전기의 성능이나 통달거리 등의 한계를 극복하기 위하여 중계장치나 안테나 장치들을 설치하여 운용하기도 한다.

플랜트 건설현장 등에 사용되는 산업용 무전기의 주파수 범위는 크게 극초단파UHF 대역 및 초단파VHF 대역으로 나누어볼 수 있으며, VHF는 138~174MHz, UHF는 400~470MHz 범위에서 운용되는 것이 대부분이다. 또한 통신이 가능한 전파의 통달거리는 수 km 정도의 무전기가 산업현장에서 많이 사용되고 있으며 송신출력은 2W나 5W용이 주류를 이루고 있다. 일반적으로 송신출력이 크면 수신감도를 올리는 효과가 있으나, 수신감도 및 통신 가능거리는 전파경로, 안테나, 장애물 등의 영향을 크게 받는다. 그 외의 다른 규격이나 특성들은 무전기 제작회사별로 기능이나 성능이 다르

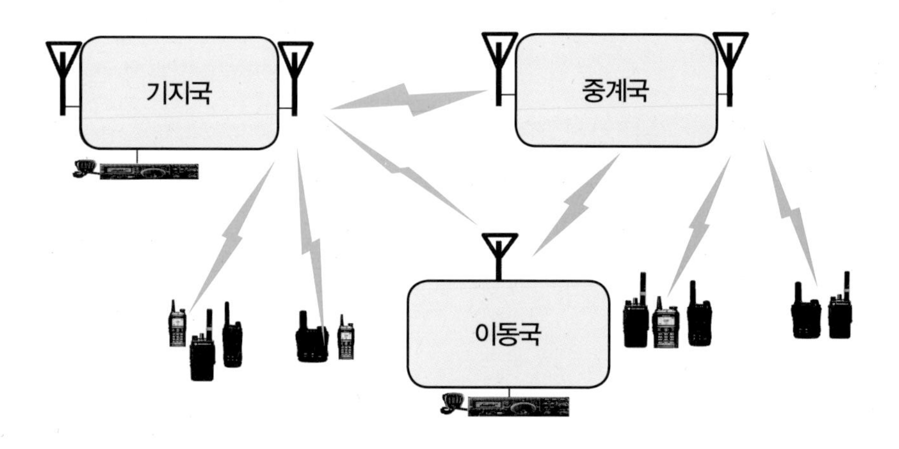

| 그림 3-14 | 무전기 등의 무선통신시스템의 예

므로, 시스템 구축 설계나 운영 시에 꼼꼼히 살펴 프로젝트 목적에 맞는 무전기와 부대장치 등을 적용함이 바람직하다. 특히 플랜트가 건설되는 해당 국가의 전파법 등에 저촉되지 않도록 검토하여야 하며, 플랜트 현장에서 사용할 수 있는 전파의 주파수 대역 등을 확인하여 사용 가능한 제품을 선정하고, 해당 무전기에 해당 주파수를 설정하여 사용할 수 있도록 하여야 한다.

| 안테나

안테나Antenna는 특정 무선주파수의 전자기파를 자유공간에 방사(송신)하거나 자유공간에 전파되는 특정 무선주파수를 감지(수신)하기 위한 장치라고 말할 수 있다. 일반적으로 안테나는 무선주파수대의 전기 신호를 전자기파로 바꾸어 자유공간에 방사하거나 그 반대로 자유공간에 방사된 전자기파를 감지하여 무선주파수대의 전기 신호로 바꾸어주는 역할을 한다. 이러한 안테나들은 전파의 전파 특성에 적합한 형태로 만들어져서 라디오 및 텔레비전 방송, 무전기, 레이더, 우주 탐사용 전파망원경, 각종 무선장치 등에 널리 쓰이고 있다. 전파(電波), Radio Wave의 전파(傳播), Propagation 특성상 주로 지상이나 자유공간의 대기권, 우주 공간에서 효과적으로 작동하며 철근 구조물이나 콘크리트 건물, 물속, 땅속에서는 안테나 기능의 작동에 제한을 받는다.
안테나는 전도체로 구성되는 것이 보편적이며, 송신안테나는 안테나에 특정 영역대의 무선주파수 전압이 변조된 전류와 함께 가해질 때 발생하는 전자기장을 자유공간에 방사하게 된다. 수신안테나는 자유공간에 전파된 무선주파수의 전자기장에 의해 안테나에 유도되는 전류와 전압이 발생되도록 하여 원하는 신호를 수신하는 역할을 한다. 안테나는 주로 송신 또는 수신하고자 하는 전파의 파장과 안테나의 길이의 관계에서 적정치(1/4λ 또는 1/2λ)로 설계되어야 한다. 이 안테나 길이가 적정치를 초과하거나 부족하면 전파송출 효율이나 전파 수신감도에 많은 차이가 생기게 된다. 안테나는 그 용도와 특성 등에 따라 다양하게 구분할 수 있고, 무지향성 안테나 또는 지향성 안테나, 수직안테나Vertical Antenna, 수평안테나Horizontal Antenna, 야기안테나Yagi Antenna, 파라볼라 안테나Parabolic Antenna, 카세그레인 안테나Cassegrain Antenna 등으로 나눌 수 있다.
대부분의 안테나들은 사용하는 전파의 파장에 따라 그 길이가 정해지는데, 전파 파장의 4분의 1 크기의 전도체 막대 형태의 안테나가 간단하면서도 널리 사용되고 있다. 이와 같은 막대 형태의 안테나는 무지향성으로 송수신의 제약이 없는데, 이러한 무지향성 안테나의 방사체 주위에 전도체를 적절히 배열하여 지향성을 가지게 할 수 있다. 또한 지향성 안테나는 접시안테나라고도 하는 파라볼라 안테나, 카세그레인 안테나 같은 형태의 안테나를 들 수 있으며, 특정 방향으로 송수신이 가능하다.

| 무선시스템의 고려사항

무선 방식의 통신시스템은 자유공간을 전파하는 전파의 특성을 우선적으로 고려하여 사용지역, 통신 가능 영역 및 범위 등에 따라 무전기, 기지국, 안테나 등의 장치를 선정하여 설치한다.
또한 무전기 등의 무선통신장치 사용에 있어 건물이나 장애물 등에 의한 음영지역을 확인하고, 그 음영지역 해소를 위해 해당 구역별로 무선 신호를 증폭하여 중계해주는 중계국 등을 설계에 반영하는 것이 바람직하다.
무전기의 선정에 있어 주로 고려할 사항들은 다음과 같다.

- 사용 주파수 범위
- 그룹 구성 및 채널 수
- 통신거리
- 송신출력, 음성출력

- 작동 환경(작동 온도 범위, 방진 및 방수 필요 등)
- 휴대의 편리성(무게, 크기 등)
- 공급전원, 배터리 등

제4장

플랜트 보안시스템

제4장에서는 플랜트의 보안시스템을 다루며, 영상감시시스템인 CCTV 시스템, 출입통제시스템, 침입감지시스템, 인터콤과 무정전 전원장치인 UPS에 대하여 설명한다.

제1절 '감시시스템'에서는 CCTV시스템의 구성과 시스템 설계 시의 고려사항 등을 설명하고, CCTV에 사용되는 카메라와 CCTV 서버, 비디오 녹화기, 관제시스템에 대하여 상세히 설명한다.

제2절 '출입통제시스템'에서는 비인가자가 주요 시설에 접근하거나 출입하는 것을 제한하는 시스템 및 그 시스템의 구성에 대한 사항 등과 주요 보안구역의 출입통제에 대한 사항, 출입통제시스템 운영에 관한 사항들을 설명한다.

제3절 '침입탐지시스템'에서는 중요시설의 보호에 대한 사항, 침입탐지의 유형, 울타리로 침입하는 경우를 탐지할 수 있는 보안시스템인 울타리 침입탐지시스템(FIDS), 마이크로파 침입탐지시스템(MIDS), 그리고 레이더에 대하여 그 기능과 특징 등을 자세하게 설명한다.

제4절 '인터콤 및 무정전 전원장치'에서는 인터콤(구내통신장치)과 무정전 전원장치인 UPS에 대하여 설명한다.

제1절 | 감시시스템

일반적으로 감시시스템은 영상감시로 알려진 CCTV를 주로 지칭하며, 영상카메라를 사용하여 지정된 장소의 영상을 볼 수 있도록 갖추어진 시스템을 말한다. 이러한 CCTV는 보편적으로 산업플랜트, 은행, 카지노, 학교, 호텔, 공항, 병원, 식당, 군용시설 등의 주요 시설이나 중요한 목적물의 보호를 위하여 모니터링이 필요한 곳의 관찰 및 감시에 사용된다.

| CCTV

CCTV는 'Closed Circuit Tele-Vision'(폐쇄회로텔레비전)의 약어이며, 일반적으로 특정 지점이나 특정 구역의 상황 등을 실시간으로 모니터링하거나 촬영하여 저장하고 저장된 영상화면 등을 분석하고 확인하여 특정 용도로 활용하기 위한 시스템을 말한다. 산업체나 플랜트에서 보편적으로 적용하고 있는 CCTV는 주로 주요 시설물이나 위험지역, 인체에 유해한 환경의 작업 · 장소 등에 대하여, 중앙관제센터에서 작업사항이나 생산 공정의 전부 또는 일부를 관찰하는 데 사용하고 있다. 또한 CCTV는 특정 장소를 고정적이고 지속적으로 관찰하거나 특정 이벤트가 발생한 경우에 작동하도록 하여 모니터링할 수도 있다. 그리고 CCTV는 각 구역의 보안 대상 및 감시현장에 대한 실시간 감시기능과 함께, 시각적 효과를 높인 영상시스템, 관찰효과를 높이기 위한 조명시스템 또는 방송시스템 등과 연동하여 구성할 수도 있다.

1. CCTV시스템

CCTV의 영상 전송은 P2PPoint to Point, P2MPPoint to Multi-Point, 무선 링크 등을 이용할 수 있지만, 일반 텔레비전 방송과는 달리 한정된 네트워크(폐쇄회로)에서만 CCTV 카메라에서 촬영한 영상 신호 등이 전송된다. CCTV시스템은 비인가자의 출입을 통제하거나 침입을 감지하는 시스템들과 연동하여 작동시킬 수도 있다. 또한 통신 네트워크와 접속하여 원격지에서 관련 영상을 PC나 스마트폰으로 확인할 수도 있다.

2. CCTV시스템의 구성요소

CCTV시스템의 구성 예는 [그림 4-1]에서 보는 바와 같으며, 그 기본 구성은 영상촬영장치 (카메라), 저장장치(서버 또는 DVR), 영상표시장치(모니터), 검색 및 제어장치(제어기)를 들 수 있다.

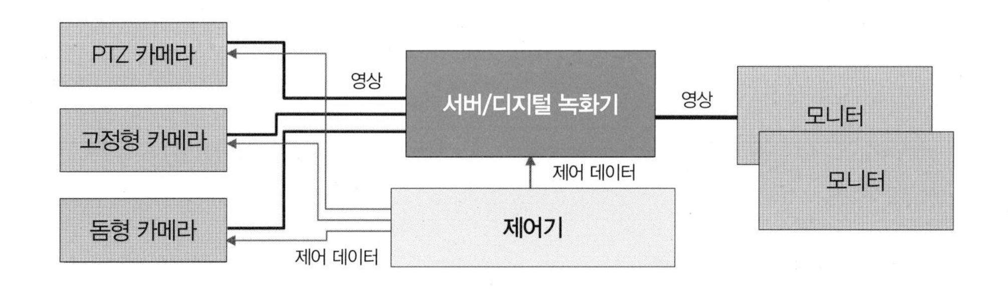

| 그림 4-1 | CCTV시스템의 구성 예

1) CCTV시스템을 구성하는 주요 요소인 카메라는 고정형, PTZ형, 돔형, 아날로그 방식, IP 방식 등 그 형태 및 영상 신호 전송방식 등으로 구분할 수 있는데, 상세한 사항은 '카메라' 부분에서 설명한다.

2) 저장장치는 CCTV 서버 또는 DVR을 들 수 있으며 'CCTV 서버 및 녹화기' 부분에서 상세하게 설명한다. 검색 및 제어장치와 영상표시장치는 '관제시스템' 부분에서 자세히 설명한다.

3) CCTV시스템은 원하는 기능이나 목적 등에 따라 그에 해당하는 장치를 추가하거나 특정 솔루션을 적용하여 보다 똑똑하고 유용한 시스템으로 구축할 수 있다. 예를 들면, 비인가자의 침입 등을 감지하여 경보를 울리거나 운영자에게 침입을 알려주는 침입감지시스템을 CCTV시스템과 연동하여 침입 발생 시에 카메라를 작동시켜 해당 침입장소를 촬영하게 할 수 있다. 또한 CCTV 카메라에 움직임 감지 Motion Detection 기능을 부여하거나 영상분석 및 얼굴인식 솔루션을 적용하면 출입자나 침입자를 확인할 수 있는 기능 등을 활용할 수 있어 보다 효과적으로 출입통제를 할 수 있다.

4) 또한 열선 감지기나 적외선 감지기 등의 센서를 특정 구역에 설치하여 출입자의 등장을 감지하고, CCTV시스템에서 해당 지점의 영상을 촬영하여 저장할 수 있다. 그리고 실시간으로 촬영된 영상을 인식하고 분석하여 출입통제시스템으로 전송하고, 출입통제시스템에서 인증 및 확인 결과에 따라 인가자나 비인가자 또는 침입자로 구분하여 인식할 수 있다. 이에 따라 운용요원 등이 조치를 취할 수 있도록 사이렌이나 경광등을 작동시킬 수도 있다. 또한 통신기능을 갖춘 영상 서버나 DVR을 사용하고, CCTV시스템을 통신 네트워크에 접속하면, 원격지에서도 스마트 단말장치 등으로 통신 네트워크에 접속하여 CCTV 영상을 모니터링하거나 확인할 수 있다.

3. 아날로그 방식 CCTV시스템

1) 그동안 아날로그 방식의 카메라가 많이 사용되어왔으며, 아날로그 카메라에 의해 촬영된 영상 신호를 전송하거나 저장하고 그 영상을 표시하기 위해서 보통은 아날로그 영상 신호를 처리하는 기능을 갖춘 장치들이 사용된다. 이 시스템의 기본 구성은 영상촬영장치, 영상 및 데이터 전송장치, 영상저장장치, 영상 및 데이터 제어장치, 모니터링 장치를 들 수 있다.

2) 아날로그 방식의 CCTV시스템 구성의 예를 [그림 4-2]에 보이고 있으며, 아날로그 방식의 카메라, 광섬유 링크Fiber Optic Link, 영상분배증폭기VDA: Video Distribution Amplifier, 신호분배기SDU: Signal Distributor Unit, 제어기, DVR, 매트릭스Matrix, 모니터 등으로 구성됨을 나타내고 있다.

3) 영상촬영장치인 카메라는 고정형, PTZ형, 돔형의 아날로그 카메라들이 사용되며, 영상 및 제어 신호를 전송하기 위하여 광섬유 링크가 주로 사용된다.

4) VDA는 비디오 신호를 증폭하고 분배하며, 광섬유 링크는 광전송장치로서 영상 및 제어 신호의 장거리 전송이 가능하다.

5) 영상저장장치는 전송되어온 영상을 저장하고 필요시 검색해볼 수 있는 장치이며

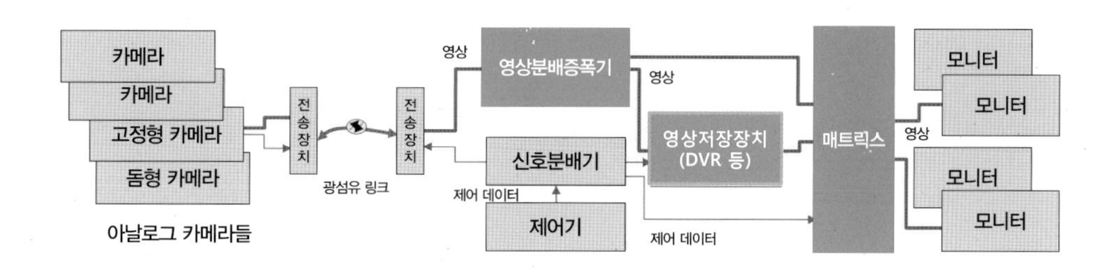

| 그림 4-2 | 아날로그 방식 CCTV시스템의 구성 예

서버나 디지털 비디오 녹화기DVR: Digital Video Recorder 등이 사용된다.

6) 영상 및 데이터 제어장치는 SDU와 제어기를 들 수 있다. SDU는 제어 신호를 해당 장치로 전송하기 위한 분배장치이다. 이는 각종 통신제어장치들과 연결하여 여러 대의 수신기를 제어하며, 주로 RS-485 방식으로 카메라 장치 등을 제어할 때 사용한다.
제어기는 주로 키보드와 조이스틱이 사용되며 카메라의 촬영영상을 확대하거나 촬영하고자 하는 목표물의 영상을 확보하기 위하여 상하좌우로 조종할 수 있다.

7) 모니터링 장치는 매트릭스와 CCTV 모니터를 들 수 있다. 매트릭스는 각 카메라의 영상을 모니터별로 출력하는 역할을 수행한다. 또한 대형 모니터에 화면을 분할하여 표시해주는 솔루션이 포함될 수 있다. 이러한 모니터링 시스템은 플랜트의 보안구역이나 주요 시설물 등에 대한 관찰 및 통제를 위한 관제센터에 설치하여 운영하기도 한다.

8) 카메라와 VDA의 접속은 영상과 제어신호를 전송할 수 있도록, 비디오 선, 데이터 선, 그리고 전원을 공급할 수 있는 전력선으로 구분되어 있는 멀티케이블Multi-Cable을 사용하는 것이 보편적이다. 이러한 멀티케이블에 의해 영상 신호 및 제어 신호를 전송할 수 있는데, 카메라가 설치되는 장소가 멀어서 케이블로 직접 연결하기가 어려운 경우에는 광전송장치에 의한 광 링크를 구성하여 영상 신호와 제어 신호를 전송할 수 있다.

4. IP 방식 CCTV시스템

1) IP 방식 CCTV시스템의 구성 예는 [그림 4-3]과 같다. IP 방식 CCTV시스템의 구성 요소들은 아날로그 CCTV시스템과 거의 같다고 볼 수 있으나, 각 장치들의 통신은

인터넷 프로토콜에 의해 정보교환이 이루어지고 있다. 기존의 아날로그 카메라는 비디오 서버를 통하여 IP 네트워크에 접속할 수 있다.

2) 영상촬영장치로는 네트워크 카메라라 불리는 IP 카메라가 사용되며, 아날로그 카메라를 사용하는 경우에는 앞에서 언급한 바와 같이 아날로그 영상 신호를 IP 형식의 영상 신호로 변환해주는 비디오 서버가 사용된다.

3) 비디오 서버는 주로 멀티케이블에 의해 카메라와 연결되며, IP 네트워크와는 UTP 케이블로 네트워크 포트에 접속하게 된다. [그림 4-3]에서는 비디오 서버와 IP 네트워크 간의 거리가 먼 경우로 광전송 링크에 의해 접속하는 형태를 나타내고 있다. 비디오 서버는 네트워크를 통해 전송된 IP 형식의 제어 신호를 해석하여, 카메라가 팬/틸트/줌PTZ: Pan/Tilt/Zoom 기능을 수행하도록 카메라를 제어할 수 있는 제어 데이터 신호로 바꾸어준다. 또한 카메라에서 촬영된 영상을 IP 형식으로 바꾸어 IP 네트워크에 접속된 서버나 모니터 장치로 전송하는 역할도 한다. 영상 및 데이터 신호는 IP 네트워크를 통하여 전송되며 네트워크 접속지점의 확장이나 원거리의 CCTV 카메라를 네트워크에 연결하기 위해 광전송 링크 등이 사용된다.

4) 영상저장장치는 서버와 저장장치Storage를 들 수 있으며, IP 접속이 가능한 DVR이라 할 수 있는 네트워크 비디오 녹화기NVR: Network Video Recorder를 사용할 수 있다. 일

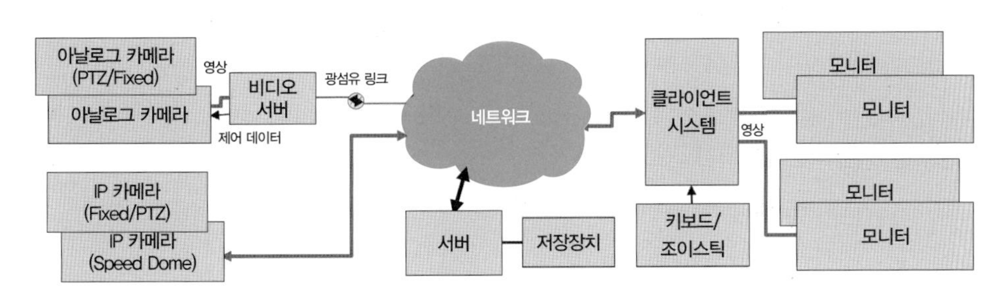

| 그림 4-3 | IP 방식 CCTV시스템의 구성 예

반적으로 CCTV 서버는 영상 저장 및 검색 기능을 갖는 관리 소프트웨어에 의해 영상정보 등을 관리할 수 있다. 영상 검색기능을 갖춘 NVR은 저장된 영상들 중에서 필요한 영상들을 쉽게 검색하게 해준다.

5) 저장장치는 보통 하드디스크 드라이브HDD: Hard Disk Drive 형태를 갖추고 있으며, 최근에는 검색 기능과 서버 기능을 갖춘 장치도 등장하고 있다. 저장장치는 시스템 구성 방식에 따라 크게 네트워크 접속 저장장치NAS: Network Attached Storage와 직접연결 저장장치DAS: Direct Attached Storage로 구분할 수 있다. NAS는 네트워크를 통하여 서버와 접속하는 형태이며 DAS는 서버에 직접 접속된다.

6) 영상 및 데이터 제어장치는 클라이언트 PC와 조이스틱 등을 들 수 있으며, 모니터링 장치는 앞에서 설명한 아날로그 CCTV시스템의 구성요소와 유사하다.

5. 시스템 설계 시 고려사항

1) 일반적으로 플랜트에 구축되는 CCTV시스템은 RFQ, TBE, 발주자의 요청 등 요구사항에 만족스러운 기능을 발휘하도록 시스템을 구성하고 각 구성장치의 성능, 규격 등이 적정하도록 설계한다.

2) CCTV시스템 설비는 이용자의 안전 및 정보통신의 합리적 이용에 지장이 없고, 훗날 설비의 증설과 통합이 용이하도록 설계한다.

3) CCTV시스템 설비는 향후 효율적인 운영 및 관리를 위하여 통합관제센터가 구축될 수 있을 것에 대비하여, IP 기반의 사용조건을 감안하여 설계하는 것이 바람직하다.

4) CCTV는 주로 위험요소들이 내재하고 있거나, 사람이 자주 왕래하기 어렵거나, 열악한 환경의 고정감시에 사용되고 있다. 대부분 감시범위가 광범위하므로 적정 예산으로 최대의 효과를 얻을 수 있도록 기기의 선정과 케이블 배선 부분 등에서 시스템의 효율성을 높이도록 설계에 반영한다.

5) CCTV 카메라 및 관련 장치들은 다양한 품질 및 성능 옵션, 장시간 녹화기능, 그리고 필요시에는 움직임 감지, 전자메일 알림 등의 추가기능 등을 고려한다. 또한 선명한 화질로 유지할 수 있고, 녹화된 화면을 반복 재생하여도 처음의 화질상태를 유지할 수 있는 제품을 선정한다.

6) CCTV 카메라의 설치 위치는 취약한 구역, 위험구역, 중요설비 구역 등에 대한 보안 유지와 비인가자의 출입감시를 위한 목적 등에 따라, 출입구나 외곽 등의 주변 환경에 따라 적당한 곳을 선택하여 설치되도록 설계한다. 그리고 직사광선이 들어오는 곳이나 난방기구 등 열이 많이 나는 곳은 피하고, 진동이 심한 곳이나 전자기장이 심한 곳 등은 시스템 보호를 위한 조치를 취해야 한다.
또한 계절별 영향을 받지 않는 곳을 선택하는 것이 좋고 습기, 먼지나 그을음이 많은 곳은 용도에 부합하는 카메라를 선정하고 설계에 반영한다.

7) CCTV 설치 지점에서 감시의 사각지대가 없이 실시간 관제가 가능하도록 반영하고 모든 설치 지점의 카메라 관측 및 제어가 가능하도록 설계한다. 출입구에는 출입자의 신원 확인을 위해 카메라 방향을 가능한 한 고정하여 설치할 수 있도록 설계에 반영한다.

8) 외곽에 설치하는 경우는 햇빛과 풍 · 수해에 대비하여 카메라를 선택하고, 건물 외벽에 부착하는 형태 또는 폴Pole 상단에 조명과 함께 설치하여 야간에도 외부인의 출입을 확인할 수 있도록 설계한다.

9) 외부에 설치되는 카메라는 방수방진 형식을 적용하는 등 실내용과 차별화된 장치들을 사용한다. 특히 하우징, 팬/틸트Pan/Tilt 장치, 접속함체 등의 부식성에 주의해야 하고, 배선의 결선 부위는 외부환경 등에 보호되도록 마감 처리해야 한다.

10) DVR 및 모니터 등의 장비는 타인에 노출되어 관련정보가 유출되지 않도록 설계에 반영한다. 또한 녹화된 화면을 반복 재생하여도 신원을 확인할 수 있을 정도로 선명한 화질이 유지되도록 제품 선정과 설치장소, 조명을 반드시 고려한다. 그리고 영상정보가 분실, 도난, 유출, 변조 또는 훼손되지 않도록 안정성 확보에 필요한 기술적 · 관리적 조치와 물리적 조치를 취할 수 있도록 설계에 반영한다.

11) CCTV 카메라로 촬영된 영상은 가능한 한 영상변조 방지기능을 갖추어 저장하고, 저장장치는 촬영된 영상 등을 일정기간(보통 30일) 이상 보관할 수 있는 충분한 용량으로 설계한다.

12) 유지보수 관리를 위하여 설계도서에 다음과 같은 사항들을 반영한다.

- 도면에 각종 분전반, 배전반, 단자반, 접속함 등이 명기된 해당 기기의 기호를 표시한다.
- 설계도서에는 시공 시 고려사항이나 유의사항, 시스템 각 장치의 설정방법 등을 알 수 있게 작성된 도서를 포함한다.
- 또한 CCTV시스템 운용 및 유지보수에 필요한 각 장치들의 설명이나 작동방법 등을 상세히 설명한 매뉴얼을 작성한다.

| 카메라

CCTV 카메라는 렌즈에 입사된 영상을 전하결합소자CCD: Charge Coupled Device에서 전기 신호로 바꾸고 아날로그 신호를 디지털 신호로 변환하여, 화상 신호 처리하고 비디오 신호로 출력하여 모니터링이 가능하도록 하는 장치이다.
일반적으로 CCTV시스템의 카메라는 통신방식, 설치장소, 제어방법, 카메라 하우징 등에 따라 구분할 수 있다. 플랜트에서 주로 사용되는 CCTV 카메라는 다음과 같다.

1. 통신방식 등에 따른 구분

보통은 카메라와 전송장비 또는 모니터 장치 등에, 동축케이블Coaxial Cable로 직접 접속하는 아날로그 형식과 IP 네트워크를 통하여 접속하는 IP 형식의 네트워크 카메라로 나누어볼 수 있다.

1) 영상장비 표준

CCTV 카메라 등의 영상장비 표준은 플랜트 프로젝트 소유주 등의 발주자 요구에 따라 PALPhase Alternation Line 방식 또는 NTSCNational Television System Committee 방식을 적용할 수 있다. 우리나라나 미국 등은 NTSC 방식을, 유럽이나 중동국가 등은 PAL 방식을 국가표준으로 채택하고 있다.

2) 아날로그 카메라

아날로그 카메라는 예전부터 사용되어온 기존의 아날로그 형태 카메라로, 영상 출력은 동축케이블을 사용하여 전송장치나 모니터 장치 등에 접속된다. 촬영된 영상의 영상 신호 형태는Video Signal Type은 NTSC 또는 PAL 방식 등이며, 제어장치와 인터페이스되는 데이터 신호 형태는 RS-485가 널리 사용되고 있다.

3) 네트워크 카메라

IP 카메라로 불리기도 하는 네트워크 카메라는 랜, 인트라넷, 인터넷 등 IP 기반의 네트워크를 통해 비디오 신호를 직접 전송한다. CCTV시스템 운용자 또는 관리자는 어느 곳에서든 인터넷 등의 IP 네트워크에 접속한 원격 컴퓨터로, 웹 브라우저나 영상 관리 소프트웨어를 이용하여 촬영된 영상을 관찰하거나 관리할 수 있다. IP 카메라는 고유한 자체 IP 주소로 네트워크에 연결되며, 네트워크에의 접속은 UTP 케이블을 사용하여 이더넷 방식의 네트워크 장비에 인터페이스된다. IP 카메라와 영상처리장비들은 네트워크를 통하여 인터넷 통신 프로토콜인 TCP/IP 프로토콜에 의해 영상 신호 등의 정보 및 데이터를 전송한다.

2. 카메라 제어 및 하우징에 따른 분류

카메라 제어기능 여부에 따른 분류로 고정형, PTZ형으로 구분할 수 있으며, 하우징 형태에 따라 돔형, 사각형, 후드형 카메라 등으로 나눌 수 있다.

1) 고정형 카메라

고정형 카메라Fixed Camera는 출입문, 장비 모니터링과 같이 한정된 장소를 감시하는 데에 주로 이용되고 있으며, 고정된 장소의 영상을 연속 촬영하여 관찰할 수 있다. 고정형 카메라는 사용상의 필요에 따라 줌Zoom 기능을 구비할 수 있으며, 카메라의 확대는 사용자의 의도에 의해서 수동으로 조작하거나 또는 미리 정해진 시간 간격 등의 프로그램에 의해 자동으로 카메라 렌즈를 확대할 수 있도록 작동시켜 피사체를 촬영할 수 있다.

2) 팬/틸트/줌 카메라

팬/틸트/줌PTZ 카메라는 좌우로 이동하는 팬Pan, 상하로 움직이는 틸트Tilt, 피사체를 당기거나 멀게 하는 줌Zoom 기능을 구비한 카메라로서, 수동 또는 동작인식 등의 기능을 통하여 자동으로 작동시킬 수 있다. 팬/틸트 기능은 CCTV 카메라 자체에 구비될 수도 있고 카메라 하우징에 기계적인 구조를 갖추게 할 수도 있으며, 원격측정Telemetry 제어 기능을 추가하면 원격측정 제어기에 의해 PTZ를 작동시킬 수도 있다. PTZ 카메라는 펜스나 플랜트 오버뷰와 같은 넓은 지역의 감시에 유용하다.

3) 돔형 카메라

돔형 카메라Dome Camera는 설치공간이 크게 필요하지 않으며 외부의 간섭이 적은 곳에 설치하여 사용되는 것이 일반적이다. 이는 벽 또는 천장 등에 설치하는 돔 형태의 커버를 구비하는 감시카메라로 건물 출입구, 엘리베이터 등 실내에서 가장 일반적으로 사용된다. 돔형 감시카메라는 이미지 센서, 카메라, 내외부 하우징 등으로 구성되며, 소형화되어 미관상 거부감을 줄일 수 있는 특징이 있다. 또한 팬/틸트 기능을 동작시키기 위한 구동장치를 포함할 수도 있다.

4) 사각형 카메라

사각형 카메라Box Type Camera는 박스형 감시카메라로도 불리는데, 일반적으로 사각의 외장 케이스 내부에 일반 감시카메라를 장착하여 설치장소 및 목적에 따라서 다양한 효과를 부여할 수 있다. 일반 감시카메라는 CCD 이미지 센서와 렌즈를 구비한 카메라부와 내부 케이스, 외부 하우징으로 구성되는 것이 보통이다. 이러한 카메라에 피사체를 인식하도록 하거나 적외선 발광부 또는 줌 기능 및 피사체 추적 등의 다양한 기능을 복합적으로 부여하여 설치장소 및 목적에 따른 감시카메라를 적용할 수 있다.

5) 후드형 카메라

후드형 카메라Bullet Camera는 일반 CCTV 카메라와 마찬가지로 실내 및 실외에 사용되는 감시카메라로, 보통은 실내에서 많이 사용된다. 빛을 가리거나 좀 더 나은 영상을 촬영하기 위해 후드를 사용하는데, 돔형 감시카메라와는 달리 지지대를 구비한다. 일반적으로 후드형 카메라는 저조도용으로 많이 사용되고 있으며, 적외선 발광부를 장착하여 거의 0lx의 상태에서도 감시가 가능한 장점을 갖고 있다.

6) 움직임 감지 카메라

움직임 인식 카메라Motion Detection Camera라고도 하며 피사체인 사람 또는 사물의 움직임을 감지하여 팬/틸트 등의 기능을 작동시킬 수 있다. 따라서 움직임을 감지하거나 이동하는 피사체를 추적하여 촬영하는 기능을 갖추고 있으므로 감시 및 관찰용 카메라에 다양하게 적용할 수 있다. 또한 움직임뿐만 아니라 열과 같은 특징을 검출할 수 있는 센서를 적용하면, 각종 산업현장에서 재해를 방지하기 위해 사용할 수도 있다.

3. 사용장소에 따른 분류

1) 방수방진 카메라

방수방진 카메라Weather Proof Type Camera의 설치장소는 주로 실외이며, 날씨에 따라 물이나 먼지로부터 보호되어야 하는 지역(예를 들면 바닷가, 선박, 사막의 플랜트 등)에서 사용되고 있다. 그리고 시멘트 공장과 같이 분진이 많은 장소나 비와 눈에 항상 노출되는 열악한 현장에서 많이 사용된다.

2) 방폭 카메라

방폭 카메라Explosion Proof Type Camera는 주로 외부 환경이 폭발위험 가능성이 있는 지역에 설치하여 운용되는 카메라, 플랜트나 해양구조물, 주유소, LNG선 등에서 많이 사용되고 있다. 방폭 카메라는 방폭 등급에 따른 사양(방폭구조, 사용온도 조건, IP 등급)을 검토하여 그에 맞는 규격의 제품을 사용하여야 한다. 방폭 카메라 ATEX 인증규격의 예는 [그림 4-4]와 같다.

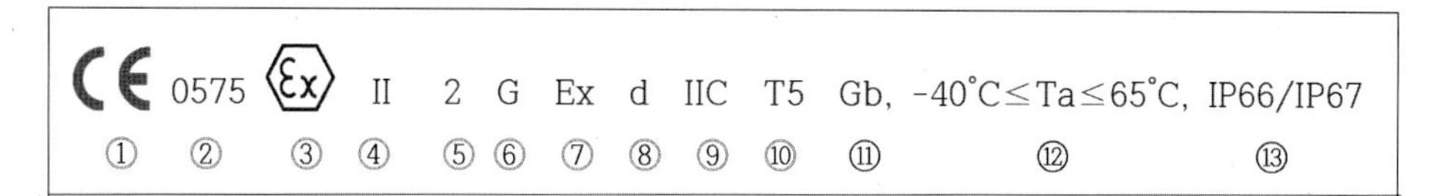

①: CE symbol
②: Notify Body: DNV
③: ATEX Symbol
④: Equipment group (Explosive gas atmosphere)
⑤: Equipment category (High level of protection)
⑥: Type of Explosive atmosphere (Gas)
⑦: European Commission mark for Ex-equipment
⑧: Protection Concept (Flameproof enclosures)
⑨: Equipment group subdivisions (Dust/Gas group) (a typical gas is hydrogen)
⑩: Classification of maximum surface temperature (T5=100˚C)
⑪: Equipment protection level
⑫: Ambient Temperature
⑬: Degree of protection of enclosure (IP 66 and IP 67)

| 그림 4-4 | 방폭 카메라 ATEX 인증규격의 예

3) 적외선 카메라

적외선IR: Infrared Radiation 카메라는 주로 광원이 부족한 어두운 곳 등에서 자체 광원으로 카메라를 작동시켜 감시할 수 있는 야간 감시용 카메라이다. IR 카메라는 야간에도 촬영할 수 있도록 카메라 특성에 따라 최소로 필요한 조도Lux 이상의 밝기가 확보되어야 한다. 이는 피사체를 촬영하기 위해서 다수의 적외선 LED를 사용하는 감시카메라로서, 주로 카메라의 내부 또는 외부 하우징에 LED를 삽입하여 적외선을 조사하는 방식이다. 적외선 LED를 내부에 삽입하는 경우에는 적외선 LED로부터 반사되는 빛 또는 열이 카메라 렌즈로 유입되는 것을 방지하기 위한 장치 등을 구비한다.

4. 카메라 선정 시 요구사항

1) CCTV 카메라를 선정할 때에는 컬러 또는 흑백 여부, 조도, 화소, 해상도 등을 검토하고 역광, 햇빛의 영향 등을 고려하여 설치 위치 및 카메라 종류를 선정하여야 한다.

2) 영상표준 방식에 따라 카메라 등의 장치가 달라지므로 적정한 것을 선정한다. 보편적으로 우리나라는 NTSC 방식을, 유럽국가 등은 PAL 방식을 표준으로 적용하고 있다.

- 영상표준 방식은 NTSC, PAL, SECAM 방식이 있다.
- NTSC는 'National Television System Committee'의 약자로 TV방송 송수신용 표준 프로토콜을 개발하기 위해 설립된 미국의 기관이다.
- NTSC 방식은 고도의 대역압축을 위해서 전송회로의 고성능이 요구된다. 또한 NTSC 방식의 개량을 위하여 독일은 PAL Phase Alternation Line 방식을, 프랑스는 SECAM Séquentiel Couleur à Mémoire 방식을 제안하여 각각 사용하고 있다.
- NTSC 방식은 프레임당 525개의 수평주사선을 가지고 초당 30프레임을 전송하는 반면에, PAL 방식은 총 625개의 주사선에 컬러를 추가하는 방식으로 초당 25장의 영상 데이터를 녹화하고 재생한다.
- PAL 방식은 NTSC 방식보다 프레임 수는 적지만 주사선 수는 625라인으로 더 많고 더 넓은 대역폭을 사용하므로 해상도가 높다.

- SECAM 방식은 주사선마다 색차 신호를 순차적으로 교차시키는 방식이며, PAL 방식과 같이 625개의 주사선 및 50Hz 방식이기는 하나, 기본적인 방식이나 방송 방법이 다르다. 이는 가장 간단하며 시간의 정확도가 높고 컬러 신호의 착란이 가장 적으며, 주파수 진폭에 따른 영상의 일그러짐을 없앴지만 수직 방향의 해상도가 떨어진다는 약점이 있다.
- 현재는 주로 NTSC 방식과 PAL 방식의 영상표준이 각국에서 적용되고 있다. NTSC 방식과 PAL 방식의 차이점을 비교하여 [표 4-1]에 나타내었다.

| 표 4-1 | NTSC 방식과 PAL 방식의 비교

구 분	NTSC	PAL
주사선 수	525	625
전송화상 수	30매/초	25매/초
필드주파수	60Hz	50Hz
비월주사	2:1	2:1
종횡비	3:4	3:4
영상주파수 영역	4.2MHz	5.5MHz
음성주파수 영역	6MHz	7MHz
주요 채용국가	일본, 미국, 캐나다 등	영국 등 유럽국가

3) CCTV 카메라는 무엇보다도 안정성이 우수해야 한다. 따라서 설계 시 자동 감도, 자동 화이트 밸런스, 렌즈 조정 등과 같은 다양한 기능을 탑재한 제품을 선택하는 것이 좋다.

4) 또한 CCTV 카메라는 외부 진동, 충격 및 전자파 간섭EMI: Electro Magnetic Interference 잡음noise 등에 강한 내구성을 가져야 하며, 특히 야간 상황을 감지하는 목적인 경우는

| 표 4-2 | 일반적인 카메라 요구사항의 예

구 분	요구사항
컬러 방식	표준 NTSC(or PAL) 컬러
촬상 소자	1/2″or 1/3″CCD 410,000화소 이상
최저 조도	0.005lx
영상 출력	1.0Vp-p(75Ω, Composite)
중심 해상도	470Line(수평 정렬) 이상
역광 보정기능	ON/OFF 수동 교환
신호 대 잡음비	46dB 이상
전자셔터(sec)	1/60, 1/100, 1/250, 1/500, 1/1000, 1/2000, 1/4000, 1/10000
사용 전압	12V DC(or AC 220V)

저조도급에서도 작동할 수 있는 카메라를 선택하여야 한다. [표 4-2]는 일반적인 카메라 요구사항의 예를 나타내고 있으며, 카메라 요구사항은 설치 목적, 장소 등에 따라 상이하게 적용되는 것이 보통이다.

| CCTV 서버 및 녹화기

CCTV시스템은 감시용 카메라가 촬영한 영상을 저장하여, 필요할 때 찾아보거나 검색 조건을 지정하여 필요한 영상을 검색할 수 있어야 한다. 이와 같은 목적으로 CCTV 카메라에서 촬영한 영상을 저장하고 검색할 수 있는 기능을 갖춘 장비로는 CCTV 서버나 비디오 녹화기를 들 수 있다.

1. CCTV 서버

일반적으로 CCTV 서버는 카메라에서 전송되어온 영상 신호 및 정보를 저장하고 필요시 검색해볼 수 있는 장치를 말한다. CCTV 서버로는 일반적인 서버나 컴퓨터 시스템에 CCTV 관리 소프트웨어 등을 설치하여 영상을 검색하거나 관리할 수 있는 기능을 갖게 하여 서버로 사용할 수 있다.

2. 비디오 녹화기

영상녹화기로 불리는 비디오 녹화기는 주로 CCTV 영상을 저장하는 기능을 갖추고 있으며, 최근에는 디지털 방식인 디지털 비디오 녹화기DVR가 많이 사용된다. DVR은 CCTV 카메라로 촬영한 영상을 하드디스크HDD에 고화질의 디지털 신호로 바꾸어 압축하고 저장하여 필요시에는 재생하여 볼 수 있는 장치이다.
최근에는 검색, 삭제 등의 기능을 갖추는 등 서버 기능을 제공하는 DVR도 찾아볼 수 있다. 또한 네트워크와 연결하여 영상정보를 기록 · 저장할 수 있는 장치들로는 네트워크 비디오 녹화기NVR, 네트워크 접속 저장장치NAS, 직접연결 저장장치DAS를 들 수 있

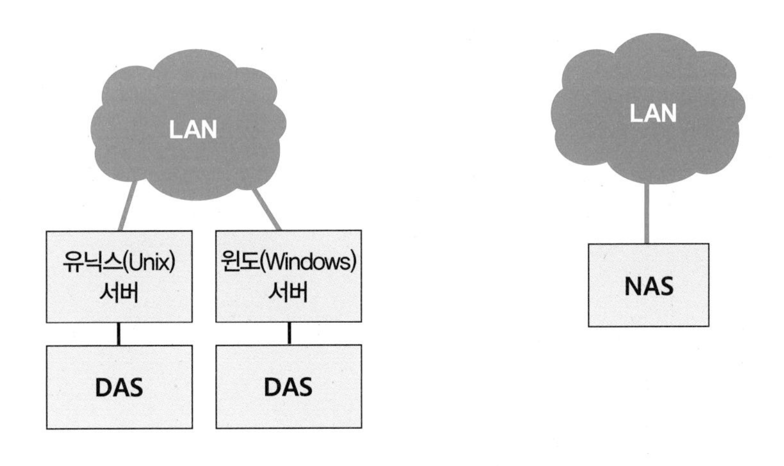

| 그림 4-5 | DAS 및 NAS 시스템 구성의 예

다. NAS와 DAS 시스템을 구성하는 예는 [그림 4-5]와 같다.

3. DVR의 특징

CCTV시스템에서 사용되는 DVR, NVR 등의 녹화장치의 특징은 다음과 같다.

1) DVR은 영상을 디지털로 변환하여 저장한다. 그동안 많이 사용되었던 영상저장 매체인 비디오 카세트 녹화기VCR: Video Cassette Recorder용 테이프의 경우는 반복적으로 녹화 및 재생하면 급격하게 화질이 떨어지나, 디지털 방식은 항상 일정한 화질을 얻을 수 있다.

2) CCTV 카메라에서 촬영된 영상정보가 DVR의 HDD에 일정기간 이상 영상 신호 등의 데이터로 압축 저장되어 있으므로 필요시에 신속하게 검색하여 확인해볼 수 있다.

3) NVR이나 네트워크에 연결된 DVR의 경우, 원격지에서 랜이나 전용선 등의 네트워크를 통하여 NVR이나 DVR에 접속하여 필요한 영상을 실시간으로 검색하거나 전송받을 수 있다.

4) CCTV 카메라로 필요한 곳의 영상을 원격으로 감시하거나 중앙집중식 관제센터 등에서 관찰하는 영상을 상시 녹화할 수 있으며, 필요한 기간이나 시간대 등을 지정하여 해당 영상을 저장할 수도 있다.

4. 디지털 녹화장치의 기능 및 성능 요구조건의 예

CCTV시스템의 DVR이나 NVR 등의 디지털 녹화장치가 갖추어야 할 기능과 성능에 대한 요구조건은 CCTV시스템의 목적이나 구성방법 등에 따라 다를 수 있으나, 그 기본적인 요구조건의 예는 다음과 같다.

1) 카메라에 연결하여 영상을 녹화할 수 있어야 하며, 팬/틸트/줌 및 제어기능이 있어야 한다.

2) 마우스 클릭으로 1~8, 16분할할 수 있는 기능이 있어야 한다.

3) 선명한 고화질의 디지털 화면을 HDD에 저장하며, 지정하는 시간이나 기간 동안 녹화할 수 있고 재생할 수 있는 기능이 있어야 한다.

4) 증거 제출 및 보관을 위한 CD 또는 DVD 등에 대한 읽기/쓰기RW: Read/Write 장치가 기본으로 장착되어야 한다.

5) 디지털 녹화기의 성능은 설치 목적, 장소 등에 따라 상이하나 일반적인 디지털 녹화기의 요구성능의 예는 다음과 같다.

- 최대 영상 디스플레이: 480fps 동영상
- 최대 녹화 속도: 480fps
- 고속 검색: 날짜, 시간, 카메라별로 즉시 검색 가능
- 영상압축 방식: MPEG-4 코덱 방식으로 1~3KB(352×240) 이내로 압축저장
- 감지 방식: 움직임 감지기능 채택
- 제어기능: RX-수신기와 통신으로 팬/틸트/줌 제어기능
- 해상도: 704×480/ 704×240/ 352×240/ 176×120

- CPU: 펜티엄 4 3.2GHz 이상
- HDD 용량: 250GB 이상
- RAM 용량: 512MB
- CD-RW: 52배속 내장 등

| 관제시스템

가. CCTV 등의 감시시스템에 의해 수집된 영상정보나 실시간으로 전송되는 영상을 확인하고 제어하기 위한 관제시스템은, 별도로 구축된 관제센터나 상황실 등에 설치되는 것이 보통이다. 일반적으로 관세시스템은 대부분의 주요 보안구역에 설치되는 카메라의 촬영범위, 촬영대상, 피사체의 식별 등을 실시간으로 확인하고 제어할 수 있는 기능을 갖춘다.

나. 대부분의 관제용 제어시스템은 보안구역 등에 설치된 카메라들을 각 부문, 지역 등의 구역으로 구분하여 제어할 수 있다. 따라서 CCTV시스템은 각 카메라별 촬영 영상을 구분하여 저장하고 필요시 검색해볼 수 있는 기능을 부여한다. 또한 필요한 곳의 카메라에 대한 팬/틸트/줌 제어를 수행할 수 있도록 그 기능을 반영한다.

다. 모니터링 시스템은 보안구역의 CCTV 카메라 영상을 실시간으로 관찰하거나 확인할 수 있고, 저장된 영상에 대하여 특정 조건을 부여하여 검색한 영상을 관제요원 등이 효과적이고 효율적으로 볼 수 있도록 구축한다.

1) 모니터링 시스템은 대부분 관제센터에 설치되며, 관제요원들이 신속하고 쉽게 확인할 수 있도록 벽걸이 형태의 대형 화면과 탁상용 모니터들을 구비하는 것이 보통이다.

2) 대형 화면에는 특정 영상이나 이벤트 발생 영상을 우선적으로 표시하고, 평상시에는 화면 분할 등을 통해 주요 지점의 영상을 모두 또는 지역이나 구역별로 나타낼 수 있다.

3) 모니터링 시스템은 햇빛이나 조명이 모니터에 직접 비추지 않는 곳을 선택하여 사용자의 눈높이에 맞게 설치되도록 설계한다.

라. CCTV 카메라의 영상을 확인하거나 저장된 영상을 검색하는 등 자세히 관찰하기 위한 조작장치로 보통은 PC급 컴퓨터 등의 제어기, 키보드, 조이스틱이 사용된다. 관제요원이나 시스템 운용요원은 이와 같은 장치를 조작하여 확인이 필요한 곳의 카메라를 실시간으로 제어하거나 조종하여 필요한 영상을 촬영할 수 있다.

제2절 | 출입통제시스템

일반적으로 출입통제는 물리적인 접근 제어를 말하며, 주요 시설물 등의 보안구역에 출입이 허가된 사람이나 차량을 출입토록 하고, 비인가 차량 및 비인가자의 출입을 제한하는 것을 의미한다. 이러한 출입통제를 위하여, 물리적인 접근을 제어하는 방법에는 크게 두 가지를 들 수 있다. 하나는 경비원 또는 안내원 같이 사람에 의해 접근 및 출입을 통제하는 것이고, 다른 하나는 잠금장치 및 열쇠 등과 같은 기계적 수단이나 출입통제시스템ACS: Access Control System 같은 기술적 수단에 의해 출입을 통제하는 것이다. 여기에서는 기술적 수단에 의한 통제를 실현하는 출입통제시스템에 대하여 자세히 살펴본다.

| 출입통제시스템

1. 출입통제의 개념

1) 물리적인 접근이나 출입을 통제하는 가장 큰 목적은 비인가자를 제한하여 주요 시설물 등을 보호하는 것이라 할 수 있다. 출입통제의 한 방편으로 전통적으로는 기계식 잠금장치와 열쇠Key가 많이 사용되어왔다. 그러나 이러한 기계식 잠금

장치와 열쇠는 특정 시간이나 날짜, 특정 잠금장치에 대한 열쇠의 사용 등에 대한 기록을 남기기 어려웠다. 또한 열쇠는 쉽게 복제가 가능하여 승인되지 않은 사람(비인가자)이 사용할 수 있는 취약점이 존재하고 있다. 이러한 취약점을 해소하고 위협사항을 해결하기 위한 방안 중의 하나로 컴퓨터를 사용하는 전자적인 출입통제 방식인 ACS가 적용되고 있다.

2) ACS는 누가 출입할 수 있는지, 출입할 수 있는 장소는 어디인지, 출입할 수 있는 시기는 언제인지 등을 결정하고 관리할 수 있도록 하드웨어와 소프트웨어가 구비되어야 한다.

3) 기본적으로 ACS는 다양한 방법으로 대상자에게 출입자격을 부여하고 전자식 열쇠 형태인 보안카드와 같은 증명을 발급하거나 생체인식정보 등을 등록하여 출입통제에 적용한다. ACS는 출입 시에 제시된 보안카드나 생체인식 등의 정보를 기반으로 출입권한을 부여한다.

4) 플랜트의 출입구나 건물의 출입문을 통한 출입의 경우에 출입이 허용되면, 출입구 및 출입문은 미리 결정된 시간 동안 잠금이 해제되고 그에 따른 트랜잭션Transaction이 기록되어 관리할 수 있게 된다. 보통은 출입이 거부되면 출입구 및 출입문은 잠긴 상태로 유지되고 출입 시도에 대한 정보가 기록된다. 또한 출입구 및 출입문이 강제로 열리거나 잠금이 해제된 상태로 정해진 시간보다 오래 유지되면 시스템은 경보를 발생시켜 운용자 등이 알 수 있도록 한다.

5) 일반적으로 출입자의 신원을 확인할 수 있는 자격 증명은 사람이 알고 있는 것, 사람이 가지고 있는 것, 사람에게 존재하는 것을 사용한다. 사람이 알고 있는 것은 암호나 개인식별번호PIN: Personal Identification Number 등이며, 사람이 가지고 있는 것은 스마트 카드, 마그네틱 및 바코드 카드, 액세스 배지(출입증 등 출입증표) 등이다.

그리고 사람에게 존재하는 것은 지문, 안면, 홍채, 망막, 음성 등 생체인식 기능에 적용할 수 있는 것을 들 수 있다.

6) 최근의 ACS는 이러한 항목들을 조합하여 인증하는 다중 요소 인증방식을 적용하여 보안수준을 높이는 사례가 늘고 있다. 또한 보안성 향상과 이용의 편리성을 확보하기 위하여 스마트폰, 근거리 무선통신NFC: Near Field Communication, 블루투스 등의 기술 발전에 따른 신기술이나 장치들이 도입되는 추세이다.

7) 앞에서 살펴본 바와 같이 ACS는 출입을 통제하는 시스템으로 주요 시설물이나 건물 등에 차량이나 사람이 물리적으로 접근하는 것을 인지하고 출입인가 여부를 확인하여 출입을 통제할 수 있다. 플랜트의 경우는 보안구역으로 설정된 주요 시설물 및 건물에 사용목적에 맞는 출입통제장치들을 설치하고 제어가 가능도록 시스템을 구축하여 플랜트 주요 시설물 등을 안전하게 보호하는 방편으로 사용된다.

2. 시스템 구성

출입통제시스템을 구성하는 방법은 대상 시설물이나 보안구역 형태 등에 따라 그 구성요소나 구성장치들이 달라질 수 있다. 차량 및 사람의 출입을 통제하기 위한 ACS의 한 예로, [그림 4-6]과 같이 각 장치 및 단일시스템들을 통합적으로 구성하여 주요 시설물 등에 대한 출입을 제한할 수 있다. [그림 4-6]은 플랜트 출입구 통제와 플랜트 구내의 건물 출입문에 대한 통제를 위하여 CCTV 감시시스템과 연계한 출입통제시스템의 구성계통도를 나타내고 있다.

3. 주요 구성요소

1) [그림 4-6]에서 보는 바와 같이 ACS의 구성요소로, 주요 시설물 등의 출입구에서

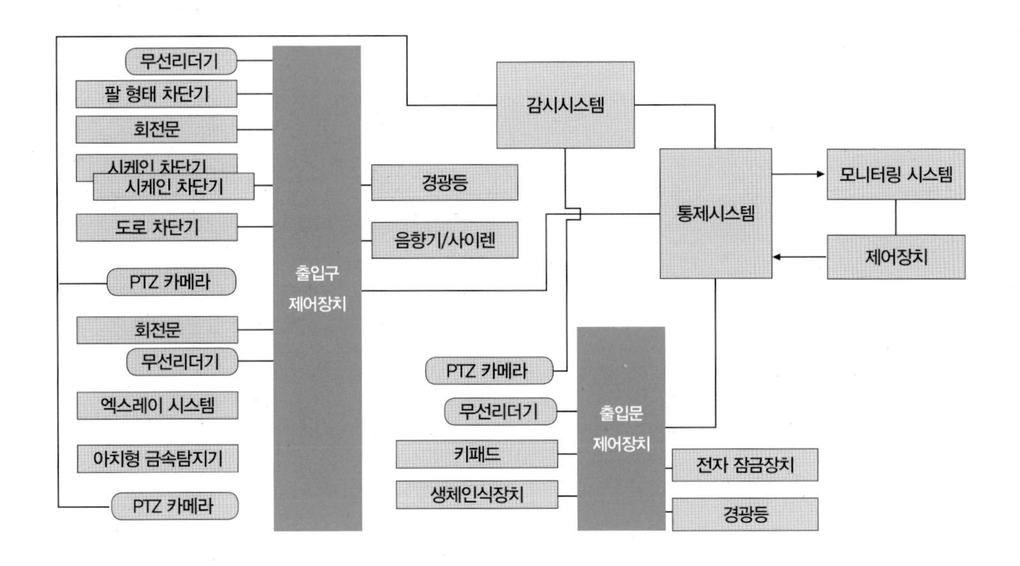

| 그림 4-6 | **출입통제시스템 구성의 예**

출입을 통제할 수 있는 장치들과 건물의 출입문에서 출입을 제한할 수 있는 장치들, 그리고 출입통제를 위한 각종 장치들을 제어하기 위한 통제시스템과 모니터링 시스템을 들 수 있다.

- 출입을 제어할 수 있는 장치들은 장거리 무선리더기, 팔 형태 차단기, 미닫이문, 시케인Chicane 차단기, 도로차단기Road Blocker, 회전문Turnstile, 경광등Flashing Light, 음향기Sounder 등이 있으며, 엑스레이 시스템과 아치형 금속탐지기Archway Metal Detector를 설치하여 운용할 수 있다.
- 출입문 통제를 위한 장치들로는 근거리 무선리더기, 생체인식장치, 키패드, 전자 잠금장치, 경광등 등이 있다.

2) ACS 모니터링 시스템은 주로 관제센터에 설치하여 CCTV시스템 영상이나 침입탐지시스템의 이벤트Event, 차량 및 사람의 출입정보 등을 종합적으로 분석하여 적정한 대응을 할 수 있도록 구축하고 있다.

3) 일반적인 출입통제지점인 접근 통로는 출입문이며, 출입통제를 전자적으로 제어할 수 있는 곳은 플랜트의 경우 울타리Fence, 물리적 장벽, 주 출입구, 각 건물 출입문 등이 될 수 있다. 출입통제를 전자적으로 제어할 수 있는 출입문에는 여러 요소가 포함될 수 있는데, 가장 기본적인 것은 전자 잠금장치이다. 전자 잠금장치는 출입자 또는 운용자가 잠금장치 해제 스위치를 작동시켜 잠금을 해제할 수 있다.

4) 출입문 등에는 용도에 맞는 접근제어장치ACD: Access Control Device와 관련 장치들을 설치한다. ACD는 접근제어 유닛ACU: Access Control Unit 또는 제어기 등으로 불리기도 하는데, 통상적인 리더기Reader나 접근제어 패널의 기능을 포함한 것도 있다.

5) 접근제어장치

- ACD는 비밀번호를 입력할 수 있는 키패드, 카드 리더기, 생체인식 판독기 등이 연결되거나 그들의 기능을 포함할 수도 있다. ACD에는 대부분 전자 잠금장치, 퇴실 버튼, 출입문 접점, 카드 리더기, 무선주파수 리더기 등의 장치가 접속된다.
- ACD는 출입구나 출입문 등에 설치되어 ACD에 연결된 전자 잠금장치나 각종 센서, 마그네틱 스위치, 카드 리더기 등에 대한 이벤트 정보 및 신호를 ACS 서버나 통제시스템에 전송하고 그에 대한 응답 신호에 따라 출입구나 출입문 개폐 등의 출입통제 기능을 수행한다. 또한 ACD는 각 단말장치의 이벤트를 감지하고 그 정보를 통제시스템에 전송하여 출입구나 출입문 개폐 등의 상태를 알 수 있도록 하고 있다.
- ACD는 통제시스템 또는 ACS 서버에 접속되며, ACD는 단말장치의 무전압 접점Dry Contact 또는 RS-485 신호 등을 수용할 수 있고, RS-485 또는 이더넷 포트 등의 인터페이스를 제공할 수 있다. 지금까지 대부분의 리더기나 차단기 등에 의해 감지된 이벤트 신호 또는 제어신호 전송에는 RS-422, RS-485 방식 등이 사용되었고, 통제시스템으로 볼 수 있는 ACS 관리 서버는 주로 RS-232 방식을 사용

하여 인터페이스되었다. 따라서 이들 신호를 상호 변환할 수 있는 장치인 변환기Converter의 사용이 필요했다. 그러나 최근에는 이더넷 포트Ethernet Port를 갖춘 ACD 등의 장치들에 의해 IP 네트워크와 인터페이스가 가능하게 되어 원격 감시 및 제어가 보다 편리하게 되었다.

- IP형 ACD는 RS-485, RS-422 등의 신호를 IP 포맷으로 변환하는 기능을 수행한다. 따라서 기존의 각 장치들은 ACD의 이더넷 포트를 통하여 IP 네트워크와 연결되고, IP 방식으로 제어 신호를 전송할 수 있다.
- 또한 IP형 ACD(또는 IP 방식 제어장치)는 이더넷 포트 접속이 가능하여 IP 네트워크를 활용할 수 있고, 이더넷 랜 또는 WAN을 통해 ACS 서버나 통제시스템에 접속할 수 있어 시스템 구성이 간편해졌다. 그리고 ACD에 접속된 단말장치들의 이벤트들은 인터넷 프로토콜에 의해 이벤트 정보 및 관련 신호를 전송할 수 있으며, ACS 서버나 통제시스템과 통신하여 그에 접속된 전자 잠금장치 등의 단말장치를 제어할 수 있다.
- 이러한 IP형 ACD는 현재 널리 사용되고 있는 인터넷 등의 IP 네트워크를 활용할 수 있어 새로운 통신회선을 설치할 필요가 없고, 제어장치 수에 대한 제한이 없다는 특징이 있다. 또한 IP 방식은 이벤트 발생 시 등에만 트래픽이 발생하게 되므로 불필요한 폴링Polling(데이터 유무 확인)으로 인한 네트워크 트래픽을 줄일 수 있다.
- 일부 IP형 ACD는 통제시스템에 대한 종속성을 줄이기 위해 P2PPeer to Peer 통신 옵션을 갖는 경우도 있다. 또한 원거리에 각기 떨어져 있는 여러 현장에 대하여 통합된 ACS 구축이 용이하고 멀리 떨어져 있는 장소(해외나 본사 등의 통제센터)에 백업Backup ACS시스템 구성이 가능하다.
- 그러나 IP형 ACD 방식은 과도한 트래픽 발생이나 네트워크 장비 장애 시 발생하는 지연 등의 네트워크 상태에 따른 영향이 크고 보안이 상대적으로 취약하여 보안대책이 필요하다.

6) 리더기

리더기는 식별기술의 유형에 따라 분류될 수도 있으나 각 리더기들이 수행할 수 있는 역할 및 기능에 따라 다음과 같이 분류해볼 수 있다.

- 기본형(비지능형) 리더기: 일반적으로 기본형 리더기는 카드번호 또는 PIN을 읽고 그 정보를 제어장치(출입통제장치 또는 제어판)로 전달한다. 생체인식용 리더기인 경우는 판독기라 할 수 있고 사용자(출입자)의 ID 번호를 출력하여 ACD로 전송하는 것이 보통이다. 이와 같은 출입통제 리더기가 그동안 많이 사용되어왔으며 데이터를 ACD에 전송하는 데 사용되는 프로토콜은 RS-232, RS-485 방식 등이 있다.
- 반지능형 리더기: 대부분의 반지능형 리더기는 출입문 기계장치(잠금장치, 도어 접점, 퇴실 버튼)를 제어하는 데 필요한 모든 입력과 출력을 갖추고 있지만 출입에 대한 결정을 내리지 않는다. 사용자가 카드를 제시하거나 PIN을 입력하면 리더기는 해당 정보를 ACD를 통해 통제시스템으로 전송하고 응답을 기다려 반응한다. 보통 이와 같은 반지능형 리더기는 RS-485 버스를 통해 ACD에 연결되며, RS-485 표준을 사용하면 최대 1,200m까지 케이블을 연결하여 통신할 수 있다. RS-485 회선의 최대 장치 수는 32개로 제한되나 통신 라인이 다른 시스템과 공유되지 않으므로 안정성과 보안성이 높은 특징이 있다.
- 지능형 리더기: 지능형 리더기는 보편적으로 출입문 기계장치를 제어하는 데 필요한 모든 입력 및 출력을 갖추고 있다. 또한 지능형 리더기는 독립적으로 액세스 결정을 내릴 수 있도록, 그에 필요한 메모리와 처리능력을 갖추고 있는 것이 일반적이다. 지능형 리더기는 반지능형 리더기와 마찬가지로 RS-485 버스를 통해 ACD에 연결된다.
- 차세대 지능형 리더기: IP 리더기라고도 불리며 인터넷 프로토콜을 사용하여

이벤트 정보 등을 전송한다. 일반적으로 IP 리더기가 있는 시스템에는 ACD 또는 기존의 제어판이 없이 통제시스템과 직접 통신한다. 또한 IP 리더기는 이더넷 랜 또는 WAN을 통해 통제시스템 또는 ACS 서버에 직접 연결된다. 대부분의 IP 리더기는 PoE 인터페이스가 가능하여, 잠금장치 및 여러 유형의 감지기에 대한 배터리 백업 전원을 제공할 수 있다. IP 리더기는 기본 리더기보다는 약간 복잡하며 가격이 비싸고, 주변 환경조건 등에 민감하여 주로 실내용으로 많이 사용되고 있다.

7) 통제시스템은 출입통제를 수행하는 주 시스템으로 ACS 서버나 ACS 컴퓨터 등이 될 수 있다. 통제시스템에는 출입통제 솔루션 및 소프트웨어가 설치되어 출입자 인증, 출입허가, 출입거부 등의 기능 수행과 출입정보, 출입자 정보 등에 대한 관리를 할 수 있다. 또한 통제시스템에 모든 ACD가 접속되며 각 ACD에 연결된 단말장치들의 이벤트를 수신하고 그 이벤트에 대한 응답을 전송하여 출입을 승인하거나 거부하는 등의 통제를 한다. 이러한 통제시스템은 CCTV시스템과 연동하여 작동되도록 구성할 수 있으며 CCTV 카메라는 출입구, 출입문, 실내의 필요한 곳에 설치하여 출입차량이나 출입자를 관찰할 수 있다.

8) 모니터링 시스템은 출입통제시스템의 동작 상태나 이벤트 발생 처리 등을 운용자에게 알리거나, 운용자가 보안정책, 새로운 규칙Rule의 입력 및 갱신, 각 장치의 상태 점검 확인 등 필요한 작업을 수행할 수 있다. 보통은 PC급의 컴퓨터로 통제시스템에 접속되며, 보안관제센터 등에 위치한다. 또한 제어장치에 의해 CCTV 감시시스템의 영상정보를 검색하거나 통제시스템과의 연동동작으로 필요한 장소의 해당 카메라에 대한 팬/틸트/줌 기능을 작동시킬 수 있다.

| 정문 출입통제

플랜트와 같은 대규모 중요시설에는 그 내부로 진입하기 위한 입구와 외부로 나가기 위한 출구가 여러 군데 있을 수 있다. 보통은 대표적인 입구나 출구를 주 출입구나 정문Entrance Gate으로 볼 수 있으며, 정문 등에 대한 일반적인 출입통제장치 구성의 예를 [그림 4-7]에 나타내었다.

1. 출입구 출입통제장치 구성

1) 이 구성도의 예는 ACS 통제장치(ACS 차량 출입구 통제장치와 출입통제장치), ACS 서버, 모니터링 시스템 간의 통신을 위하여, IP 네트워크를 통한 인터넷 프로토콜에 의해 출입을 통제할 수 있는 시스템 구성을 나타내고 있다.

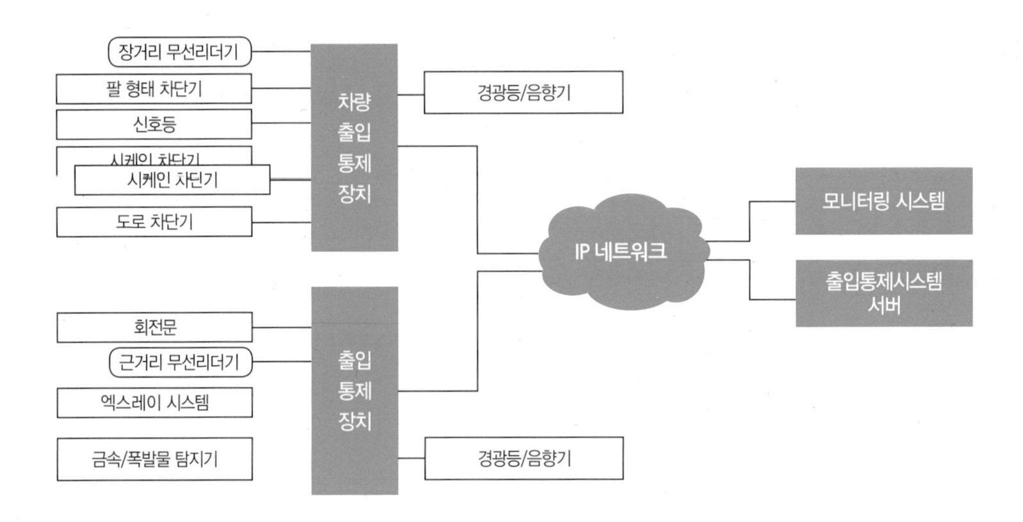

| 그림 4-7 | 주 출입구 출입통제장치 구성도의 예

2) 차량 출입구 통제장치는 차량 등을 제어하기 위한 IP형 ACD로 장거리 무선리더기, 팔 형태 차단기, 도로 차단기, 신호등, 시케인 차단기, 경광등, 음향기 등의 장치가 접속된다.

3) 주 출입구 등 주로 출입자를 통제하기 위한 곳에 설치된 ACD는 회전문, 근거리 무선리더기, 경광등, 음향기 등이 접속된다. 엑스레이 시스템이나 금속/폭발물 탐지기는 독립적으로 운용된다.

4) 엑스레이 시스템은 출입자들의 소지품을 검사할 수 있으며 반입 및 반출이 불허된 물건이 있는지 등을 검사한다. 금속/폭발물 탐지기는 출입자의 휴대품이나 출입자가 소지한 금속 또는 폭발물 등을 검출하기 위해 사용된다.

2. 인터페이스

1) 각종 차량 진입장벽에 대한 센서, 무선리더기, 출입제한장치 등과 ACD와의 접속은 RS-485 방식이나 무전압 접점 등으로 인터페이스되는 것이 보통이다.

2) ACD와 네트워크의 접속은 이더넷 포트를 통하여 IP 네트워크와 인터페이스되며, ACS 서버와 모니터링 시스템에 인터넷 프로토콜 방식으로 접속하여 통신한다.

3) ACD는 RS-485, 무전압 접점, 이더넷 등의 인터페이스를 제공하며, RS-485 방식에 의한 센서 등 각 장치의 이벤트 신호 등을 IP 포맷으로 IP 네트워크에 전송하고, IP 포맷으로 수신된 통제시스템의 응답을 RS-485 신호로 변환하여 ACD에 연결된 센서나 각 장치에 전달하는 기능을 한다.

3. 출입통제

1) 주 출입구나 정문을 중심으로 한 보안구역에는 일반적으로 장거리 무선리더기에 의해 차량의 접근을 인식하고, 각종 장애물, 도로 차단기 등에 의해 차량의 속도를 줄이게 한다.

2) 도로 차단기는 네트워크에 연결하여 통제센터, 경비실, 안내센터 등에서 데스크톱 제어판에 의해 작동시킬 수 있다.

3) 일반적으로 도로 차단기나 장애물 전후에는 차량을 감지하기 위하여 루프Loop 안테나 케이블에 의한 루프 검지기가 설치되며, 교통 신호등을 함께 설치하여 차량의 정지 또는 출발신호를 표시해준다.

4) 시케인 차단기는 주로 이중급커브 등을 형성하여 차량의 속도를 줄이는 역할을 한다. 그 외의 장애물은 주로 차량의 접근을 통제하기 위하여 설치되며 팔 형태 차단기, 돌출형 빔 차단기 등이 있다.

5) 또한 차량 출입을 통제하기 위한 미닫이문, 그리고 출입자 보안을 강화하기 위한 회전문, 엑스레이 시스템, 아치형 금속탐지기 등에 의해 출입을 제한하거나 통제할 수 있다. 회전문은 'Baffle Gate'라고도 하며 한 번에 한 사람씩 통과할 수 있는 것이 대부분이다.

6) 출입구나 출입문의 보안구역에서 수집된 이벤트 정보는 통제장치에 접속된 케이블이나 전송장치 또는 네트워크를 통하여 통제시스템으로 전송된다.

7) 통제시스템은 미리 설정된 인가자 정보 및 정책규칙에 의해 자동으로 출입을 허용하거나, 감시시스템을 운용 및 관찰하는 보안 담당자 등에 의해 수동으로 출입

여부를 통제할 수 있다. 또한 차량이나 출입자의 신원확인 및 통제를 보다 효과적으로 할 수 있도록 CCTV 카메라 시스템과 연동하여 활용하기도 한다.

| 주요 보안구역 출입통제

1. 출입통제장치 구성

1) 주요 보안구역에 접근하는 보행자에 대한 출입통제는 주로 출입문에서부터 시작되며, 출입문에는 보통 ACS 통제장치ACD를 포함하여 출입을 제어하는 장치들이 설치된다. 주요 보안구역에 대한 출입통제장치의 구성계통도의 예는 [그림 4-8]과 같다.

2) 일반적인 보안구역의 출입구에는 ACD, 근접 카드 리더기, 전자자기 잠금장치, 퇴실요청 버튼, 비상용 도어릴리즈, 경광등, 음향기 등이 설치된다.

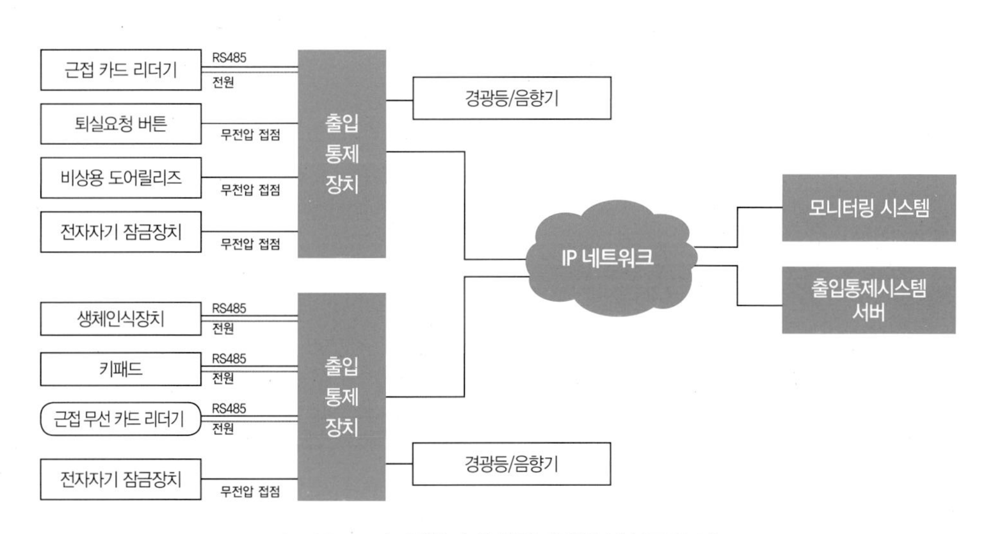

| 그림 4-8 | 보행자 출입통제장치 구성도의 예

3) 중요한 시설의 보안구역이나 보안등급이 높은 곳의 출입문 등에는 카드 리더기, 키패드, 생체인식장치 등을 추가로 설치하여 보안수준을 높이고 출입통제 단계를 달리하기도 한다.

2. 인터페이스

1) ACD는 통제장치와 카드 리더기, 퇴실요청 버튼, 전자자기 잠금장치, 키패드 등의 장치와는 RS-485 신호 방식 또는 무진압 접점으로 접속할 수 있는 인터페이스를 제공한다. 또한 ACD는 ACS 서버 등과 통신을 위해 IP 네트워크에 접속할 수 있는 이더넷 포트도 제공한다. ACS 서버나 모니터링 시스템은 IP 네트워크에 접속하여 출입을 허가하거나 출입을 제한하는 등의 통제기능을 수행할 수 있도록 한다.

2) 접촉식 카드 리더기, 근접 무선 카드 리더기, 생체인식 단말장치 등은 RS-422 또는 RS-485 신호 방식들이 많이 사용되고 있다. 비상용 도어릴리즈, 전자자기 잠금장치, 퇴실요청 버튼 등은 무전압 접점에 의한 전류의 흐름으로 작동하거나 전류 흐름의 차단으로 해당 장치가 작동하기도 한다.

3. 출입통제

1) 보안구역의 출입문에는 CCTV 카메라, 출입문 전자 잠금장치, 무선 카드 리더기, 키패드, 생체인식장치 등을 설치하여 운용함으로써, 인가자를 구분(인증)하여 출입을 허가하고, 비인가자에 대해서는 출입을 통제한다.

2) 무선 카드 리더기는 인가된 출입카드를 인식하여 출입 잠금장치가 해제되도록 동작하며, 비인가 또는 비정상 카드에 대하여는 경보를 발생시키고 출입 잠금장치의 해제가 작동되지 않도록 한다. 생체인식장치는 인가자의 홍체, 정맥, 지문 등

생체정보에 의해 등록된 인가자를 식별할 수 있다.

3) 이러한 장치들에 의해 출입을 요청한 자가 인가자로 확인되면 통제시스템은 전자 잠금장치를 잠금해제 상태로 작동시켜 인가자를 출입할 수 있도록 출입문을 개방한다.

4) 키패드 장치는 암호를 입력하여 출입문을 열 수 있다. 비인가자 등이 잘못된 암호 Password를 입력하거나 유효하지 않은 출입보안카드를 제시하는 경우에는 경광등이나 사이렌을 작동시켜 경고할 수 있다.

5) 또한 출입문 개폐상태를 모니터링하기 위해 자석식 도어 스위치를 사용할 수 있으며, 입구의 입장만 제어되는 것이 일반적이다. 출구와 입구가 같이 제어되는 경우는 출입문 입구 쪽과 출구 쪽에 각각 카드 리더기가 사용될 수 있다. 출구가 제어되지 않는 경우에는 자유롭게 나갈 수 있도록 하거나 퇴실요청 REX: Request to Exit 버튼 등의 장치가 사용된다.

6) 출입통제시스템을 도입한 출입문 등의 출입시설에는 안전기능을 갖추는 것이 매우 중요하다. 재난에 의한 비상상황이나 화재 등의 위급상황으로 탈출이 필요한 때에는 누름 버튼 같은 탈출요청장치 또는 동작 감지기 등에 의해 해당 출입문의 출입시설을 개방할 수 있어야 한다.

7) 퇴실요청 버튼을 누르거나 동작 감지기가 문에서 동작을 감지하여 문을 개방하는 동안에는 문 열림 경보가 일시적으로 무시되는 것이 일반적이다. 비상시 등에는 문을 전기적으로 열지 않고도 문을 열고 나갈 수 있도록, 기계적으로 자유 출구 상태가 되도록 출입통제시스템에 기능을 부여하는 방안 등을 고려함이 바람직하다.

1. 출입통제절차 및 시스템 동작

1) 플랜트의 보안구역 설정, 보안구역 출입자 선정, 출입 제한 및 차단에 대한 보안 정책 등은 플랜트 운영주체의 보안규정, 보안정책, 관련 법규 등을 따른다. 따라서 플랜트 시설에 접근하거나 출입이 필요한 사람들은 관련 규정 및 보안정책에 따른 인가절차를 밟아야 한다. 플랜트 시설에 출입하는 경우의 출입통제절차의 예는 [그림 4-9]와 같다.

2) 차량이나 보행자가 보안구역에 출입을 하고자 할 때에는 ACS에 등록되어 발급된 보안출입카드를 인식할 수 있도록 제시하거나 비밀번호 입력을 통해 출입 승인을 요청한다. 키패드에서 인식된 비밀번호 정보나 리더기에서 인식된 보안출입카드 정보는 IP 네트워크 등의 보안 네트워크로 전송되고, ACS 서버에서는 제시된 비밀번호나 출입카드 정보에 의한 출입 허용 정보 목록과 비교하여, 제시된 출입 승인 요청에 대한 인증절차를 거쳐 승인 또는 거부한다.

3) 일반적으로 통제 출입구 등의 출입접근장소에는 CCTV 카메라가 설치되는 것이 보통이며, 모니터링 시스템에서 출입자나 출입차량 등의 영상을 확인하여 출입을 통제하는 데에 효과적이고 유용하게 사용된다. 출입 요청에 대해 비인가자이거나 유효하지 않은 보안카드인 경우에는 출입 승인이 거부되고 출입문은 잠긴 상태로 유지된다. 출입 요청 정보와 접근제어 목록이 일치하는 경우에 출입통제장치는 도어락Door Lock 등의 잠금을 해제토록 작동시켜 출입 요청자의 출입이 가능하도록 해준다.

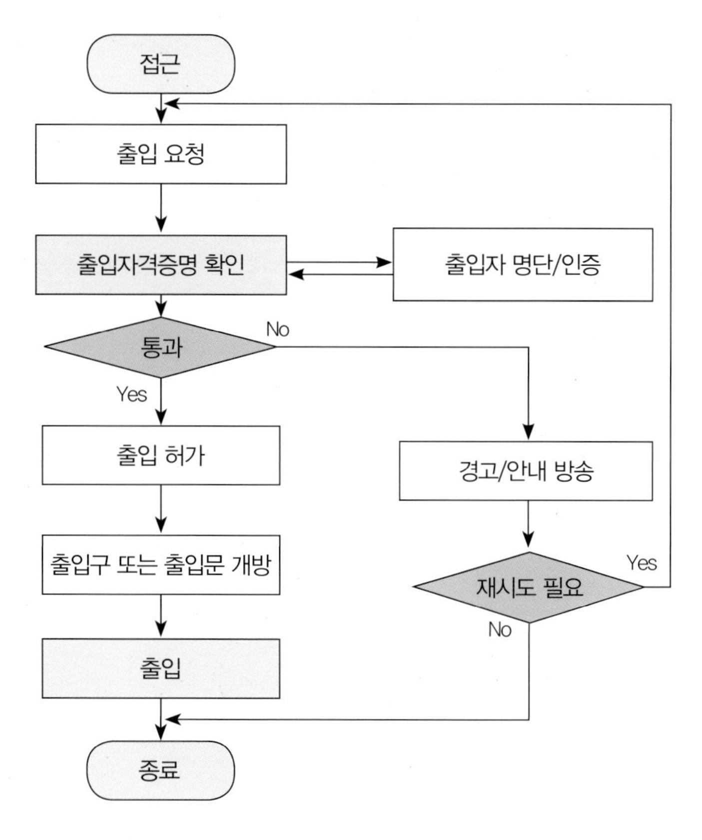

| 그림 4-9 | **출입통제절차의 예**

4) 또한 출입이 거부된 경우에 출입통제장치나 카드 리더기의 적색 LED가 깜박거리고, 출입이 허용되는 경우는 출입통제장치나 카드 리더기의 녹색 LED가 깜박이는 등의 피드백을 제공한다. 그리고 계속적인 승인 요청을 하여 거부되는 경우에는 경고방송이나 안내방송이 작동되도록 한다.

2. 출입자 인증

1) 일반적으로 출입 요청 정보에 대한 출입자를 인증하는 데에는 앞의 '출입통제시

스템'의 '1. 출입통제의 개념'에서 설명한 바와 같이 세 가지 유형 또는 요소를 들 수 있다.

- 암호, 암호 구문, 개인식별번호PIN 등 사용자가 알고 있는 것
- 스마트카드, 열쇠, 스마트폰, 시계 등 사용자가 가지고 있는 것
- 생체 측정으로 검증된 지문, 정맥, 홍체 등 사용자에게 존재하고 있는 것

2) 여기에서 암호는 정보시스템에 의해 출입자의 신원을 확인하는 일반적인 방법으로 많이 사용되고 있다. 그러나 암호의 노출이 용이한 점 등으로 인하여 타 유형에 비하여 보안성은 떨어진다. 생체 측정을 통한 생체정보에 의한 인증이 보안성이 가장 높으나 타 방식에 비해 비용이 많이 소요된다.

3) 출입자의 요청에 대한 출입 허용이나 출입 거부의 결정은, 출입 요청자의 권한정보를 시스템의 접근제어 목록과 비교하여 판단이 이루어지는 것이 보편적이다.

4) 이러한 출입 승인의 요청 및 조회는 ACS 서버나 출입통제장치 또는 보안카드 리더기가 수행할 수 있다.

3. 보안위험

1) 출입통제시스템의 보안 수준을 높이고, 출입통제를 위한 여러 방안을 적용하여 구축을 하여도 보안위험은 존재하게 된다.

2) 비인가자가 출입통제시스템을 통하여 침입할 수 있는 가장 보편적인 보안위험은, 합법적으로 승인을 받은 인가자가 출입문을 통과할 때 비인가자가 따라 들어오는 것이다. 이를 테일게이팅Tailgating이라고 하는데, 테일게이팅을 방지하거나 줄이기

위해서는 인가자 및 사용자들에 대한 보안의식 교육을 철저히 해야 하며, 십자형 회전식 문과 같은 물리적 수단을 도입하여 이를 최소화할 수 있다.

3) 그 다음으로 꼽을 수 있는 일반적인 위험은 문을 열어놓는 것이다. 이에 대한 대책으로 문의 개폐상태를 모니터링하여 경보를 발생시키거나 강제로 닫는 기능을 갖춘 출입통제시스템을 구축하면 위험을 예방하거나 개선할 수 있다. 이러한 방안을 적용한 출입통제시스템은 문 개방 탐지오류율이 높거나 데이터베이스 구성의 오류 또는 침입감지 모니터링의 부족 등의 요인에 따라 그 효과 및 효율성이 달라진다.

4) 이와 같은 문제요인들을 해소하기 위하여 대부분의 최신 출입통제시스템은 다음과 같은 사항을 통합적으로 관리할 수 있는 기능을 갖추고 있다.

- 출입문이 지정된 시간보다 길게 문이 열려있는 상태인지 여부
- 그 개방상태의 여러 가지 유형을 설정하여 사전에 시스템에 등록 · 관리
- 출입문 개방에 대한 정보나 경보를 시스템 운용자에게 알림

5) 또한 자연재해도 빈번하게 일어나는 보안위험 중의 하나이다. 천재지변으로 인한 위험을 줄이기 위해 건물 구조와 그 구조에 맞는 보안장비, 보안시스템, 그리고 보안 네트워크를 구축하고 그에 대한 신뢰성, 안정성, 생존성 등의 품질을 확보할 수 있도록 한다.

6) 출입보안카드의 취약점은 널리 알려져 있고 다양한 보안위험이 있는 것이 현실이다. 이러한 문제들을 해결하기 위해서는 보안카드와 PIN의 이중인증 방법을 사용하는 것이 바람직하다. 또한 보안구역의 출입통제 지점에 CCTV 카메라를 설치하여 보안카드 등에 의한 인증과 함께 얼굴인식 솔루션 등을 적용하여 출입자를 확인하는 방법도 보안성을 높이는 데에 도움이 된다.

4. CCTV시스템과의 연동

1) 플랜트의 주요 보안구역에 접근하는 차량이나 출입자에 대하여 보다 효과적으로 출입을 통제하고, 주요 통제지점의 상황 등을 영상으로 기록하여 추후에 확인해 볼 수 있도록 CCTV시스템과 ACS시스템을 연동하여 운용할 수 있다. 앞에서 제시한 [그림 4-6]은 주요 보안구역의 출입구 및 출입문 위치에 CCTV 카메라를 설치하고 그 시스템을 ACS와 연동하여, 통합관제센터 등에서 출입통제지점의 상황을 관찰하고 출입을 통제할 수 있는 구성의 예를 보이고 있다.

2) 각 출입구(예를 들면 주 출입구, 각 주요시설별 또는 보안구역별 접근 출입구) 등의 해당 보안구역의 특정 지점에 CCTV 카메라를 설치하여 촬영된 영상은, 각 보안구역의 출입통제실에서 CCTV 데스크톱의 모니터로 확인할 수 있다. 또한 특정 지점이나 특정 물체, 출입자 등을 좀 더 세밀하게 다시 촬영하여 화면 확대 등을 통해 출입 여부를 판단하는 등 출입통제에 유용하게 활용할 수 있다.

3) 출입통제 및 보안 수준을 높이기 위해서는 CCTV 촬영개소를 늘리거나 정밀한 영상 및 화상 확보를 위한 카메라 성능을 높이고, CCTV시스템의 기능을 확장하고 스마트 솔루션 등을 적용하면 그 효과를 얻을 수 있다. 그러나 이러한 방안은 출입통제 효과 및 효율성을 향상시킬 수 있는 반면에 상대적으로 비용이 상승하게 된다. 따라서 용도와 목적에 맞는 적정한 시스템으로 설계하여 설치하고 운영하는 것이 바람직하다.

제3절 | 침입탐지시스템

| 중요시설 보호

가. 중요시설에 대한 물리적인 경계 및 보안을 위해 널리 사용되는 방법은 금속 등으로 울타리Fence를 만들거나 또 다른 물리적 장벽을 형성하는 것이다. 이는 보안경계선에 대한 접근이나 침입을 예방하고 침입자를 차단하는 역할을 한다. 대개의 경우 침입자는 울타리를 파손하여 틈을 만들고 통과하거나 울타리를 등반하는 등의 행위로 대부분의 물리적 장벽을 무력화할 수 있다. 따라서 이 같은 행위를 예방하거나 방지할 수 있는 보편적인 방법으로 전자보안시스템을 도입하고 있다. 대부분의 전자보안시스템은 주요 시설의 보안구역에 비인가자 등이 접근하여 들어오기 전 또는 후에 침입자를 발견하는 데 중점을 두고 있다.

나. 주요 시설물들의 대상 시설을 효과적으로 보호하기 위하여 대부분의 경우에 물리적 보안대책방안을 마련하여 적용하고 있다. 특히 전자적인 보안시스템을 적용하기 위하여 경보시스템 구축, 물리적 장벽 설치, 주요 시설물 주변의 울타리 설치, 조명 및 비디오 감시와 같은 방어조치 등으로 대응하고 있다.

다. 물리적 보안방법에 있어, 침입자에 대한 접근이나 침입을 탐지하는 새로운 방식

중의 하나로 광섬유 케이블에 의한 침입탐지시스템을 적용할 수 있다. 이는 광섬유 케이블을 기반으로 한 침입탐지 방법이며 침입에 의한 영향이 울타리 등에 포설된 광케이블에 변화를 주게 되어, 케이블 내에서 전송되는 빛의 패턴 및 변경사항을 감지한다. 그리고 디지털 신호 처리기술을 사용하여 그 결과를 평가해서, 실제적으로 침입자가 광섬유 센서를 잘랐는지, 침입자의 울타리 등반에 의해 발생한 이벤트인지, 바람이나 동물 같은 가짜 경보에 의해 발생한 이벤트인지를 구별할 수 있다.

라. 보안시설이나 주요 시설물에 침입자가 접근하거나 침입하는 행위 등을 예방하거나 방지할 수 있는 보호방법은 물리적 억제력으로 시작하고, 울타리나 장벽, 벽과 문 등에 대하여 계층화된 보안방법으로 접근하는 것이 중요하다. 그 방법의 예를 들면, 일차적인 보안은 물리적 울타리에 의하고, 다음 단계는 침입탐지시스템에 의해 침입을 탐지하고, 마지막 단계로 CCTV시스템에 의해 확인하는 접근방안이 단일 방식의 보안방법보다 매우 큰 효과를 낼 수 있다.

마. 침입탐지 유형

침입탐지 유형은 울타리 적용방식, 적외선IR(간단하게 Infrared로 표시하기도 한다)에 의한 탐지방식, 마이크로파Microwave에 의한 탐지방식, CCTV 분석에 의한 방식, 레이더 탐지방식, 매립 케이블 방식 등을 들 수 있다. 울타리 적용방식은 광섬유나 마이크로폰, 가속도계Accelerometer에 의한 방식을 들 수 있다.

일반적으로 이와 같은 침입탐지 유형들을 적용함에 있어, IR, 마이크로파, 울타리, 레이더, 매립 케이블 순으로 비용이 많이 소요된다. CCTV 분석방식은 CCTV시스템을 새롭게 구축하거나 기존에 구축된 CCTV시스템을 활용하는 방법, 또는 기존 시스템에 대한 영상분석 소프트웨어 라이선스를 확장하여 적용하는 방법 등에 따라 그 각각의 소요 비용은 큰 차이를 나타내게 된다.

1) 적외선 방식

적외선은 가시광보다 긴 파장을 가진 전자기 방사EMR: Electro Magnetic Radiation이므로 보이지 않는 경우도 있다. 이 방식은 주로 근거리에 사용되며, 능동Active형 적외선과 수동형 적외선PIR: Passive Infrared 센서를 사용하여 방출된 IR 방사 또는 반사된 IR 빔의 변화를 모니터링하여 침입을 탐지할 수 있다.

2) 마이크로파 방식

마이크로파에 의하여 대상물의 부피를 측정하여, 침입자의 침입행위를 판단할 수 있으며, 주로 1차 탐지나 2차 탐지방안으로 활용된다. 이는 주로 지형적으로 울타리를 설치하기 어려운 곳이나, 상당히 넓은 구역의 긴 울타리를 필요로 하는 곳에 많이 사용된다. 마이크로파 방식에 의한 침입탐지 범위는 보통 직선거리로 4m에서 500m까지 적용이 가능하다.

3) 울타리 적용방식

가) 마이크로폰 케이블 방식

울타리에 적용되는 마이크로폰 방식은 주로 마이크로폰 케이블을 매우 특수한 방식으로 울타리에 설치하며, 침입이 발생하는 경우에 기계적 진동 및 잡음 등을 전기적 신호로 변환하여 마이크로폰 케이블 방식의 시스템에 탐지 이벤트를 전송하여 침입을 판단할 수 있도록 한다. 이 방식은 울타리에 쉽게 설치할 수 없는 제약이 있으나 불규칙한 울타리에도 직선거리로 1m에서 1,000m 범위에 적용이 가능하다.

나) 가속도계 방식

가속도계 방식도 울타리에 적용이 가능하며, 마이크로 전자기계시스템MEMS: Micro

Electro Mechanical System[1], 기술이 적용된 가속도계의 상태 변화를 측정하여 침입 여부를 판단할 수 있다. 이 방식은 마이크로폰 케이블 방식과 유사하여 직선거리 1m에서 1,000m 범위에 적용이 가능하며, 울타리나 벽, 건물에 개별적으로 구성하여 설치할 수 있다.

다) 광섬유 방식

울타리에 설치하는 마이크로폰 케이블과 유사하게 작동한다. 이는 광케이블 내에 투사된 빛의 반사를 측정하며, 침입 등에 대한 광섬유 케이블의 영향에 의한 빛의 변화를 감지하여 침입탐지 여부를 판단할 수 있다. 이 방식은 타 방식에 비하여 정밀도가 높고 매우 정확하고 민감하며, 다른 방식보다 더 많은 구역에 적용할 수 있다. 그러나 광케이블 센서 가격이 비싸고 설치비용이 많이 소요된다. 이 방식의 적용범위는 100m에서 5,000m 정도이며, 불규칙한 울타리에도 설치할 수 있는 특징이 있다.

4) CCTV 비디오 분석방식

보안구역 등에 대한 CCTV 영상을 분석하여 침입을 탐지하는 방식으로, 1차적인 탐지방법이나 타 방식의 탐지사항에 대한 검증방법으로 사용할 수 있다. 이는 CCTV시스템을 구축하고, 움직임 감지 소프트웨어 및 영상분석 소프트웨어를 탑재하여야 하며, 해당 소프트웨어 라이선스 확장 등이 필요하다. 따라서 이 방식을 보안구역 울타리 전체에 적용하는 데에는 비용이 많이 든다. 이 방식의 적용범위는 50m에서 2,000m 이상이며, 기존의 CCTV시스템을 활용할 수 있으나 기상조건의 영향을 받을 수 있다.

---

1 MEMS 기술은 매우 작은 기계구조물을 제작하는 모든 분야에 응용되는 것이라 할 수 있으며, 기존의 반도체 공정 등에서 발전을 이루어 센서, 논리회로 및 구동기가 집적된 형태로 발전되었다.

5) 레이더 방식

보통 지상 기반의 레이더가 적용되며 24GHz 또는 76GHz의 주파수를 많이 사용한다. 이는 대부분의 기상조건에서 작동하나 설치 및 유지보수가 어렵고 비용이 많이 드는 특징이 있다. 이 방식의 적용범위는 30m에서 2,000m 정도이며, 주로 넓고 개방된 공간에서 사용할 수 있다.

6) 매립 케이블 방식

센서 케이블을 보안구역 주변에 묻어놓고, 침입자가 알 수 없도록 매립된 센서 케이블 주변에 보이지 않는 탐지영역을 생성하여 옥외 경계를 하는 침입탐지 방식이다. 침입자가 탐지영역에 침입하면 매립된 케이블 센서가 작동하여 경보를 발생시키며, 침입자의 침입위치(해당 지역, 부문, 영역 등)를 알 수 있게 된다. 이 방식의 적용범위는 보통 3m에서 800m 정도이며, 침입자가 경계구역을 알 수 없고 쉽게 조작할 수 없는 장점이 있으나 설치비용이 많이 소요된다.

| 울타리 침입탐지시스템

울타리 침입탐지시스템FIDS: Fence Intrusion Detection System은 보안대상지역과 외부 간의 경계를 표시하는 외곽 울타리를 통해 외부로부터 허가 없이 침입하는 침입자 등에 대한 침입을 감지(침입 이벤트를 FIDS 및 관계자에게 통지)하여 조치를 취할 수 있도록 하는 시스템이다.

1. FIDS 구성

1) FIDS의 주요 구성방안으로는 장력시스템, 복합센서시스템, 광케이블 센서, 광 네트워크 시스템, 마이크로 케이블 센서 시스템, 자력식 케이블 센서 시스템 등을 활용하여 침입탐지시스템을 구성할 수 있다. 최근에는 광섬유 방식의 시스템이 많이 사용되고 있으며, [그림 4-10]은 광섬유 센서 케이블을 적용한 FIDS의 구성도의 예를 보이고 있다.

2) FIDS는 [그림 4-10]에서 보는 바와 같이 울타리에 광섬유 센서 케이블을 설치하고 경보처리 유닛APU: Alarm Processing Unit 또는 신호처리 유닛SPU: Signal Processing Unit에 접속하는 것이 일반적이다. APU와 SPU는 그 기능은 같으며 보통 이더넷 포트를 통하여 산업용 이더넷 스위치IES: Industrial Ethernet Switch와 인터페이스가 가능하다.

3) APU는 울타리에 접근 및 침입을 시도하는 침입자나 동물 등을 광케이블 센서에서 감지하여 그 이벤트 정보를 IP 포맷으로 네트워크에 전송한다. 네트워크에 접속된 FIDS 워크스테이션Workstation에서는 전송되어온 이벤트 정보를 관리하고 화면에 표시한다.

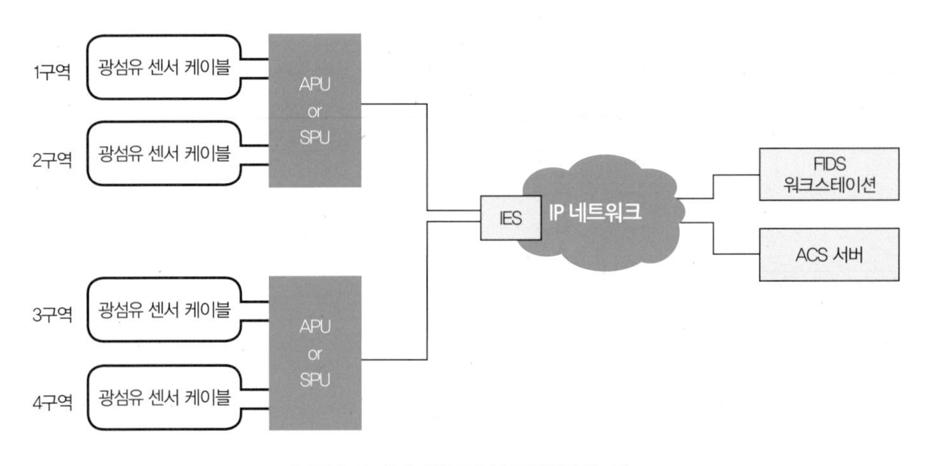

| 그림 4-10 | FIDS 구성계통도의 예

2. 침입탐지

1) FIDS의 핵심기술은 바람, 진동 및 동물에 의한 잘못된 작동 및 오경보를 최소화하는 것이다. 보통은 침입감지 효과를 높이기 위하여 CCTV와 경고방송시스템, 경비초소 등을 혼합하여 운용하기도 한다. 그 예로 경고방송의 경우, PA시스템과 연동하여 외곽 울타리 등 침입지역에 접근하는 비인가자에게 자동 또는 수동으로 PA시스템에 저장된 경고음 및 경고메시지를 방송할 수 있다. CCTV 활용의 경우에는, FIDS에 의해 침입 이벤트 발생을 감지하였거나 침입자의 침입행동이 감지되었을 때에 CCTV시스템과 상호 연동된 카메라 위치에서 침입위치를 추적하고, 해당 지점에 대한 영상을 촬영할 수 있다.

2) 앞에서 설명한 바와 같이 [그림 4-10]의 예를 보면, APU에서 전송되어온 침입감지 정보에 대하여 FIDS 워크스테이션은 침입탐지 및 관리 소프트웨어(침입탐지 규칙, 각 이벤트별 조치사항 등이 반영된 소프트웨어)를 활용하여 각 상황별 기준 등에 따라 침입탐지를 결정하고 조치를 취할 수 있다. 이와 같이 FIDS는 침입 이벤트를 분석하여 경보를 발생시키거나 침입정보를 FIDS와 연동된 관련 시스템으로 전송한다.

3) FIDS, ACS, CCTV시스템이 연동되어있다면, FIDS에서 전송된 침입정보에 따라 ACS 서버의 접근통제관리 소프트웨어 등에 의하여 해당 절차가 가동되고, 침입이 감지된 지점에 대하여 CCTV 카메라로 필요한 영상을 촬영하고 확인하여 효과적인 출입통제를 수행할 수 있게 된다.

3. 광섬유 방식 탐지시스템의 종류

광섬유 방식에 의한 침입탐지시스템은 광섬유 루프 탐지시스템, 광섬유 기계식 트랩 루프 시스템, 광섬유 지능형 동작감지 루프 시스템, 광섬유 지능형 동작감지 반사측정 시스템 등을 들 수 있으며, 각 시스템의 특징은 다음과 같다.

1) 광섬유 루프 탐지시스템

- 이 시스템은 개방 또는 폐쇄를 감지하는 간단한 기능을 가지며, 울타리(철조망 또는 담 등)에 광섬유 케이블로 구성하여 설치된 루프가 손상되거나, 광섬유 케이블의 절단 등으로 인한 루프의 끊어짐이 발생하면, 이를 감지하여 침입 여부를 탐지할 수 있는 시스템이다.
- 이 방식의 시스템은 타 방식의 시스템에 비해 광섬유 케이블을 자르지 않고 침입탐지를 피하기가 상대적으로 쉽다. 즉 울타리를 넘어가거나 울타리 구조물을 절단하는 동안에 광섬유 케이블이 손상되거나 루프가 끊어지지 않은 상태를 유지하면 정상적인 상태로 감지될 수 있기 때문이다.
- 이와 같은 침입탐지 회피방법에 대한 대응방안으로, 울타리 구조물에 대하여 침입탐지 범위를 넓혀서 설치하거나 광섬유 루프 탐지 케이블을 눈에 띄지 않도록 설치하는 방법 등을 적용할 수 있다. 이 방식은 탐지범위 내에서의 잘못된 경보는 거의 발생하지 않는 특징이 있다.

2) 광섬유 기계식 트랩 루프 시스템

- 이 시스템은 광섬유 루프 탐지시스템과 유사하나 기계적인 트랩을 적용하여 탐지능력을 향상시켰다.
- 이 시스템은 기계적인 등반탐지기를 사용하여 등반 시도를 탐지할 수 있고, 광

케이블을 절단하거나 루프가 끊어진 위치를 확인할 수 있다.

- 이는 울타리를 등반하는 것은 감지되지만 바람이나 동물들에 의한 잘못된 침입경보가 발생할 수 있다. 또한 침입자들이 이 시스템을 우회하거나 회피하는 시도를 방지하려면 시스템이 눈에 띄지 않아야 하나, 시스템이 보이지 않도록 설치하기는 매우 어려운 특징이 있다.
- 이 시스템의 가장 큰 약점은 잘못된 경보 발생과 이에 대하여 기계적인 트랩을 수동으로 초기화시켜주어야 하는 절차가 필요하고, 문이나 덮개 및 출입구가 포함된 울타리에 이 시스템을 적용하기가 쉽지 않은 점이다.

3) 광섬유 지능형 동작감지 루프 시스템

이 시스템은 광 빔을 변조하는 움직임과 진동에 민감한 광섬유 케이블을 사용하여, 그 케이블을 통해 빛을 전송한다. 광섬유 케이블을 통해 전송된 빛은 원거리의 종단에서 검출되어, 그 빛이 송신 측으로 되돌아오는Loop Back 구조로 되어있다. 이 시스템은 송신 측으로 되돌아와 수신된 빛에서 침입 등에 의한 영향으로 인한 빛의 변조를 검출한다. 검출된 변조신호에 대한 디지털 신호 처리를 통하여, 침입자가 울타리를 자르거나 오르려고 시도하는 것을 감지하여 경보를 발생시킬 수 있다.

4) 광섬유 지능형 동작감지 반사측정시스템

이 시스템은 광섬유 케이블을 루프 백 하지 않는 방식에 의해서도 광섬유 지능형 동작감지 루프 시스템과 동일한 기능을 제공할 수 있는 시스템이다. 또한 울타리를 자르거나 오르려고 시도할 때 광 빔의 반사를 일으키도록 동작하고, 진동에 민감한 광섬유 케이블에 의해 빛의 반사를 감지한다. 광섬유 지능형 동작감지 루프 시스템과 기능 면에서 동일하지만, 원거리 종단에서 검출기를 필요로 하지 않으며, 기능의 손실 없이 설치를 단순화할 수 있다.

4. 광섬유 탐지시스템의 특징

1) 광섬유 루프 시스템은 낮은 수준의 침입탐지가 요구되는 곳의 소규모 울타리에 대한 침입탐지 등에 유용하다.

2) 광섬유 기계식 트랩 루프 시스템은 등반에 대한 침입탐지가 가능하나 트랩의 오류가 발생한 경우에 수동으로 트랩 감지기를 재설정해야 하는 문제점이 있다.

3) 광섬유 지능형 동작감지 루프 시스템과 광섬유 지능형 동자감지 반사측정시스템은 비용이 많이 소요된다. 그러나 다양한 유형의 침투 시도를 감지하고, 침입탐지를 회피하거나 정상적인 침입탐지를 방해하는 활동 등을 최소화하는 데에 유용하게 사용된다.

4) 광섬유 루프 방식, 트랩 루프 방식, 동작감지 루프 방식, 동작감지 반사측정 방식 등에 대한 광섬유 남지시스템을 비교해보면 [표 4-3]과 같다.

| 표 4-3 | 광섬유 탐지시스템의 비교

구분	탐지	취약점	오경보	운영	비용
루프	양호	보통	우수	문제점 있음	낮음
트랩 루프	양호	양호	취약	양호	보통
동작감지 루프	우수	우수	우수	우수	높음
동작감지 반사측정	우수	우수	우수	우수	높음

5. FIDS 설치 시 고려사항

- 울타리의 형태 및 특성
- 울타리의 전체 거리 확인, FIDS 설치간격의 산정
- 어떤 침입탐지 방식을 적용할지의 고려
- 시스템 설치방법 및 효과, 설치비용 등
- FIDS 시스템에 공급되는 전원, 전원공급장치(UPS 적용 등)
- 접속단자함 설치 지점 및 개수
- 접속단자함에는 외부로부터의 낙뢰 등에 의한 서지Surge 보호장치 필요
- 기타 플랜트의 지형적 특성 등의 사항

| 마이크로파 침입탐지시스템

일반적으로 마이크로파 침입탐지시스템MIDS: Microwave Intrusion Detection System은 주요 시설물의 울타리를 통한 침입을 탐지하는 방법으로 마이크로파 방식을 적용한 시스템이며, 주로 대상물의 부피를 측정하여 침입을 감지하고 침입 여부를 판단할 수 있다.

1. MIDS 구성

1) 마이크로파 방식의 침입탐지시스템은 송신기, 수신기, 침입탐지 관련 장치 등의 하드웨어, 대상 체적검출 어플리케이션 등의 침입탐지 소프트웨어와 탐지된 침입 이벤트 분석 및 처리 등의 소프웨어를 탑재한 MIDS 서버, 운용자에게 이벤트 발생 또는 경보 발생을 알려주거나 관련 정보를 제공하여 조치를 취할 수 있도록 해주는 MIDS 워크스테이션 등으로 구성된다.

2) MIDS 구성계통도의 예는 [그림 4-11]과 같으며, 여기에서는 침입을 감지하기 위한 센서 부분과 침입 이벤트를 처리하고 제어하기 위한 제어 부분인 MIDS 서버 및 MIDS 워크스테이션의 접속에 IP 네트워크를 이용하고 있다.

3) MIDS의 송신장치와 수신장치는 각각 야외장비함체FEB: Field Equipment Box와 산업용 이더넷 스위치IES: Industrial Ethernet Switch를 통하여 IP 네트워크에 접속되며 송신장치 및 수신장치가 한 쌍을 이루어 동작한다. 통신장치와 수신장치는 탐지 대상물의 체적 측정 영역을 형성하도록, 보통은 폴에 장착Pole-Mounted해서 서로 마주 보게 설치하는 것이 보편적이다.

4) FEB에는 일반적으로 MIDS의 장치와 광섬유 링크 장치 등이 장착되며 야외에 설치되어 운용된다. MIDS 시스템 장비와 송신장치 및 수신장치와는 대부분 RS-232 방식 또는 RS-485 방식으로 인터페이스되고, 광섬유FO: Fiber Optic 변환기를 사용하여 RS-232 신호 또는 RS-485 신호를 IP 포맷으로 상호 변환한다.

5) MIDS 시스템은 주로 울타리가 있는 야외에 설치되므로 네트워크에 접속할 수 있는 거리가 먼 경우에는 광섬유 링크를 사용하여 보안 네트워크 등에 IP 네트워크 장비의 이더넷 포트를 통하여 접속한다.

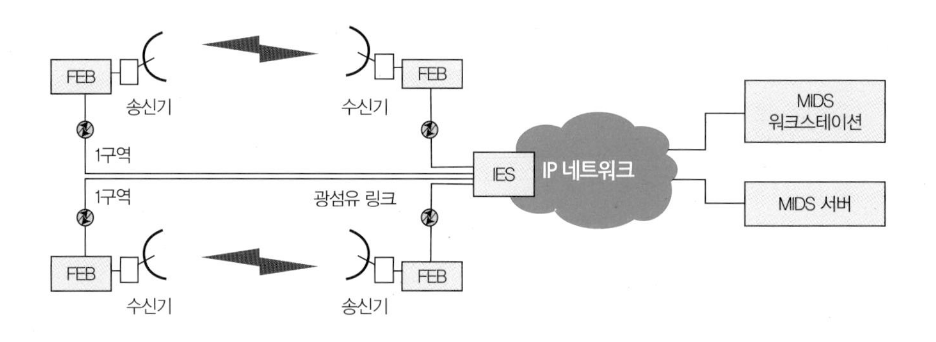

| 그림 4-11 | MIDS 구성계통도의 예

6) 산업용 이더넷 스위치는 IP 네트워크의 소규모 스위치인 네트워크 장비를 말하며, 송신기 또는 수신기가 접속된 FEB와 이더넷으로 인터페이스된다.

7) MIDS 워크스테이션은 주로 관제센터 등의 관제실에 위치하며, MIDS 서버는 네트워크 장비 등이 있는 통신실에 위치하는 것이 보통이다. 이들은 각 MIDS들을 네트워크로 묶어 원격지의 한곳에 집중화하여 각 시스템을 제어하거나 운용할 수 있다.

2. 침입탐지

1) 마이크로파 침입탐지시스템은 마이크로파의 전파 특성을 활용하여 보안지역으로 설정된 경계대상 구역에 접근하는 침입자를 탐지할 수 있는 시스템이다.

2) 이 시스템은 송신단에서 송출하는 마이크로파를 수신단에서 수신하고, 위상고정루프PLL: Phase Locked Loop 신호 처리 등에 의해 송출된 전파 신호의 감소 또는 증가, 침입자의 움직임으로 인한 도플러 변이Doppler Shift 신호의 감지 등에 의하여 침입자 탐지가 가능하다.

3) MIDS는 대부분의 경우에 전파방해Jamming에 의하여 전송된 신호의 손실도 감지할 수 있는 기능을 갖추고 있다. 침입감지 범위는 안테나 크기, 설치 위치, 송출 신호 전력, 수신장치의 수신감도 등에 따라 달라진다.

3. 특징

이 방식은 일반적으로 마이크로파에 의하여 경계 설정영역 내에서 탐지된 물체 등에 대한 부피를 측정하여 침입자의 침입을 판단한다. 마이크로파의 전파 특성이 적용되기 위해서는 송신시스템과 수신시스템 사이에 장애물이 없어야 하며, 서로 마주 보는 가시성을 확보하여야 한다. 따라서 보통은 지향성이 우수한 파라볼라Parabolic 안테나가 사용되며 송신 및 수신안테나가 서로 마주보도록 설치하여 운영한다. 마이크로파 침입탐지시스템은 지형적으로 울타리 설치가 곤란한 곳에 유용하게 적용할 수 있다.

| 레이더

1. 개요

1) 레이더RADAR: RAdio Detection & Ranging라는 용어는 전파법 시행령 제2조(정의) 20항에 "결정하려는 위치에서 반사 또는 재발사되는 무선 신호와 기준 신호와의 비교를 기초로 하는 무선측위 설비를 말한다."라고 정의되어 있다.

2) 이는 주로 전자파에 의해 멀리 있는 물체와의 거리를 계측하여 표시해줄 수 있어 비행기의 위치를 파악하거나, 사람이 접근할 수 없는 심해까지의 수심을 알아내거나, 강수량을 예측하는 등의 기능을 수행하는 시스템에 많이 사용되고 있다.

3) 일반적으로 침입탐지용 레이더는 대상물을 향해서 전자파를 발사하고 목표물에서 반사된 전자파(반사파)를 수신하여, 그 세기나 형태 등을 측정해서 대상물까지의 거리나 형상을 표시해준다.

4) 플랜트 시설을 보호하기 위하여 사용되는 레이더는 울타리 보안을 강화하거나 보완하기 위한 방안으로, 주로 해안가에 위치한 플랜트 시설에 대한 해상 침입 등을 예방하기 위하여 설치 운용되는 경우가 많다.

2. 침입탐지

1) 일반적인 레이더는 강한 전자파를 발사하고 물체에 반사되어 되돌아오는 전자파를 분석하여 대상물과의 거리를 측정한다. 기상용 레이더는 빗방울이나 눈송이로부터 반사되는 반사파의 전력밀도를 측정하여 그 지점에서의 강수량을 검출할 수 있다.

2) 이와 같은 레이더의 특성을 활용하여 보안지역의 대상 보안구역에 대하여 레이더 전파를 발사하고 침입자 등에 의해 반사되어오는 반사파를 계측하여 침입자의 접근 등에 대한 침입탐지에 적용할 수 있다.

3) 비교적 원거리의 보안구역에 대한 침입자를 레이더로 신속히 탐지하고자 하는 경우에는 낮은 주파수의 전자파를 사용하는 것이 효과적이다. 그러나 레이더에 낮은 주파수의 전자파를 사용하면 파장이 길어 전파의 감쇄를 줄일 수 있으므로 먼 곳까지 탐지범위를 확대하여 침입자를 탐지할 수 있지만, 정밀한 측정이 되지 않아 해상도가 떨어진다.

4) 침입자나 동물 등의 침입탐지 목표물에 대한 형태나 크기, 거리 등을 정밀하게 측정할 경우에는 높은 주파수의 전자파를 사용하는 것이 좋다. 높은 주파수의 전자파는 파장이 짧아 공기 중에 포함되는 수증기, 눈, 비 등에 흡수 또는 반사에 의해 감쇄가 커지므로 탐지범위는 축소되지만 높은 해상도를 얻을 수 있는 특징이 있다.

제4절 | 인터콤 및 무정전 전원장치

| 인터콤

인터콤Intercom은 내부통신장치Intercommunication Device를 이르는 말로, 간단한 형태로는 도어폰을 예로 들 수 있다. 건물 등의 출입구 및 출입문, 플랜트 출입구나 주요 보안시설의 출입문 등에 출입 요구 및 확인을 위하여 도어폰이나 인터폰 목적으로 많이 사용된다.

1. 구성

1) 인터콤은 일반 공중용 전화통신망과는 달리 폐쇄망 형태와 같이 별도로 회선을 구성하여 시스템에 접속한다. 이는 주로 주요 보안구역에 출입하는 출입자와 통화하기 위해 출입문 등에 설치하여 사용되는 음성통신시스템이다. 이러한 인터콤이 플랜트에 적용되는 경우를 예로 들면, [그림 4-12]와 같은 구성으로 시스템을 설치하여 운용할 수 있다.

2) [그림 4-12]의 시스템 구성 예는 IP 방식의 인터콤시스템을 나타내고 있으며, 주요 구성요소는 서버, 주 장치, 호출 패널, 네트워크 장비를 들 수 있다.

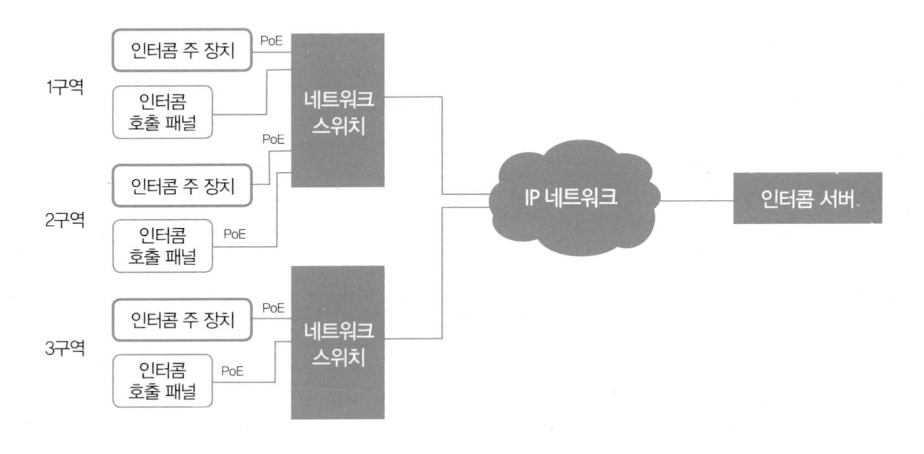

| 그림 4-12 | **인터콤시스템의 구성 예**

3) 인터콤은 PA시스템, 무전기, 전화기 및 다른 인터콤시스템과도 통합하여 운용할 수 있다. 또한 출입문에 설치하는 인터콤시스템은 도어락 같은 장치 등을 제어할 수 있는 기능을 갖출 수도 있다.

4) 전통적인 인터콤은 아날로그 형태의 음성통화용으로 사용되어왔으며, 최근의 인터콤시스템은 비디오 및 음성을 함께 전달할 수 있는 등 새로운 기능과 여러 인터페이스를 제공할 수 있도록 구현되고 있다.

5) 최근에 많이 사용되고 있는 인터콤시스템은 이더넷 인터페이스에 의해 IP 네트워크에 접속할 수 있어 원거리에 있는 통합제어시스템이나 출입통제시스템과 연동하여 운용할 수 있다. 이 시스템은 비디오 및 오디오 신호를 생성하고 전송하여 보안구역 등에 출입을 시도하는 방문자를 식별하고 출입을 통제하는 데에 적용할 수 있다.

6) 인터콤시스템은 전화 기능을 갖추고 있으며 주로 스피커를 사용하여 증폭된 음성 등을 보내고 받는다.

2. 인터콤 서버

1) 일반적으로 인터콤시스템을 제어할 수 있는 장치는 주로 인터콤 스테이션을 들 수 있는데, 인터콤 서버는 IP 방식의 인터콤 스테이션이라 볼 수 있다.

2) 인터콤 서버는 IP 네트워크에 접속할 수 있는 이더넷 포트를 갖추고 있으며 출입구 및 출입문 제어, 경보, 회의, 개별통화 등의 기능을 갖추고 있다.

3) IP 방식의 인터콤 서버는 보통 수십 대의 IP 가입자를 수용할 수 있고, 음악이나 경보 등의 음성주파수 입력이 가능하며 이더넷과 RS-232 인터페이스를 제공할 수 있다.

3. 주 장치

1) 인터콤 주 장치는 보통 마스터 스테이션 또는 베이스 스테이션이라고도 말하는데, 인터콤 호출 패널 또는 종속 패널Slave Panel 등의 종속장치를 제어할 수 있는 장치이다.

2) 인터콤 주 장치는 각 구성장치들 중의 하나와 통신을 시작하거나 전체 구성장치들에 알림을 보낼 수 있는 기능을 갖는 장치로, 마이크로폰, 확성기, 증폭기, 표시화면 등으로 구성된다.

3) 주 장치에 내장되는 스피커는 수 와트W급이고, 표시화면은 문자와 화상을 표시할 수 있는 것이 보통이다.

4) 일반적으로 IP형 인터콤은 랜에 접속할 수 있도록 IP 프로토콜을 지원하며, 인터콤에서 처리 가능한 주파수 범위는 보통 전화기의 음성주파수 대역인 300~3,400Hz보다 넓은 200~16,000Hz 정도를 지원할 수 있다.

5) IP 방식의 주 장치는 IP PABX, VoIP 서버 또는 콜 매니저Call manager 등과 호환성을 가질 수 있으며, 본 장치의 전원은 PoEPower over Ethernet 방식으로 공급할 수도 있다.

4. 인터콤 호출 패널

1) 인터콤 호출 패널은 종속 패널 또는 서브 스테이션Sub Station이라고도 불리며 주 장치와 통화를 할 수 있는 장치이다.

2) 이 장치는 호출 버튼, 마이크로폰, 확성기, 증폭기, 상태표시기 등으로 구성되는 것이 보편적이다. 상태표시기는 보통 LED가 사용되며 정상일 때는 녹색, 동작 오류나 미작동 등은 적색으로 표시되는 것이 많다.

3) 일반적으로 호출 패널은 통화를 위하여 300~3,400Hz의 음성주파수 대역을 지원하며, 출입문 등의 출입 허용을 위한 릴레이 출력Relay Output을 제공한다.

4) IP형 호출 패널은 IP 프로토콜과 PoE 인터페이스, 그리고 이더넷 인터페이스, 듀얼톤 다중주파수 신호DTMF: Dual-Tone Multi-Frequency Signalling 복호화Decoding 등을 보편적으로 지원한다.

| 무정전 전원장치

1. 개념

1) 일반적으로 무정전 전원장치UPS: Uninterruptible Power Supplies는 상용 전원에서 발생할 수 있는 정전 등의 전원 공급상의 문제를 해결하여 고품질의 안정된 전력을 공급하는 장치를 말한다.

2) UPS는 예기치 않은 전원 장애로 인하여 운용 중인 시스템이 멈추거나, 상용전원 공급 중단으로 인한 데이터 손실을 방지하기 위하여 통신장비, 보안장비, 기타 전기장치와 같은 하드웨어의 동작상태를 유지하는 데 주로 사용된다. UPS는 소규모의 컴퓨터시스템을 보호하는 장치부터, 데이터센터 등의 대규모 설비에 안정적인 전력을 공급하는 대형 UPS 장치에 이르기까지 다양한 형태의 설비가 있다.

3) 대부분의 UPS는 직류DC 전원과 인버터에 의한 교류AC 전원을 발생시킨다. 보통은 상용전원이 회복될 때까지 전원을 공급하며, 배터리 용량은 비상용 발동발전기를 가동시키기에 충분한 시간 동안 전원을 공급할 수 있는 용량으로 설계한다.

4) UPS를 사용하면 컴퓨터 등의 주요 장치나 중요설비 등에 공급되는 상용전원이 정전되는 등의 문제점이 발생하여도, 중요설비에 공급되는 전원의 끊어짐이 없이 안정된 전력이 공급되므로 해당 장비가 올바르게 작동되거나 종료될 수 있다. 따라서 UPS는 공급전원으로 인한 문제 발생을 해결하거나 안정적인 전원을 공급하는 역할을 해주는 장비로 볼 수 있다.

2. UPS의 구성

1) UPS의 개념적인 구성

[그림 4-13]과 같으며 컨버터, 인버터, 배터리, 제어장치 등으로 구성된다.

2) 컨버터

컨버터Converter는 교류입력전원을 직류로 변환하여 인버터 및 배터리에 전력을 공급하며, 보통은 정류기Rectifier 또는 충전기Charger라고 부르기도 하는 AC-DC 컨버터를 말한다.

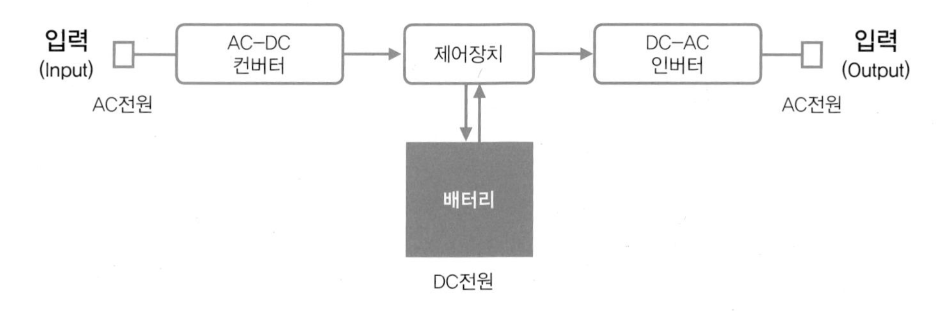

| 그림 4-13 | UPS 구성 개념도의 예

3) 인버터

인버터Inverter는 교류입력전원을 변환한 직류전원이나 배터리의 직류전원을 공급받아 교류전원의 출력을 얻도록 변환해주는 장치이며, 일정한 전압 및 일정 주파수(보통은 50Hz 또는 60Hz가 사용된다)의 AC전원으로 사용할 수 있다. 인버터는 흔히 DC-AC 인버터로 불리기도 한다. 인버터의 출력은 전원의 문제로부터 보호할 주요 장비 등에 대한 입력전원으로 공급된다.

4) 배터리

배터리는 AC-DC 컨버터를 통하여 인버터에 공급하는 교류입력전원의 정전이 발생하는 경우 등에 인버터에 직류전원을 공급한다.

5) 제어장치

일반적으로 제어장치는 교류입력전압의 변동이나 정전 등 전원에 문제가 발생한 때에 이를 감지하고, AC전원 공급에 중단이 없도록 배터리에서 인버터로 전원을 공급하거나, 인버터의 동작상태 등을 감지하여 UPS 기능이 정상적으로 작동할 수 있게 제어해주는 장치를 말한다.

3. UPS의 종류

일반적으로 UPS는 온라인 방식, 오프라인 방식, 라인 인터랙티브Line Interactive 방식 등을 들 수 있다.

1) 온라인 방식

- 보통은 상용 교류전원을 입력으로 공급받아서 DC로 변환하여 배터리를 충전하고, 그 DC전원을 인버터에 공급하여 AC로 변환된 전력을 출력전원으로 사용할 수 있는 방식이다.
- 이 방식은 배터리의 충전과 인버터의 전원 공급을 상시 동작시키므로 정전이 발생하면 배터리에서 인버터를 통하여 AC전원 공급이 가능하여 주요 장비 등에 AC전원 공급의 중단을 방지할 수 있다.
- 또한 이 방식은 주로 중대형 UPS에 적용되며 대형 전산실이나 플랜트 설비의 통신시스템 등 고품질의 전원이 필요한 경우에 사용된다. 이는 공급전원의 주파수가 일정하게 유지되는 안정적인 전원이 필요한 장비들에 대한 전원 공급에 많이 사용된다.
- 온라인 UPS는 DC-AC 인버터에 DC전원을 공급하여 AC전원으로 변환하며 DC전원은 배터리를 사용한다. 그리고 배터리가 설계된 용량의 전력을 공급할 수 있도록 충전기 또는 정류기(AC-DC 컨버터라고도 불린다)를 사용하여 배터리를 충전한다. 충전기는 상용전원의 AC전원을 입력으로 공급받아 배터리에서 사용되는 DC전원으로 출력되도록 변환하여 배터리를 충전할 수 있다.
- 따라서 온라인 UPS는 상용전원을 공급하여, AC-DC 변환, 배터리 충전 및 DC전원 공급, DC-AC 변환과정을 거쳐 보호할 장비에 AC전원을 공급하게 되므로 이중변환 방식이라고도 한다.
- 배터리는 항상 인버터에 연결되어 있고 평상시에는 DC전원을 일정하게 유지

하기 위하여 배터리 충전이 이루어지기도 하지만, 과전류로 인한 배터리 과열 등을 방지할 수 있도록 충전전류를 제한하기도 한다.

- 온라인 UPS의 장점은 입력전력의 전압 변동이 심한 환경에서도 전압 및 주파수 변동 등에 민감한 장비에 대해 안정적인 품질의 전력을 공급할 수 있는 것이다. 또한 초기 비용이 타 방식에 비해 더 높을 수 있으나, 보통은 배터리 수명이 길어져 총 소유 비용은 낮은 특징이 있다.
- 이 방식의 기본기술은 타 방식의 UPS와 동일하나, 보다 더 큰 용량의 AC-DC 충전기 및 배터리 그리고 인버터가 필요하며, 냉각시스템이 지속적으로 작동하도록 설계되어야 하므로 타 방식보다는 비용이 더 많이 소요된다.

2) 오프라인 방식

- 오프라인 방식의 UPS는 평상시에 상용교류전원을 사용하다가 정전이나 공급된 입력전원의 변동이 허용치를 초과하는 등의 문제가 발생하는 경우에, 배터리와 인버터에 의해 교류전원을 입력으로 공급하는 방식이다.
- 오프라인 UPS는 소용량 및 중용량에 많이 사용되었던 방식으로, 대기방식 UPS라고도 하며 현재는 주로 소용량의 전력이 필요한 장비 등에 사용되고 있다.
- 이 방식은 보호할 장비에 상용전원으로 직접 전력을 공급하고 그 입력전원의 정전이나 전압 변동 폭이 미리 정해진 허용치를 초과하는 경우 등에 UPS가 작동하게 된다. 이 경우 보호할 장비에 공급되는 전원은 상용교류입력에서 DC-AC 인버터 출력의 교류전력으로 전환된다. 장비에 공급되는 전원의 전환은 보통 릴레이 등의 기계적 장치에 의해 이루어지는데, UPS가 상용입력전원의 손실을 감지하는 시간에 따라 전환시간이 설곗값보다 더 걸릴 수도 있다.
- 오프라인 UPS는 서지 보호나 배터리 백업에 의한 UPS의 기본적인 기능만 제공하므로 그 비용이 비교적 저렴하다. 그러나 상용전원의 손실 감지 및 전환에

시간이 필요하다는 단점이 있다.

3) 라인 인터랙티브 방식

- 이 방식은 온라인 방식과 오프라인 방식의 장단점을 보완하여 교류입력전원이 정상적인 경우에 출력전압을 일정하게 유지할 수 있도록 자동전압조정 기능을 내장하고 있다.
- 이는 작동 상태가 오프라인 UPS와 유사하나, 보통은 제한된 용량의 배터리 전력 소모를 줄이고 저전압에 대하여 일정 전압을 유지하고 과전압 서지를 방지할 수 있다.
- 라인 인터랙티브 방식은 기존 전원설비의 구성요소를 활용할 수 있으므로 저렴하게 구성할 수 있으며, 주로 소용량의 UPS에 적용할 수 있다.
- 이 방식에서 사용되는 자동전압조정기AVR: Automatic Voltage Regulator는 입력전압 범위를 다양하게 적용할 수 있도록 설계할 수 있으나, 이는 UPS가 복잡해지고 비용이 증가하는 요인이 된다.

4) DC전원 방식

- 전원 공급이 필요한 주요 설비 등이 DC입력전원으로 작동하는 경우에 적용되는 UPS로, AC-DC 컨버터와 배터리로 DC 장비에 전원을 공급한다. 이는 출력 인버터가 필요 없으며, UPS의 출력전압과 배터리 전압을 전원공급이 필요한 장비의 입력전압과 일치시키면, 해당 장비에 대하여 별도의 전원공급장치가 없어도 필요한 DC전원을 공급할 수 있다.
- 이 방식은 DC-AC 인버터 등의 전력변환 단계가 생략되므로 효율성이 향상된다. 통신시스템 등에 적용할 수 있으며, 주로 48V DC전원이 많이 사용되고 있다.
- DC전원의 사용은 AC전원 전력으로 인한 유도, 감전 등의 위험요인과 고장 가

능성 등이 AC전원보다는 적다고 볼 수 있다.

- 그러나 AC전원의 전압(115V, 230V, 380V 등)보다는 DC전원이 저전압(24V, 48V 등)이므로 동일한 전력의 전원이 필요한 경우는, DC전원의 전원공급 케이블이 AC전원보다 많은 전류의 흐름을 감당해야 하므로 굵은 동 케이블이 필요하고, 더 많은 에너지가 열로 손실된다.

4. UPS의 특징

1) 일반적으로 우리가 흔히 사용하는 상용전원이나 특정 발전장치에 의한 교류전원 등은 다음과 같은 문제나 장애가 발생할 수 있다.

   - 정전
   - 입력전원의 순간전압 강하 또는 상승
   - 입력전원의 전압 스파이크 또는 지속적인 과전압
   - 공급전원의 주파수 변화 및 불안정
   - 전원공급 케이블에서 발생되는 고조파 왜곡 및 유도잡음 등

2) UPS의 주된 역할은 입력전원에서 발생할 수 있는 위와의 내용과 같은 문제나 장애에 대비하여 UPS에 접속된 주요 장비 등에 단기간 전원을 공급하는 것이다. 대부분의 UPS는 일반적인 전원 문제로부터 주요 설비를 보호하거나 문제를 해결할 수 있도록 설계할 수 있으며 그 기능들을 다양하게 갖출 수 있다.

3) 정전 발생 등의 경우에 UPS가 배터리로 작동할 수 있는 시간은 배터리의 유형과 그 용량, 방전 속도, 인버터의 효율 등에 따라 다르다.

4) 전원의 문제로부터 보호할 설비나 시스템 등은 그 설계에 있어 인버터 효율, 배터

리 특성, 배터리 용량 등을 고려하여 필요한 UPS의 용량을 산출하여야 한다.

5) UPS 운용에 있어 오래된 배터리와 새로 교체된 배터리를 혼용하여 사용하는 경우에는 그 상호작용을 고려하여야 한다. 일반적으로 오래된 배터리는 저장용량이 감소하는 경향이 있어 새 배터리보다 방전이 빠르고, 새 배터리보다 더 빠르게 재충전되어 완전히 충전된 상태 가까이까지 전압이 상승하게 된다. 이 경우에 충전제어장치는 거의 완전히 충전된 상태의 고전압으로 감지하고 전류 흐름을 감소시키게 되므로, 새 배터리는 천천히 충전되고 여러 번 충전 및 방전이 반복되는 과정에서 새 배터리의 저장용량이 감소하게 될 수 있다. 따라서 배터리 특성 및 충전제어장치 등의 세부적인 검토와 이를 개선하기 위한 구체적인 방안을 UPS 설계에 반영함이 바람직하다.

제5장

플랜트 정보통신 운영관리

제5장에서는 플랜트 정보통신시스템의 설비들을 항시 최적의 상태로 유지할 수 있도록 운용하고 관리하는 사항들을 다룬다. 먼저 운영관리 요소들을 살펴보고, 운영관리 지침에 관한 사항, 시스템 설비의 고장이나 장애가 발생하는 경우의 긴급복구대책, 기술지원에 대한 사항을 상세히 설명한다.

제1절 '운영관리 요소'에서는 정보통신시스템 설비의 운영관리에 필요한 요소로 사용자 관리, 시스템 설비 운용관리, 고장관리에 대하여 설명한다.
제2절 '운영관리 지침'에서는 사용자 관리, 시스템 설비 운용관리, 고장관리에 대한 지침 및 절차들과 운영평가 사항에 대하여 설명한다.
제3절 '긴급복구대책'에서는 긴급복구계획 수립, 비상복구 자재 확보, 긴급복구조치, 장비 수리에 대한 사항을 다룬다.
제4절 '기술지원체제'에서는 유지보수계획과 기술지원체계에 대한 사항을 설명한다.

제1절 | 운영관리 요소

플랜트의 정보통신시스템 설비는 일일점검 및 정기적인 정비 등을 통하여 항시 최적의 상태로 유지할 수 있도록 운용하여야 한다. 전화시스템이나 랜의 네트워크시스템 등의 공통설비는 특정 장비의 고장 등으로 인해 트래픽이 폭주하거나 타 설비에 영향을 주어 통신장애가 발생하지 않도록 예방점검을 철저히 한다.

전화나 인터넷을 이용하기 위하여 플랜트 통신 네트워크를 외부 네트워크와 접속하는 경우에, 네트워크의 구성은 통신사업자 구간의 물리적인 통신경로를 가급적 이원화하고, 각 통신경로별 시스템들은 이중화하여 네트워크 고장 발생으로 인한 플랜트 설비 운용의 영향을 최소화할 수 있도록 하는 것이 필요하다. 또한 시스템 설비 및 네트워크의 고장 등에 대비하여 정보통신설비의 문제가 발생하는 경우에도 신속한 복구가 가능하도록 긴급복구방안을 마련하여 적용하도록 한다.

일반적으로 플랜트 정보통신 시스템의 운영 및 관리에 대한 주요 업무는 다음과 같이 정의할 수 있다.

- 전화시스템 및 네트워크시스템 설비, 보안설비 등의 운용
- 시스템의 장애가 발생한 경우 신속한 복구조치
- 고장 난 설비의 모듈 및 장치의 수리
- 월간, 분기, 연간 계획정비

- 소프트웨어 업그레이드 및 현행화
- 비상연락망 편성 및 운영

통상적으로 정보통신시스템 설비에 대한 운영관리 요소는 크게 사용자User 관리, 시스템 설비 운용관리, 고장관리를 들 수 있다.

| 사용자 관리

플랜트 현장의 정보통신시스템을 이용할 수 있는 사용자에 대하여, 시스템에 접근이 가능하도록 사용자 등록, 통신장치에 대한 접속 허용, 사용자 변경 등의 업무를 수행한다. 또한 해당 시스템 설비의 구성 및 변경관리 등의 업무를 수행한다. 사용자에 대한 구성관리는 구성관리의 계획 및 식별제어, 구성관리 항목의 보관 및 유지를 위한 활동을 한다. 사용자에 대한 변경관리는 변경계획 수립 및 변경 요청 접수, 변경 검토 및 우선순위 할당, 변경 승인 및 통보 등의 업무를 수행한다.

| 시스템 설비 운용관리

시스템 설비의 운용관리는 다음과 같은 업무활동을 한다.

1. 운용상태 관리

- 플랜트 통신시스템 설비 및 보안시스템 설비의 운용상태를 점검하고 관리한다.
- 각 시스템의 운용상태 관리에 대한 요구사항을 수집하고 관리 항목을 정의한다.

- 운용상태 관리를 위한 환경 구현에 대한 시험 및 운용상태를 관리한다.
- 운용상태 관리에 대한 적용 현황을 작성하고 분석하여 개선활동을 한다.

2. 성능관리

- 플랜트 정보통신시스템을 구성하는 단위시스템에 대하여, 성능관리를 위한 요구사항을 검토하여 성능관리계획서를 작성한다.
- 성능을 측정할 수 있는 환경을 구현하여 성능을 측정하고 분석한다.
- 단위시스템 및 전체 시스템에 대하여 성능을 개선할 수 있는 방안을 수립하고 실행한다.

3. 보안관리

- 플랜트 통신시스템 및 보안시스템을 운용하거나 이용함에 있어 지켜야 하는 보안수칙 및 지침과 보안등급 기준을 마련한다.
- 보안수칙과 보안지침 등에 따른 정기·수시 보안점검을 실시한다.
- 보안사고가 발생한 때에는 사전에 수립된 보안사고 처리지침에 따라 처리한다.
- 통신시스템 및 보안시스템에 대한 관리, 통신 네트워크 및 보안 네트워크 관리, 서버관리, 응용 소프트웨어 관리 등의 업무를 수행한다.
- CCTV의 영상자료, 각 설비의 이벤트 기록, 로그 기록 등의 데이터 및 이들에 대한 데이터베이스를 관리한다.
- 사용자 단말장치(PC, 제어시스템장치 등)를 관리한다.
- 인적자원을 관리한다.

4. 백업관리

- 플랜트 통신시스템 및 보안시스템에 대한 백업시스템을 구축하고 이를 운용한다.
- 백업에 대한 표준정책을 수립하고 주기적인 백업점검을 수행한다.
- 정기점검계획에 따라 백업시스템에 의한 복구훈련을 실시한다.

5. 관제센터(상황실) 및 시스템 설비 운용실(통신실) 관리

- 상황실 및 통신실의 장비를 관리한다.
- 운용요원 등의 인가자 관리업무를 수행하고, 인가자 외의 인원에 대한 출입을 통제한다.
- 상황실과 통신실 내부 및 관련 설비에 대한 위험을 식별하고 점검하는 활동을 한다.

| 고장관리

시스템 설비의 고장이나 장애관리를 위하여, 통신시스템 및 보안시스템의 운용에 지장을 주지 않도록 고장 및 장애 처리에 대한 지침과 그 기준을 마련하여 운영한다. 또한 통합시스템 및 단위시스템 설비들에 대한 예방점검계획을 수립하여 적용하고, 주기적인 예방점검활동으로 시스템 설비 성능을 최적의 상태로 유지할 수 있도록 한다. 필요한 경우에는 고장이나 시스템 장애에 대한 모의훈련과 비상복구계획을 수립하여 시행한다. 모의훈련이나 비상복구계획에 의한 훈련을 실시한 경우에는 그 결과를 분석하여 개선방안 등을 마련하고, 시스템 설비 운용에 적용한다.

| 문서관리

정보통신시스템 설비에 대한 사용자 관리, 운용상태 관리, 성능관리, 보안관리, 백업관리, 고장관리 등에 대한 계획이나 추진방안 등에 관련된 문서관리 지침을 마련하여 체계적으로 관리한다. 각 요소별 관리계획이나 관리방안에 따른 시행 및 결과 분석 등의 산출물과 이와 관련된 각종 자료들도 문서관리 지침에 따라 보관할 수 있도록 한다. 또한 일일점검, 주간점검, 월간점검 등의 정기점검이나 수시점검에 대한 점검일지, 출입통제일지, 백업관리일지, 상황일지, 출입자 명부 등의 업무일지와 이에 대한 양식 및 장표를 구체화하여 적용하고, 운용요원들이 기록 관리할 수 있도록 제공함이 바람직하다.

제2절 | 운영관리 지침

플랜트 정보통신시스템 설비의 운용에 있어 기본적인 운용방침이나 운영관리 지침에는 다음과 같은 사항을 포함하여 사전에 구체적인 지침을 마련하도록 한다.

- 플랜트 통신시스템 및 통신 네트워크, 보안시스템 및 보안 네트워크의 정상적인 기능과 성능을 유지할 수 있도록, 각 시스템 설비에 대한 일일점검 및 수시점검에 대한 수행사항을 확인한다.
- 점검 결과 결함이 예상되거나 개선이 필요한 경우에는 신속한 조치를 취할 수 있는 운영 매뉴얼을 마련한다.
- 전체 시스템 및 서비스 운용에 지장을 주는 작업이나 정비, 데이터베이스 적정화tuning 작업 등은 전 시스템의 사용량이 적은 시간에 시행할 수 있도록, 시간대별 사용 트래픽, 최한시 · 최번시 등을 조사하여 정의한다.
- 시스템의 적정화, 업그레이드, 정비 등에 대한 원천공급사의 지원을 받기 위한 연락처의 확보 및 온라인 접속 지원체제를 구축하기 위한 사항 등을 점검한다.

| 사용자 관리

사용자 관리는 플랜트 정보통신시스템을 구성하는 하드웨어 및 소프트웨어의 구성현황, 이력, 구성 파일, 파라미터, 구성도 등을 관리하고, 신규사용자 등록, 사용자 변경, 서비스 자원 등에 대한 구성요소의 각종 변경사항에 대하여 효율적 관리를 위한 절차를 규정한다. 그 적용범위로는 통신시스템 및 보안시스템, 사용자 관리시스템 등의 정보통신시스템 자원을 구성하는 요소, 환경요소 및 인적자원 등을 포함한다. 사용자 관리를 위한 구성관리 및 변경관리의 대상은 플랜트 정보통신시스템의 단위시스템 및 통합시스템에 대한 하드웨어, 시스템 소프트웨어, 네트워크, 응용 소프트웨어, 데이터베이스, 시스템 보안, 데이터, 해당 장비 및 장치 등이다.

1. 구성관리

플랜트 정보통신시스템에 대한 구성관리는 사용자와 관련된 정보통신시스템을 구성하는 대상에 대한 상태를 기록하는 것이며, 이는 그 대상들과 연관된 모든 기록을 포함한다. 플랜트 정보통신시스템의 구성요소는 각각 개별적으로 통제하거나 관리하며, 명확하게 식별할 수 있는 단위로 구축되어 운용되도록 해야 한다. 또한 각 구성요소들의 명칭이나 이름은 명확하고 유일한 식별이 가능하도록 부여한다.
그리고 해당 시스템 설비의 구성요소는 시스템별 구성관리 담당자에 의해 체계적으로 관리되어야 하며, 구성관리 요소가 추가되거나 변경될 때마다 갱신하여 관리하도록 한다. 구성관리를 효율적으로 유지하기 위해서는 변화되는 구성요소들에 대하여 정보통신시스템을 운영하는 조직 내부에서 정기적 또는 비정기적으로 검증하고 점검하는 활동이 필요하다.
정기점검은 전체 구성요소에 대해 해당 조직의 판단하에 선별적으로 검증을 수행할 수 있다. 비정기점검은 업무 수행 도중에 발생하는 구성요소의 불일치가 발견된 경우에 수행하도록 하며, 불일치 요소에 대하여 그 내역을 기록하고 이를 구성관리에 반영한다.

2. 변경관리

변경관리는 플랜트 정보통신시스템을 사용하는 서비스를 제공하기 위한 시스템 설비의 구성으로부터 시스템 설비의 운영에 이르기까지 모든 변경에 대한 요청을 관리한다. 변경사항이 발생하는 경우 운용요원 등의 해당 담당자는 변경 요청 내용을 작성하여 변경관리 담당자에게 변경을 요청한다. 이에 대한 변경 요청은 시스템 설비 이용자 또는 사용자, 설비 운용요원, 운영자 또는 공급자에 의해 발생될 수 있다.

1) 변경 검토 및 우선순위 할당

변경관리 담당자는 변경 요청된 내용이 운용 중인 플랜트 정보통신시스템에 미치는 영향에 대하여 다음과 같은 사항들을 검토하여 우선순위를 할당한다.

- 변경 요청사항이 시스템 사용이나 서비스에 미치는 영향
- 변경 요청사항의 기술적 타당성 검토
- 외부 통신망과의 상호운용성, 접속 등에 대한 영향
- 시험 및 검사방법에 대한 영향
- 응용 소프트웨어, 인프라 아키텍처, 시스템 설비 등에 미치는 영향
- 운용절차에 미치는 영향
- 사전에 정의된 기준에 따른 우선순위 할당에 미치는 영향 등

2) 변경 승인 및 통보

변경이 검토된 후에 변경관리 책임자는 문서화된 결과를 검토하고 변경을 승인할 것

인지 기각할 것인지를 결정한다. 승인이나 기각에 대한 권한은 변경의 중요도에 따라 달라질 수 있으며, 변경 내용 검토를 통해 변경사항을 승인하면 변경 요청자에게 이를 통보한다. 변경 승인 여부의 기록에는 다음과 같은 내용이 포함되도록 한다.

- 현재 구성요소 및 오류 내용
- 변경 요구사항과 처리 진행상태
- 승인되어 변경 진행 중인 내용
- 해당 시스템 설비를 운용하는 운용자 및 관리자
- 변경사항을 지원할 소프트웨어 및 하드웨어의 구성 등

3) 변경작업계획 및 작업 등록

변경작업이 승인된 경우에 한하여, 해당 담당자는 작업 대상에 따른 변경작업계획을 마련하고 변경작업을 시행한다. 변경작업 후에는 변경작업 내역을 기록하고 관리한다.

- 변경작업에 대한 상세내역 및 작업일시에 대한 계획을 수립한다.
- 변경작업 시에 작업 실패에 대비하여 원상복구하는 계획을 수립한다.
- 변경작업에 의한 변경사항에 대한 이력을 관리할 수 있도록 기록한다.
- 시스템 공급업체나 협력업체 등에 의한 변경작업을 시행하는 경우에는 변경작업 요청사항 및 관리절차를 마련한다.

4) 변경 테스트 및 적용 승인

실제의 시스템 운용환경에서 변경된 사항을 적용하기 이전에, 테스트 환경에서 변경작업을 수행하고, 그 결과를 확인하여 변경사항의 적용 여부에 대해 최종 승인절차를 이행한다. 변경 적용 시 문제가 발생할 경우 원상복구계획에 따라 변경 대상 시스템 설비를 원상태로 복원한다.

5) 변경 평가 및 변경사항 기록

변경작업에 대한 평가를 수행하고 변경 요청자에게 결과를 통보한다. 또한 변경사항에 대해 구성 담당자에게 통보하며, 구성 및 변경관리 담당자는 해당 시스템 설비 내 구성에 대한 변경사항을 기록하고 관리한다.

| 시스템 설비 운영관리

1. 운영상태 관리

운영상태 관리는 플랜트 정보통신시스템의 구성요소들에 대하여, 각 단위시스템이나 통합시스템 설비의 운영상태를 모니터링하여 이상 징후를 발견하고, 기록 · 분류 · 조치가 가능하게 함으로써, 전체 시스템의 가용성을 향상시키는 활동이다. 운영상태 관리는 시스템의 이용 등에 대한 서비스 유지기준 및 수준에 따라 지속적으로 운영시스템에 대한 감시활동을 수행한다. 감시활동에는 서비스에 영향을 줄 수 있는 징후들의 포착을 위한 일반적인 모니터링 업무와 함께 장애 감시와 보안 감시활동이 포함될 수 있다. 운영상태 관리업무를 수행하는 동안 이상 징후를 발견하거나 보안 침해사고가 발생한 경우에는 관련 프로세스 또는 해당 업무 담당자에게 통지하는 활동도 병행한다. 운영상태 관리는 정보의 수집 및 상태 점검이 가능한 네트워크 및 보안설비의 하드웨어와 주변 장치, 데이터베이스와 미들웨어, 응용 소프트웨어, 통신실 및 상황실의 관련 설비(UPS, 항온항습기) 등을 포함하여 전산자원의 구성요소에 대한 모니터링 업무와 가용성 유지를 위한 상태 관리업무를 적용한다.

1) 운영상태 관리 항목의 정의

운영상태를 효과적으로 관리하기 위해 운영상태 관리 대상별 관리 항목에 대하여 다음과 같은 내용을 포함하여 세부사항을 정의한다.

- 운영상태 관리 항목과 각 항목에 대한 임계치
- 운영상태 관리 항목에 대한 자료 수집 주기
- 임계치를 초과하는 경우 초과 항목에 대한 전달방식
- 관리 항목에 대한 운영상태 관리 적용기간 등

2) 운영상태 관리 수행

운영상태 관리는 주기적으로 운영상태 관리 대상별로 관리 항목에 대한 현황을 작성하여 관리하고 유지하여야 하며, 효과적으로 운영상태를 관리할 수 있도록 지속적으로 업무개선 활동을 한다.

- 사전에 정의된 운영상태 관리 항목에 대한 세부 항목별로 수집된 데이터를 실시간 또는 일정 주기로 분류한다.
- 분류된 데이터를 분석한 후, 다음과 같이 사전에 정의된 세부 항목별로 임계치에 도달되거나 초과된 항목이 발견된 경우나, 기타 운영 중에 비정상 상태를 발견한 경우에는 관련 프로세스 또는 해당 업무 담당자에게 해당 내용을 통지한다.
  - 성능 및 용량과 관련하여 임계치를 초과하는지 여부
  - 단위작업에 대한 시간을 초과하거나 성공하는지 여부
  - 데이터 백업 및 복구 작업에 대한 작업시간을 초과하거나 성공하는지 여부
  - 시스템 설비에 컴퓨터 바이러스 등이 감염되었는지 여부

- 통신시스템 및 보안시스템에 적용된 서버 등의 컴퓨터시스템의 로그 분석을 통해 시스템 운영상태를 확인한다.
  - 로그 분석 결과 취약점이나 침해사고 등의 문제점이 발견된 경우, 그 내용
  - 하드웨어 및 소프트웨어 사용 중 발생되는 오류 내용
  - 육안 점검을 통한 하드웨어 상태표시등 및 각종 경고등의 비정상 상태
  - 기타 운영상태 관리 요청자에 의해 요청된 항목의 비정상 상태 등
- 운영상태 관리 수행 동안에 얻어진 운영상태 데이터와 비정상 상태 데이터를 포함하여 운영상태를 관리한 기록을 작성하고 이를 관리한다.

2. 성능관리

성능관리는 전체 시스템의 효율 및 응답속도 등을 최적의 상태로 유지하고 제공하기 위하여, 낮은 성능을 보이는 요소를 찾아 성능을 개선하기 위한 작업을 수행하거나 성능 분석을 통해 성능의 문제점을 발견하여 개선하는 업무를 말한다. 이 같은 성능관리 업무는 최적의 상태와 시스템 자원을 적시에 확보하기 위한 가용시스템 자원 확보 계획을 수립하고 성능 관련 문제를 사전에 예방할 수 있도록 한다. 그렇게 하면 시스템 설비를 이용하는 사용자의 시스템 활용도와 만족도를 향상시킬 수 있다.

성능관리의 적용범위는 운영관리 대상 시스템의 응용 소프트웨어, 서버, 네트워크 자원 등 낮은 성능을 보이거나, 주기적으로 성능에 관련된 분석이 필요한 시스템 및 해당 시스템의 구성요소를 대상으로 한다. 성능 분석 대상으로 선정된 응용 소프트웨어, 서버, 데이터베이스, 네트워크 등의 구성요소에 대해서는 업무의 중요도 및 운영 환경을 고려하여 적용범위를 조정할 수 있다. 성능관리 업무의 내역 및 절차는 다음과 같다.

1) 성능관리 요구사항의 검토

성능관리계획을 수립하기 위한 성능관리 요구사항 및 성능 측정에 필요한 사항을 정의하기 위하여 다음과 같은 자료를 검토한다.

- 통신시스템 및 보안시스템의 네트워크와 각 설비의 성능 수준 내용
- 과거 성능시험 자료
- 이용자의 만족도 조사 및 시스템 운용요원 등의 성능 분석 요청 내용

2) 성능관리계획서 작성

통합시스템 및 단위시스템에 대한 성능을 측정하고 분석하여 성능관리방안을 수립하는 작업이다. 성능관리계획의 수립은 성능관리 대상 및 측정 항목의 선정, 측정 항목별 임계값, 성능 측정 항목에 대한 측정방법과 측정주기, 성능 측정 결과를 이용한 성능 분석주기 등을 포함하여 성능을 확인하고 관리할 수 있는 사항들을 계획에 반영한다.

3) 성능 정보의 측정 및 분석

성능 정보를 측정하고 그 결과를 분석하기 위하여, 미리 정의된 성능관리 대상별로 성능관리 항목을 측정할 수 있도록 환경을 구현한다. 성능 측정 환경을 구현하기 위하여 사용자에 의한 성능 프로그램의 작성, 성능관리 도구의 활용 등 다양한 방법이 활용될 수 있으나, 성능관리계획 시에 반영된 성능 측정 항목을 효과적으로 측정할 수 있도록 구현한다.

각 시스템에 대한 성능 측정 및 성능 정보수집 환경이 타 시스템이나 데이터베이스, 네트워크, 응용 소프트웨어 등의 성능에 미치는 영향을 최소화하도록 구현하며, 이에 대한 영향을 주는 정도를 점검한다.

그리고 구현된 성능 측정 환경하에서, 성능 정보가 계획된 주기로 수집되는지 여부를

확인한다. 또한 수집된 정보를 이용하여 다음과 같은 항목 등을 분석한다. 분석 항목 등은 운영 환경 및 성능 측정 환경의 특성에 따라 조정될 수 있다.

- 서버 관련: CPU 사용률, 메모리 및 가상메모리 사용률, 디스크 사용률, 디스크 I·O 횟수 및 소요시간 등
- 데이터베이스 관련: 데이터베이스 처리시간, 데이터베이스 구성요소의 단편화 Fragmentation 비율, 디스크 I·O 분산비율, 데이터베이스가 사용하는 CPU 및 메모리 사용률 등
- 응용 소프트웨어 관련: 해당 응용 소프트웨어 로그인, 정보 조회, 정보 등록 및 저장 등 응용 소프트웨어 사용 중 실제 응답시간
- 네트워크 관련: 네트워크를 형성하는 주요 장비의 CPU, 메모리 등의 사용률, 회선 사용률 등

4) 성능 개선방안 수립 및 실행

성능 분석 결과 개선이 필요한 경우에는 성능관리 책임자 및 관련 담당자(시스템 관리자, 데이터베이스 관리자, 응용 소프트웨어 관리자, 네트워크 관리자 등)와 협의하여 개선방안을 작성한다. 시스템 설비의 용량 증설을 통해 성능 향상이 필요한 경우에는 용량 증설이 먼저 수행될 수 있도록 개선방안을 수립한다. 그리고 수립된 성능 개선방안에 의거하여 성능 개선을 실행하고, 성능 최적화 여부에 대한 평가를 위하여 성능을 측정하고 분석하여 성능 개선사항을 확인하고 점검한다.

3. 보안관리

보안관리의 목적은 플랜트 정보통신시스템을 운영하는 주체(소유주, 위탁운영자 등)의 정보자산(정보통신시스템, 네트워크, 응용시스템, 데이터베이스 등)에 대한 정보 보호활동 및 절차

를 체계적으로 관리하여 기밀성 · 무결성 · 가용성을 확보함으로써, 내외부의 무단사용자에 의해 정보자산이 불법 유출 · 파괴 · 변경되는 것으로부터 안전하게 보호하기 위함이다.

따라서 네트워크, 정보통신시스템 및 보안시스템, 데이터베이스를 포함한 정보통신 운영 환경과 응용 프로그램을 안전하고 신뢰성 있게 운영하여 플랜트 통신시스템 및 보안시스템 이용자에게 정보를 안전하게 제공할 수 있도록 관리한다. 보안관리를 효과적으로 수행하기 위해서는 그 관리 대상이 적절히 분류되어야 하고 여러 가지 보안관리 기능과 각각의 대상들에 알맞은 기능이 설정되어야 한다.

보안관리 적용 대상은 주로 정보통신서비스에 관련되는 서버 등의 컴퓨터시스템, 네트워크, 응용시스템, 데이터베이스 등의 정보자산이 되며, 적용범위는 통신시스템 및 보안시스템의 환경에 따라 조정될 수 있다.

4. 백업관리

통신시스템이나 보안시스템의 장애나 화재와 같은 재해로 인해 저장해둔 정보가 소실되거나 손상될 경우에 대비하여 일정한 시간 간격으로 데이터를 복사하여 별노의 매체(백업 디스크 등)에 예비로 저장해두는 백업이 필요하다. 백업관리는 백업된 데이터를 이용하여, 해당 시스템이나 시스템 파일 등이 불의의 사고로 피해를 입더라도 최근에 백업한 시점의 내용으로 복구할 수 있도록 하여, 통신시스템 및 보안시스템 운영의 영속성을 보장하는 데 그 목적이 있다.

1) 적용범위

백업관리는 플랜트 정보통신시스템의 영속성을 보장하기 위해서 관리되는 업무로서, 통신시스템과 보안시스템을 이용하는 데 있어 필수적으로 관리되어야 하는 백업

시스템 구축절차 및 백업시스템 운영절차를 적용범위로 한다. 이는 시스템 운용 환경에 따라 조정될 수 있다. 적용 대상은 시스템 운영체계OS, 사용자 데이터베이스, 시스템 운영 관련 파일(파일시스템 포함), 시스템 설비 운용에 필요한 중요 데이터 등으로 정의할 수 있다. 보안상의 CCTV 영상자료 등은 별도의 보안 관련 지침이나 관련 규정에 따라 백업관리를 이행할 수 있다.

2) 업무 내역 및 절차

백업시스템은 다음과 같은 절차로 구축되는 것이 일반적이다.

① 요구사항 분석

백업을 하여야 할 데이터의 종류와 용량을 식별하고 분석한다. 백업 대상 데이터가 분석되면, 업무에 미치는 영향을 최소화하기 위한 백업 목표시간과 업무의 연속성을 보장하기 위한 복구 목표시간 및 목표시점 등을 설정한다. 그리고 백업주기 및 보관기간을 결정한다.

② 백업자원 현황 파악

현행 백업시스템의 구성방식, 기존 백업시스템의 사양 및 운영 현황 조사를 통해 백업 용량의 여유율 등을 확인함으로써 현행 시스템이 백업 요구사항을 만족시킬 수 있는지 파악한다.

③ 백업시스템 설계

현행 운용시스템과 목표시스템 간의 차이점을 분석하고, 그 결과를 참고하여 구축해야 할 백업시스템의 구성과 백업장비 및 매체 등을 설계한다.

④ 백업시스템 구축

기존 시스템과 연계할 경우에는 상호 연관성을 고려하고, 효율적이고 효과적인 백업시스템이 구축될 수 있도록 다양한 검토를 해야 한다. 또한 신규 백업시스템의 데이터 저장방식이 기존 시스템과 다른 경우에는 해당 데이터를 신규 시스템으로 이관할 수 있도록 대책을 강구하여야 한다.

⑤ 테스트

구축된 시스템이 백업 요구사항을 올바르게 수용하고 있는지 확인하는 단계로서, 백업 테스트와 복구 테스트로 나누어 수행한다.

⑥ 운용자 교육 및 운용 매뉴얼 작성

백업시스템의 효율적 운용을 위해서 운용자 교육을 실시하며, 교육훈련 시나 시스템 운용 시에 활용할 수 있도록 운용 매뉴얼을 작성하여 제공한다. 운용 매뉴얼에는 백업시스템 구성 현황, 백업 일정 현황 등이 명시되어야 하며, 백업정책 등 운용에 필요한 기본 지침이 마련되어야 한다.

3) 백업시스템 운용

백업시스템을 도입한 후에 최초로 백업시스템을 적용하는 경우에는 정기적인 항목들(보관기간, 방식, 데이터베이스 백업 모드 등)을 결정하여야 하며, 운용 도중 변경사항이 발생하면 충분한 검토 및 승인을 통해 이를 반영하여야 한다. 그리고 백업 데이터의 중요도에 따라 백업 주기를 결정한다.

① 백업 표준정책 수립

백업시스템의 체계적인 운영을 위하여 플랜트 정보통신시스템을 운영하는 각 조직은 복구 요건에 맞도록 백업 일정에 대한 고유한 표준정책을 수립하여야 한다. 표준정책에 포함되어야 하는 내용은 다음과 같다.

- 백업 주기 및 보관기간 결정
- 백업 방식 결정(전체 백업과 변경분 백업, 온라인 백업과 오프라인 백업 등)
- 매체관리 방법 등

② 백업 수행

백업 수행에는 백업자원 할당과 백업 모니터링 활동을 들 수 있다. 백업자원 할당은 백업 대상 서버의 백업장비와의 연결 종류에 따라 적절한 백업 속도를 산정하여 적용한다. 백업 모니터링은 네트워크, 스토리지 전용 네트워크SAN: Storage Area Network 스위치, 백업 드라이브 등에 대한 백업 표준속도를 확인하고 비교하여 병목구간을 찾아내어 이를 보정해주어야 한다. 또한 백업 수행 중 발생하는 에러코드 번호를 확인하여 원인을 찾고 문제를 해결하여야 한다.

③ 백업점검 수행 및 복구훈련

백업점검을 위하여 백업 대상을 확인한다. 백업 대상 확인은 백업 대상 시스템에 대해 적절한 소프트웨어 모듈이 설치되었는지 확인하고 백업 대상 파일들이 모두 포함되어있는지 확인한다. 복구훈련은 백업된 데이터에 대한 무결성 확인을 위해 응용 소프트웨어와 관련된 데이터를 복구하여 백업 전 데이터와 동일한지를 확인한다. 또한 데이터베이스는 데이터 복구 후 데이터 용량을 확인하여 동일성 유무를 점검한다.

5. 상황실 및 통신실 관리

관제상황실 및 설비운용실(통신실) 관리는 상황실/통신실의 접근통제 업무와 상황실/통신실과 관련된 건물 및 관련 설비에 대한 관리업무를 말하며, 상황실/통신실 내에 설치되어 운영 중인 컴퓨터시스템인 시스템 설비의 운용에 대한 안전성 및 신뢰성을 보장하는 데 그 목적이 있다. 그 적용범위로는 상황실/통신실 접근통제 업무, 상황실/통신실 내부 관리업무 및 상황실/통신실을 위해 설치 및 운영 중인 설비에 대한 유지보수 업무, 재난재해 시 비상계획을 지원하기 위한 사전 준비활동 등이 있다.

1) 해당 실 관리담당자 지정 운영

해당 실의 관리책임자는 상황실/통신실 내부 및 상황실/통신실 관련 설비의 관리를 책임지며, 다음과 같은 역할을 수행한다.

- 장비 및 인원에 대한 출입통제를 포함한 상황실/통신실 관리 및 통제 업무
- 상황실/통신실 관리상태 점검 및 관련 설비의 유지보수에 대한 업무 관리감독
- 재난 및 재해에 대비한 비상계획을 수립하고 비상계획에 대한 사전 준비활동 등의 업무

해당 실의 설비 담당자는 상황실/통신실 관련 설비의 유지보수를 담당하고 있는 담당자를 말하며, 상황실/통신실 관련 설비의 점검 및 유지보수 업무를 수행한다.

2) 장비 및 인원의 출입통제

장비와 인원에 대한 출입통제를 위하여 상황실/통신실에 대한 관리책임자를 지정하고, 그 관리책임자는 상황실/통신실 입실 자격의 적정성을 평가하고 출입 권한을 부여한다. 또한 상황실/통신실 출입 가능 인원에 대하여 정기적으로 입실 자격을 확인하고 갱신한다. 그리고 출입통제 환경이 효과적으로 구현되어 있는지 확인하고, 출입 인원의 출입 내역이 포함된 상황실/통신실 출입 기록과 반입 및 반출된 장비의 내역이 포함된 상황실/통신실 장비 반출입 기록을 작성하고 유지한다.

3) 상황실/통신실 내부 및 관련 설비에 대한 위험 식별 및 점검활동

- 상황실/통신실, 전원설비, 항온항습설비, 소방 및 보안설비 등에 대한 위험을 파악하여 그에 대한 예방대책을 수립하고 위험 예방활동을 수행한다.
- 전원설비에 대하여 상황실/통신실의 구축 환경을 고려하여 다음 사항을 확인하고 점검한다.
  - 시스템에 대한 전원은 다른 부하와 독립적으로 설치되고 운영되는지 점검한다.
  - 적절한 계측장비를 통해 전원의 상태를 지속적으로 감시하고, 전원 상태를 주기적으로 측정하고 점검한다.
  - 각 시스템별로 기준치 이상의 전압 변동이 발생하지 않도록 자동전압조정 기능을 갖춘 UPS나, 적절한 용량의 UPS 자동전압조정기AVR가 정상적으로 작동되고 있는지 점검한다.
  - 시스템의 특성에 맞는 용량의 적정한 무정전 전원공급장치UPS가 설치되어 정상적으로 작동되고 있는지 여부를 점검한다.
  - 장시간 정전 시에 대비하여 자가발전기가 설치된 경우, 발전기에 대한 가동성 테스트를 실시하고, 자가발전설비를 주기적으로 점검한다.
  - 과전류나 누전의 방지 상태 점검, 피뢰설비 및 접지 상태에 대한 점검을 실시한다.
  - 제반 부하에 대한 전력 분배 및 배치 상태를 각각의 차단기 수준까지 상세히 도식화하여 관리되고 있는지 등을 점검한다.

- 공조 및 항온항습설비에 대하여 상황실/통신실의 구축 환경을 고려하여 다음 사항을 확인 및 점검한다.
  - 상황실/통신실 내 설치된 통신시스템, 보안시스템, 통합설비 등에 대한 항온항습의 적정성을 확보하기 위하여 주기적으로 온도와 습도를 점검한다.

- 상황실/통신실에 설치된 시스템이 시스템 운용 및 관제 전용으로 사용되는지 여부, 예비 장비의 설치, 예비용 장비에 대한 가동성 등을 점검한다.
- 항온항습 배관에 대한 누수 등의 이상 징후를 감지하기 위한 이상 경보장치의 설치사항 및 그에 대한 자동제어장치의 운용 여부를 점검한다.

- 상황실/통신실 내부와 관련하여 다음과 같은 사항을 확인 및 점검한다.
  - 화재에 취약한 가연성 물질이 보관되고 있는지의 여부
  - 화재 자동감지기 및 경보장치의 상태
  - 휴대용 소화기의 비치 및 자동소화설비 상태
  - 전산기기, 집기, 비품에 대한 정전기 유발 요소

- 상황실/통신실 관련 설비에 대하여 정기적인 점검과 유지보수 활동을 수행하고 그 결과를 설비 점검 및 유지보수 기록에 명시하고 유지하여야 한다.

| 고장관리

고장관리는 시스템 설비의 고장이나 장애에 대한 관리를 수행하는 업무로서, 소프트웨어, 하드웨어, 데이터베이스, 네트워크 등의 운용관리 대상에서 고장, 장애, 서비스 불능 상태 등이 발생한 경우에, 시스템의 장애 여부를 관찰하여 진단 및 확인하고, 이를 제어하고 처리하는 일련의 과정을 말한다. 장애관리의 목적은 장애 발생 시에 신속하고 정확한 장애 원인을 분석하여 조치함으로써 장애시간을 단축하는 데 있다. 또한 장애의 근본 원인을 사전에 차단하기 위하여 그동안의 장애가 발생한 내역과 통계 등에 대한 관리를 통하여, 향후의 장애 발생을 예측하고 분석하여 중단 없이 시스템을

이용할 수 있는 서비스를 제공하는 데도 그 목적이 있다. 장애관리를 효과적으로 수행하기 위해서는 고장관리 대상이 적절히 분류되어야 하고 여러 가지 장애관리 기능이 설정되어야 한다. 장애관리의 적용 대상은 플랜트 정보통신시스템의 운영관리 대상에 포함된 시스템, 소프트웨어, 하드웨어, 데이터베이스, 네트워크 등이며, 그 적용 범위는 시스템 설비 구성 환경에 따라 조정될 수 있다.

1. 고장 및 장애의 분류

플랜트 정보통신시스템 설비의 고장 및 장애의 분류는 [표 5-1] '정보시스템 재해 및 장애의 분류'의 내용에 준하여 적용할 수 있는데, 플랜트의 환경 조건이나 플랜트 운영의 특성을 감안하여 분류방법을 달리 적용할 수 있다.

고장 및 장애의 분류를 적용한 고장관리는 주로 통제 가능 요인에 대한 사전 예방활동에 적용하여 시스템 설비의 고장이나 장애 발생을 최소화할 수 있다.

| 표 5-1 | **정보시스템 재해 및 장애의 분류**

<table>
<tr><th>통제</th><th colspan="3">재해 및 장애</th><th>재해 및 장애의 요인</th></tr>
<tr><td rowspan="2">통제 불가능 요인</td><td colspan="3">자연재해</td><td>화재(상황실/운용실, 사무실), 지진 및 지반침하, 장마 및 폭우 등의 수재, 태풍 등</td></tr>
<tr><td colspan="3">인적재해</td><td>노조파업, 시민폭동, 폭탄테러 등</td></tr>
<tr><td rowspan="3">통제 가능 요인</td><td colspan="2">인적 장애</td><td rowspan="2">운영 장애</td><td>시스템 운영 실수, 단말기 및 디스켓 등의 파괴 및 절취, 해커의 침입, 컴퓨터 바이러스의 피해, 자료 누출 등</td></tr>
<tr><td rowspan="2">기술적 장애</td><td>시스템 장애</td><td>운영체제 결함, 응용 프로그램의 결함, 통신 프로토콜의 결함, 통신 소프트웨어의 결함, 하드웨어의 손상 등</td></tr>
<tr><td colspan="2">기반구조 장애</td><td>정전사고, 단수, 설비 장애(항온항습, 공기정화시설, 통신시설, 발전기, 공조기 등), 건물의 손상 등</td></tr>
</table>

출처: 〈정보시스템 운영관리지침〉, 국무조정실 · 정보통신부, 2005. 12.

2. 장애처리업무 절차

1) 장애 식별 및 접수

시스템 설비의 운용상태 모니터링에 의해 장애를 인지하거나 장애발견자로부터 장애사항을 접수받는 단계이다. 장애를 접수하면 접수된 장애 내용을 기록하고 관리할 수 있도록 한다. 이때 관리되어야 할 항목들은 장애에 대한 처리 요청자 이름 및 전화번호, 장애설비, 장애 내용, 긴급도, 장애가 플랜트 운영에 미치는 영향 등이다.

2) 장애 등록 및 등급 지정

접수된 장애 내용 등의 장애 기록관리 항목에 포함된 모든 정보를 장애등록 절차를 통해 장애조치보고서 또는 장애관리 데이터베이스에 기록 관리한다. 이때 장애 등급이 지정되어야 하며 장애 등급은 장애의 영향도와 긴급도에 따라서 적절하게 판단할 수 있도록 사전에 정의하여 운용자 등에게 공지하여야 한다.

3) 복구대책 수립

장애 내용을 분석하여 사안의 경중에 따라 처리한다. 긴급 장애에 대해서는 먼저 응급조치를 취하고 복구 준비 및 복구를 실행한다. 일반 장애에 대해서는 시스템의 상황을 파악하고 시스템 장애 원인을 분석해야 한다. 또한 기존에 발생하였던 유사 장애 발생 내역 및 조치사례를 수집하고, 장애 복구대책을 수립한다. 이때 수립된 복구대책을 기준으로 삼아, 장애관리대장에 기재하며 장애관리 담당자는 필요시 장애사항과 그 내용을 공지하고, 시스템 설비의 장애 원인을 분석한다.

4) 조치

복구대책에 따라 장애 복구조치를 수행하고 그 조치결과를 기록하여 관리될 수 있도록 한다. 장애 복구조치 수행 중에 수시로 장애관리 책임자에게 보고하고 필요시 관련 부서 및 담당자 등에게 진행사항을 통보한다.

5) 결과관리

장애 복구 내용 및 조치 결과를 장애관리대장에 작성하고 장애관리 책임자에게 보고하여 승인을 받는다. 또한 장애발견자에게 정상 가동 및 그 조치 결과를 통보하고, 관련자에게 정상 가동되었음을 공지한다. 그밖에 동일 유형의 장애가 반복되지 않도록 향후 대책을 마련하고, 필요시 예방점검 항목에 반영하며, 장애 발생 및 조치과정의 중요 내용에 대해서는 정기적으로 장애복구 지침의 내용에 반영되도록 한다.

3. 예방점검업무 절차

1) 예방점검계획 수립

매년 1회 연간예방점검계획서를 작성하여 플랜트 운영 담당자, 통신시스템 담당자, 보안 담당자 등의 관련 담당자 또는 관련 부서와 협의하여 쟁점 사항들을 조정하거나 보완한다. 이후 시스템 설비 운용관리 책임자에게 보고하여 승인을 받아 예방점검계획을 확정한다. 예방점검계획 내용 중에 시스템의 가동을 중단하는 등 중요한 사항이 있는 경우에는 장애관리 책임자와 사전에 협의한다.

2) 예방점검 실시 및 보고

정기 예방점검을 실시함에 있어, 가동 중단이 필요한 경우 사용 부서가 충분히 대응할 시간적 여유를 고려하여 공지함으로써 업무 수행에 지장이 없도록 한다. 예방점검 시행에 있어, 예방점검 실시 이전에 예방정비계획서에 의해 장애관리 책임자에게 보고하고, 예방점검을 규정시간 내에 수행할 수 있도록 한다. 단, 긴급점검 시는 예외로 하며 예방점검 실시 중 발견된 문제점은 장애 복구절차에 따라 조치를 할 수 있도록 처리한다.

3) 점검 결과 보고 및 분석

예방점검 결과를 분석하고 그 분석 결과를 예방점검을 실시한 점검 항목과 함께 장애관리 책임자에게 보고한다. 그리고 예방점검 결과에 의해 분석된 자료를 기초로 하여, 차후 예방점검이나 차기 연도 정기 예방점검계획을 수립할 때에 반영한다.

4. 장애 모의훈련

장애 모의훈련은 장애 발생 시 신속한 조치 및 보고 절차를 확립하고, 장애발견자로부터 장애 접수 및 시스템 모니터링을 통해 장애에 대한 사전 감지능력을 배양하여, 시스템을 안정화할 수 있도록 현실감 있는 모의훈련을 시행한다. 이러한 모의훈련은 장애 발생 유형별로 기록하고 관리하여 장애 발생에 대한 문제의 재발 방지 및 운영경험을 축적하여 효과적인 운영능력을 갖추는 데 그 목적이 있다.

1) 장애 모의훈련 대상 및 내용

장애 모의훈련 대상자로는 플랜트 정보통신 및 보안시스템 운영요원 및 관리자, 관제요원, 각 설비 운용자, 시스템 담당자, 네트워크 담당자, 데이터베이스 담당자, 장애관리 책임자 등이 포함된다. 또한 필요에 따라 유지보수업체, 시스템 공급업체Vendor 요원이 참여할 수 있다. 장애 모의훈련에서 다루어져야 할 내용은 다음과 같다.

- 장애 발생 예상요인을 통한 시스템 장애 유발
- 팀별 · 개인별 역할, 의사소통, 임무 숙지 등의 점검

- 응급조치 방법, 장애 원인 분석, 장애 복구절차 등의 점검
- 비상연락망, 상황 전파, 보고절차 등의 점검

2) 장애 모의훈련 절차

장애 모의훈련에서 다루어져야 할 내용과 절차는 다음과 같다.

- 모의훈련 환경 구성
- 장애 발생
- 장애 전파
- 장애 요인 분석
- 장애 복구 및 비상상황 점검관리
- 장애 처리결과 보고
- 훈련 결과 보고

5. 비상계획 수립

비상계획 수립에 있어, 먼저 플랜트 정보통신시스템에 주는 영향 범위 및 손실을 고려하여 발생 가능한 재난 및 재해 등의 위험 유형을 정의한다. 그리고 다음과 같은 사항을 고려하여 재난 · 재해를 포함한 비상시 대응절차를 수립한다.

- 비상시 대응 조직 및 역할을 정의한다.
- 인력, 건물, 전원설비, 공조 및 항온항습설비, 통신설비, 시스템 등의 피해상황을 파악하는 절차를 수립한다.
- 비상사태 발생 시에 대응하는 절차를 정의하되, 피해 설비 및 피해 시스템에 대해 복구 전까지의 우회소통방안이나 대체처리방법, 긴급가동중지ESD, 복구 우선순위 선정, 복구절차를 포함하도록 한다.

- 플랜트 구내통신망이나 시스템 장애 시에 외부와 연락하거나 통신할 수 있는 대책을 마련한다.

비상계획 및 복구계획이 적절하게 수행될 수 있도록 운용자 및 관련자에게 교육을 실시하고, 필요한 경우에는 모의훈련을 실시한다. 또한 비상계획을 지원하기 위하여 다음과 같은 준비활동을 실시한다.

- 관련 부서 및 유관 기관을 포함한 비상연락망 작성 및 연락 우선순위 정의
- 비상시 복구활동에 소요될 자원의 확보

6. 장애처리결과보고서

장애 발생 설비, 장애 유형 등 장애 발생 관련 항목과 장애 조치 내용, 그리고 장애 조치 관련 항목과 함께 다음의 내용을 포함한 보고서를 작성한다.

- 관리번호, 발생일시, 조치일시, 총 장애시간, 장애 등급, 장애 구분, 장애 대상, 기타 관련사항
- 장애명, 장애 내용, 서비스 제공 및 업무에 미치는 영향, 장애 원인, 조치 내용, 향후 계획 및 개선사항, 장애 처리에 있어 고려할 사항
- 장애감지부서(소속 · 성명 · 연락처), 장애조치부서(소속 · 성명 · 연락처), 시스템 공급업체 확인, 장애관리 책임자 확인 등의 사항

| 운영평가

플랜트의 통신시스템 및 보안시스템에 대한 시스템 설비 운용과 통신 및 보안서비스를 이용하는 업무 운영에 대하여 운영평가를 실시한다. 이를 위하여 운영평가 기준 및 절차에 따라 정기적으로 평가하고 문서화하며, 평가 결과를 반영하여 개선활동을 수행할 수 있도록 한다.

가. 시스템 운영에 대한 주기적인 평가 및 결과를 정리하고 분석한다. 각 단위시스템 및 통합시스템에 대한 시스템 운영을 정기적으로 평가한다. 평가 항목에는, 예를 들면 다음과 같은 내용이 포함되도록 한다.

- 안전성과 보안성 평가
- 데이터 및 매체의 관리사항
- 운영 효율 측정 및 확인사항
- 장애 내역 및 기록사항
- 운용요원, 시스템, 운영시간의 관리사항
- 시스템 이용자의 만족도 등

나. 시스템 운영평가 결과를 반영하여 시스템 운영의 개선을 도모한다. 평가 결과를 문서화하고, 평가 결과에 따라 시스템 운영 개선항목을 도출하고 대책을 강구하여 운영계획 수립 등에 반영한다.

다. 플랜트 정보통신시스템 운용 등의 업무 운영에 대하여 주기적으로 평가하고 그 결과를 정리하여 분석한다. 플랜트 정보통신시스템 운영평가 항목의 예를 들면, 다음과 같은 내용을 포함한다.

- 요구 기능의 구현 및 실현 정도
- 시스템 이행 및 업무 이행 시의 환경사항
- 시스템의 사용 편의성
- 이용자 측에 설치된 자원의 운영과 관리사항 등

라. 운영계획 수립 시에 예측한 플랜트 정보통신시스템 구축 및 운영(신규 및 추가 시스템 포함)에 대한 효과나 업무의 개선 효과에 대하여 평가한다. 평가 결과를 문서화하고, 미달성 실적이나 운영평가 결과 정보통신시스템 설비 및 보안시스템 설비 운영의 개선 등에 대한 재검토가 필요할 경우 서비스 운영계획 등을 재검토하고 개선방안을 마련하여 반영한다.

제3절 | 긴급복구대책

플랜트 정보통신시스템을 구성하는 주요 설비나 장비에 대한 운용 매뉴얼과 긴급복구 매뉴얼에서 제시하고 있는 절차 등을 검토하여, 해당 플랜트의 정보통신시스템 설비의 긴급복구대책을 수립하여 운영한다. 또한 시스템 설비의 고장이나 서비스 중단 등의 긴급상황이 발생한 경우에 신속한 대응이 이루어질 수 있도록, 사전에 긴급복구반과 비상연락망을 편성하여 운영한다.

| 긴급복구계획 수립

가. 재난 및 재해를 포함하여 비상사태가 발생한 경우에 대한 대처계획이 명시되어야 하며, 다음 사항을 포함하여 비상시에 대한 긴급복구계획을 수립한다.

- 재난 및 재해를 포함한 위험 유형을 식별하고 정의한다.
- 비상상황에 대응할 조직을 편성하여 운영하고 그 조직의 역할을 부여한다.
- 피해상황 파악과 비상사태 발생 시의 대응방안과 복구절차를 수립한다.
- 운용 유지보수 업무 협력사 및 유관 기관을 포함하여 비상연락망을 편성하고 각 담당자들과의 통신 및 보안 대책방안을 마련한다.

나. 긴급복구계획에는 비상연락망 편성 등의 비상연락체계를 구축하여 운영할 수 있도록 한다. 장애에 신속하게 대응하기 위하여 비상연락망을 현행으로 작성하고 관리해야 하며, 긴급복구계획에는 다음과 같은 내용이 포함되도록 한다.

- 비상복구가 필요한 장애관리 대상 유형 및 그 기준
- 장애관리 담당자(정 · 부)와 각 담당자의 전화번호
- 장애관리 대상 시스템 공급업체 담당자 및 전화번호 등

| 비상복구 자재 확보

플랜트 정보통신시스템의 주요 설비와 그 외의 시스템 설비 중에도 고장이나 장애가 자주 발생하는 장비나 장치에 대하여는, 비상시에 긴급복구를 할 수 있도록 예비설비 및 예비품 자재를 확보하도록 한다. 플랜트 정보통신시스템의 운영관리 및 운영평가 등을 통하여 사전에 예비설비 및 예비품의 정수, 품목, 수량, 보유기준 등에 대한 지침을 마련하여 시행한다.

| 긴급복구 조치

플랜트 정보통신시스템 운영 중에 사용자가 통신서비스를 이용할 수 없는 시스템 장애가 발생하거나 긴급복구가 필요한 상황이 발생한 경우에는, 비상연락망에 의한 비상복구반을 소집하여 해당 시스템을 우선적으로 복구할 수 있도록 한다. 장애시스템을 원래의 정상 상태로 복구하는 것이 불가할 때에는 임시 또는 가복구하여 통신서비스나 보안서비스 등을 제공할 수 있도록 하고, 추후 본 복구를 하도록 조치하는 것이

바람직하다. 긴급복구 시 소요되는 자재는 보유한 예비품을 우선 사용하고, 없을 경우는 신속하게 공급하여 장애를 복구한다. 긴급복구 후 유지보수 업무 담당 부서나 시스템 공급업체 등의 전문인력을 투입하여 장애 원인을 규명하고 장비 상태를 정밀 점검하여, 정상동작 상태로 복구(본 복구)하며, 재발 방지를 위한 대책방안을 마련하여 대응조치를 취한다.

| 장비 수리

고장이 발생한 설비나 장비에 대하여는 동등 이상의 성능을 유지할 수 있도록 수리하거나 새로운 설비나 장비로 교체한다. 예비품이나 예비설비로 교체하는 등의 현장조치로 처리할 수 없는 경우에는 장비 공급업체 및 제조회사에 의뢰하여 조치를 취하거나, 고장 또는 장애가 발생한 설비나 장비를 반출하여 수리한다.

제4절 | 기술지원체제

| 유지보수계획

플랜트 정보통신시스템의 성능을 최적의 상태로 유지하고 안정적인 서비스를 제공할 수 있도록 유지보수계획을 수립하여 운영한다. 유지보수계획에는 고장이나 이상 발생 시 신속한 조치를 취함으로써 통신시스템이나 보안시스템의 서비스가 중단되는 것을 예방하거나 최소화할 수 있는 방안이 포함되어야 한다. 또한 시스템의 성능 저하나 고장을 사전에 예방하기 위하여 정기적인 점검 및 진단업무를 수행하도록 한다. 유지보수 대상은 통신시스템, 보안시스템, 관제시스템, 통합시스템 등의 시스템 설비와 사용자 장치, 서버, 스토리지, 데이터베이스 시스템과 스위치, 방화벽, 망관리시스템NMS: Network Management System 등의 네트워크 설비, 그리고 업무 지원설비 및 관련 부대설비 등을 들 수 있다. 각 시스템에 대한 유지보수는 해당 시스템별로 기준과 절차를 수립하여 적용한다.

시스템 설비에 대한 정기점검 및 유지보수는 해당 시스템 설비의 매뉴얼 및 유지보수 지침을 따른다. 시스템 설비의 점검은 계획점검 및 수시점검을 들 수 있으며 점검계획에 따라 시행한다. 계획점검은 장애를 예방하기 위하여 월간, 분기, 연간 단위로 정비를 시행하며, 장애 발생에 대처하기 위한 각종 백업을 수행한다. 월간, 분기, 연간

점검 목록, 점검 결과 및 조치사항은 향후의 유지보수계획 수립이나 업무개선 등에 반영할 수 있도록 관리한다.

| 기술지원체계

플랜트 정보통신시스템의 주요 시스템 설비에 장애나 고장이 발생한 경우에, 시스템 설비 공급사의 기술지원을 받을 수 있도록 그 대책을 마련한다.

그 대상이 되는 주요 시스템 설비로는 네트워크시스템 장비, 시스템 소프트웨어, 통합시스템 운용 및 서비스 제공을 위한 솔루션, 보안시스템의 보안설비 등을 들 수 있다. 기술지원체계를 구축하는 방안으로 긴급상황이 발생하거나 주요 설비의 고장이 발생한 경우에, 적절한 지원을 요청할 수 있고 기술적인 지원이 가능한 연락처를 확보하고, 원격지원시스템 접속, 긴급 기술인력 파견 등에 대한 기술지원 프로그램을 마련하여 운영함이 바람직하다. 기술지원에는 시스템 소프트웨어 업그레이드, 보안 패치, 원격진단 등의 업무를 포함할 수 있다. 기술지원체계는 유지보수계획과 연계하여 구체적인 사항들을 도출하고 확인하여 유지보수계획을 수립할 때에 반영한다.

또한 플랜트 운영에 있어 플랜트 통신시스템이나 보안시스템은 매우 중요한 역할을 하게 되므로, 이들 시스템을 운영하고 유지보수하는 운용요원이나 관제요원 등의 기술인력에 대하여 기술력 향상과 긴급상황에 대한 대처능력을 향상시키기 위한 교육훈련계획을 수립하여 시행해야 한다.

부록: 참고자료

1. 제출도서 목록
2. 자재내역서
3. 특수공구 목록
4. 검사 및 시험계획서
5. 공장인수시험절차서
6. 포장 및 보관절차서
7. 현장인수시험절차서
8. 각 시스템별 점검표

1 제출도서 목록

플랜트 정보통신 프로젝트의 수행에 있어 발주자에게 제출하여야 하는 도서는 대부분의 경우에 EPC, 플랜트 프로젝트 발주처, 또는 소유주에 따라 그 서식이나 내용이 다를 수 있다.

보통은 정보통신시스템 등의 기자재를 공급하는 공급업체(SI업체)와 EPC 간의 계약서에 의해 제출도서 목록이 결정되나, 필요시 그 목록이나 각각의 도서에 담기는 내용이 추가되기도 한다. 공급업체는 제출도서 목록 및 제출시기 등에 대한 사항을 EPC사에 제출하여 승인을 받고, 승인된 일정으로 BOM, 시스템 구성계통도, 치수도 및 배선도, 검사 및 시험계획서, O&M 매뉴얼 등을 제출한다.

EPC사는 공급업체에서 제출한 도서들을 검토하고 수정 요청하거나 승인하고, 검토 완료된 해당 도서를 플랜트 발주처(소유주 등)에 제출하여 승인을 받는다. 그 과정에서 지석사항이나 수정 요청사항이 발생하면, 공급업체에게 피드백한다. 이런 경우에는 도서의 수정본이 발생하게 된다.

일반적으로 EPC사에 따라 제출하여야 하는 도서의 목록이나 일정에 대한 서식 등이 조금씩 다르고 그 명칭도 다를 수 있다. 도서목록의 서식 및 작성에 대한 예를 볼 수 있는 공급자 제출도서 목록, 공급자 도서 통제목록, 공급자 도서목록 및 일정계획, 제출도서 목록 및 경과보고서를 첨부하였다.

[첨부 1] 공급자 제출도서 목록의 예

VENDOR DOCUMENT SUBMISSION LIST			
No.	DWG/ DOC. NO.	DOCUMENT TITLE	REMARKS
1		Master Schedule	
2		Document Submission List & Progress Report	
3		Bill of Material	
4		Specification	
5		Block Diagram	
6		Dimensioned Outline Drawing	
7		Cabinet Assembly Drawing	
8		Nameplate List & Drawing	
9		Wiring Diagram	
10		Radio Coverage Report	
11		CCTV Coverage Report	
12		Power Consumption List	
13		Inspection and Test Plan	
14		Inspection and Test Report	
15		Factory Acceptance Test Procedure	
16		Packing Procedure	
17		Site Acceptance Test Procedure	
18		Operating & Maintenance Manual	
19		2-Year Spare Part List	
20		Commissioning Spare Part List	
21		Special Tool List	

[첨부 2] 공급자 도서 통제목록의 예

Vendor Document & Drawing Control Index

Project : ABCD EFG Plant

Equipment : CCTV & Security system — as of : 2017-11-01

No.	Document No.	Rev No.	Title	Category	Type	IFA	IFC	As-Built	Vendor	Designer	Remark
1		0	SCHEMATIC DIAGRAMS	A	Plan	2017-09-05	2017-09-12				
					Actual	2017-10-17	2017-10-20				
2		0	CCTV LOCATION DRAWING	A	Plan						
					Actual						
3		0	ASSEMBLY DRAWING	A	Plan						
					Actual						
4		0	EMBEDDED CONDUIT LAYOUT DRAWING	N	Plan						
					Actual						
5		A	WIRING DRAWING	I	Plan						
					Actual						
6		0	FUNCTIONAL DESIGN SPECIFICATION	A	Plan						
					Actual						
7		0	SYSTEM SPECIFICATION	A	Plan						
					Actual						
8		0	POWER CONSUMPTION & HEAT DISSIPATION LIST	N	Plan						
					Actual						
9		0	BILL OF MATERIALS	N	Plan						
					Actual						
10		0	INSTALLATION, OPERATING & MAINTENANCE MANUAL	N	Plan						
					Actual						
11		0	TRAINING MANUAL	N	Plan						
					Actual						
12		0	FINAL DATA BOOK	A	Plan						
					Actual						
13		0	VIDEO STORAGE CALCULATION REPORT	N	Plan						
					Actual						
14											
15											
16											
17											
18											
19											
20											
21											
22											
23											
24											

[첨부 3] 공급자 도서목록 및 일정계획의 예

Contract No.: ABCDEF-01/2013
Doc No.: ABC-DEF-0006-0002
Rev No.: A

VENDOR PRINT INDEX & SCHEDULE

NO.	Document No.	Document Title	Purpose	Schedule Date	Revision	Send Date	Due Date	Rcv Date	Rcv Due Date	Result of Review	Remark
1		Vendor print index & schedule	IFC								
			IFA		A						
2		Dimension drawing	IFC								
			IFA		A						
3		Typical installation detail	IFC								
			IFA		A						
4		Block diagram	IFC								
			IFA		A						
5		Wiring diagram	IFC								
			IFA		A						
6		Data Sheet	IFC								
			IFA		A						
7		Commissioning spare partlist	IFC								
			IFA		A						
8		2-year spare partlist	IFC								
			IFA		A						
NOTE :		IFA : Issue For Approval		IFC : Issue For Construction							

[첨부 4] 제출도서 목록 및 경과보고서의 예

PROJECT		DOCUMENT SUBMISSION LIST and PROGRESS REPORT(DPR)	DOC. NO.	
SUPPLIER			REV. NO.	1
EQUIPMENT	Security Systems		DATE	2016-10-05
EQUIP. TAG NO.			PAGE	OF

NO.	DOC.NO.	DOCUMENT TITLE	ACTION	WORK START	IFA			IFC			AS-BUILT			REMARKS
					S	R	A	S	R	A	S	R	A	
1		VENDOR DOCUMENT PROGRESS REPORT	PLAN		02/20/16		1	09/04/16						
			ACTUAL		02/20/16	04/30/16		09/06/16						
2		BILL OF MATERIAL	PLAN											
			ACTUAL											
3		INTERFACING BLOCK DIAGRAM	PLAN											
			ACTUAL											
4		DIMENSIONAL DRAWING	PLAN											
			ACTUAL											
5		EQUIPMENT INTERNAL WIRING DRAWING	PLAN											
			ACTUAL											
6		ERECTION / INSTALLATION TYPICALS AND DRAWINGS	PLAN											
			ACTUAL											
7		POWER CONSUMPTION & HEAT DISSPATION	PLAN											
			ACTUAL											
8		CAMERA CALCULATION SHEET FOR CCTV SYSTEM	PLAN											
			ACTUAL											

(범례)
- S : SUBMIT DATE
- R : RETURNED DAT
- A : ACTION CODE

(ACTION CODE)
1 – Approved
2 – Approved Except as noted
3 – Make corrections and Resubmit
4 – For information only

2 자재내역서

공급업체가 공급할 시스템 및 장비 등의 자재들에 대한 목록으로, 각 단위시스템 또는 장비의 규격이나, 설치 위치, 구성품 내역 등의 정보를 표시하기 위한 항목 필드(사양, 설명, 장소 등)를 추가할 수 있다.

BOM(자재내역서)의 서식이 EPC에 의해 지정된 경우라도 각 시스템의 장비나 장치, 구성 물품 등을 식별하기 쉽도록 작성되는 것이 바람직하다. BOM은 프로젝트 수행에 있어 시스템 제작, FAT, 포장명세서 작성 등의 기본적인 자료로 사용된다.

[첨부 5] 자재내역서의 예

PROJECT	Abcd Efg	BILL OF MATERIALS	DOC NO.	
ITEM	Security System		REV NO.	1
			DATE	Feb. 17, 2017
VENDOR			PAGE	1 / 3

No.	System	Part	Manufacturer	Model	Q'ty	Unit	Remark
1	CCTV SYSTEM						
2		**CCTV Control System**				SET	
3		Automatic Transfer Switch (19" Rack Mount)				EA	
4		Signal Distribution Unit				EA	
5		FDF (24 Port, Connector)				EA	
6		F/O Patch Cord				EA	
7		UTP Patch Panel (24 Port, CAT.6)				EA	
8		STP Patch Cord (CAT.6A, 1M)				EA	
9							
10		**Camera Station for Fence**				SET	
11		PTZ Camera Station Housing with Wiper				EA	IP66, 32XZoom, PTZ
12		Camera Pole				EA	
13		Junction Box (SUS 304)				EA	
14							
15							
16		**Speed Dome Camera Station**				SET	
17		Speed Dome Camera				EA	36XZoom, PTZ
18		Speed Dome Camera Housing (IP67)				EA	
19		Junction Box (SUS 304)				EA	
20		Digital 1CH F/O Link (TX, SC Connector)				EA	
21							
22		**CCTV System for Main Gate**				SET	
23		Digital Video Recorder (8CH)				EA	HDD Capacity : 3TB
24		FDF (12 Port, SC Connector)				EA	
25	FIDS SYSTEM						
26		**Fence Detectors**				SET	
27		Signal Processor				EA	
28		Sensor Cable				M	
29		Binder Cable				M	
30							
31		**Workstation Computer & S/W for FIDS**				SET	
32		DIU				EA	
33		Workstation (/w Keyboard & Mouse&Monitor)				EA	
34		Management Software for FIDS System				EA	
35						EA	
36	ACS SYSTEM						
37		**ACS System for Main Gate**				SET	
38		23" LED Monitor				EA	
39		ACS Server Software				EA	
40		ACS Controller				EA	
41		Card Printer for Vehicle & Pedestrian ID Card				EA	
42		Card Programmer				EA	Included S/W

3 특수공구 목록

특수공구 목록은 시스템 설비나 장비 등의 설치나 접속을 위한 케이블 가공, 커넥터 제작 등에 필요한 공구의 공급을 위한 목록이다. 이들 공구는 시스템 설비의 설치나 시공, 유지보수 등에 사용된다.

[첨부 6] 특수공구 목록의 예

SPECIAL TOOL LIST				Issue Date		
Project :				Revision		
Vendor :				Page		
Equipment No	Equipment Name	Specification of Tool	Sketch	Quantity		Remark
	Driver	+Type &- Type		2	Ea	
	Cutter	Cable Cutter		2	Ea	
	Tool Box			1	set	

4 검사 및 시험계획서

검사 및 시험계획서는 플랜트 정보통신 프로젝트의 시스템 공급에 있어, 시스템 통합 및 제작이 완료된 제품에 대하여 그 시스템 설비를 구성하는 장비나 장치의 규격, 기능 및 성능 등을 검사하고 시험하는 계획서를 말하며 ITP로 칭하기도 한다.

일반적으로 ITP는 계약서에 명시된 요구 규격 및 조건, 고객의 요구사항 등을 구현하여 제작한 통합시스템을 고객(EPC 및 소유주)에게 인도하기 전에, 그 기능 및 성능 등을 확인하기 위한 계획을 작성하여 제출하는 도서를 말한다.

[첨부 7] 검사 및 시험계획서의 예

(표지)

<table>
<tr><th>Rev.</th><th>Date</th><th>Description</th><th>Designed</th><th>Checked</th><th>Approved</th></tr>
<tr><td></td><td></td><td></td><td></td><td></td><td></td></tr>
<tr><td></td><td></td><td></td><td></td><td></td><td></td></tr>
<tr><td></td><td></td><td></td><td></td><td></td><td></td></tr>
<tr><td colspan="6">Documentation Title

INSPECTION AND TEST PLAN</td></tr>
<tr><td colspan="6">Owner</td></tr>
<tr><td colspan="6">Project</td></tr>
<tr><td colspan="6">Contractor</td></tr>
<tr><td colspan="4" rowspan="2">Subcontractor</td><td colspan="2">Vendor Doc. No.</td></tr>
<tr><td colspan="2"></td></tr>
<tr><td colspan="6">Approval/Certification Information</td></tr>
<tr><td colspan="6"></td></tr>
<tr><td colspan="2">Contract No.</td><td colspan="2">Document No.</td><td>No. of Pages</td><td>Rev.</td></tr>
<tr><td colspan="2"></td><td colspan="2"></td><td></td><td></td></tr>
</table>

List of Contents

1. Definition

1.0 General

This document shall be applied to inspection and test for ABC Project.

1.1 Definition of Inspection and Test Involvement

1) I: Internal Inspection by Vendor.

2) SW: Spot Witness point

   Inspection (or Test) works will be witnessed and verified by Owner. In case of the first unit fails inspection the inspection/test may be extended upon request by the Owner. If Owner is not available Manufacturing and Fabrication process can proceed. Record to be submitted to Owner.

3) W: Witness Point

   A witness point is an identified point in the process where Owner undertake tests on any component, method or process of works. The contractor is required to notify the Owner who may or may not take the opportunity. If Owner is not available Manufacturing and Fabrication process can proceed. Record to be submitted to Owner.

4) M/S: Monitoring or Surveillance Point.

   Fabrication work which can be observed by Owner.

5) H: Hold Point

   A Hold point is mandatory verification point beyond which a work process can't be proceed without authorization by Owner. Even though Owner inspector is not available inspection can't be proceed without the approval of Owner. In the case, it shall be urgently checked and resolved to prevent from any adverse effect in progress and delivery.

6) R: Review Point

   The quality record/ certificate applicable to the specified inspection and test activity shall be physically reviewed and verified by Owner.

2. CCTV System

No.	Inspection & Test Activities	Acceptance Criteria	Verifying Documents	Inspected by				Submittal records	Remarks
				Vendor	EPC	TPI	Owner		
2.1	**Visual Inspection** CCTV Management Server CCTV DB Server CCTV Recording Server CCTV Video Analysis Server PTZ Camera Fixed Dome Camera	No harm, stain, corrosion, injurious Defects	Inspection & Test Report Specification						
2.2.	**Dimension Inspection** Equipment	Extent of permitted dimension tolerance is +-1%.	Specification Assembly Drawings Inspection & Test Report						
2.3.	**Component Model & Quantity Check** CCTV Management Server CCTV DB Server CCTV Recording Server CCTV Video Analysis Server PTZ Camera Fixed Dome Camera	Compare with BOM	Specification BOM Inspection & Test Report						
2.4.	**Assembly & Wiring Check** Junction Box Local Cabinet	Assembly completion Completed Cabling	Cable Connection Diagram Inspection & Test Report						
2.5.	**IP Certificate** Junction box Camera Housing	IP66 IP67	IP Certificate						
2.6.	**Component Operation Test** Fixed Camera PTZ Camera Monitor Workstation Control Keyboard		FAT Procedure Inspection & Test Report						

3. FIDS System

No.	Inspection & Test Activities	Acceptance Criteria	Verifying Documents	Inspected by				Submittal records	Remarks
				Vendor	EPC	TPI	Owner		
3.1	**Visual Inspection** FIDS Server Monitoring Workstation Junction Box	No harm, stain, corrosion, injurious Defects	Inspection & Test Report Specification						
3.2	**Dimension Inspection** Equipment	Extent of permitted dimension tolerance is +- 1%.	Specification Assembly Drawings Inspection & Test Report						
3.3	**Component Model & Quantity Check** FIDS Server Monitoring Workstation Alarm Processing Unit Junction Box	Compare with BOM	Specification BOM Inspection & Test Report						
3.4	**Assembly & Wiring Check** Junction Box	Assembly completion Completed Cabling	Cable Connection Diagram Inspection & Test Report						
3.5	**IP Certificate** Junction Box	IP66 IP67	IP Certificate						
3.6	**Component Operation Test**		FAT Procedure Inspection & Test Report						

4. MIDS System

No.	Inspection & Test Activities	Acceptance Criteria	Verifying Documents	Inspected by				Submittal records	Remarks
				Vendor	EPC	TPI	Owner		
4.1.	**Visual Inspection** MIDS Server Microwave Barrier Pole Junction Box	No harm, stain corrosion, injurious Defects	Inspection & Test Report Specification						
4.2.	**Dimension Inspection** Equipment	Extent of permitted dimension tolerance is +- 1%.	Specification Assembly Drawings Inspection & Test Report						
4.3.	**Component Model & Quantity Check** MIDS Server Microwave Barrier	Compare with BOM	Specification BOM Inspection & Test Report						
4.4.	**Assembly & Wiring Check** Junction Box	Assembly completion Completed Cabling	Cable Connection Diagram Inspection & Test Report						
4.5.	**Certificate**	IP66	IP Certificate						
4.6.	**Component Operation Test**		FAT Procedure Inspection & Test Report						

5. Intercom System

No.	Inspection & Test Activities	Acceptance Criteria	Verifying Documents	Inspected by				Submittal records	Remarks
				Vendor	EPC	TPI	Owner		
5.1	**Visual Inspection** Compact IP Intercom Server Intercom Master Unit Intercom Call Panel	No harm, stain, corrosion Injurious defects	Inspection & Test Report Specification						
5.2	**Component Model & Quantity Check** Compact IP Intercom Server Intercom Master Unit Intercom Call Panel	Compare with BOM	Specification BOM Inspection & Test Report						
5.3	**Assembly & Wiring Check** Compact IP Intercom Server	Assembly completion Completed Cabling	Cable Connection Diagram Inspection & Test Report						
5.4	**IP Certificate** Accessory for Intercom Call Panel	IP65	IP Certificate						
5.5	**Component Operation Test**		FAT Procedure Inspection & Test Report						

6. ACS System

No.	Inspection & Test Activities	Acceptance Criteria	Verifying Documents	Inspected by				Submittal records	Remarks
				Vendor	EPC	TPI	Owner		
6.1	**Visual Inspection** ACS Server ACS Controller with Accessories X-Ray Machine Monitoring Workstation Junction Box	No harm, stain, corrosion, injurious Defects	Inspection & Test Report Specification						
6.2	**Dimension Inspection** Equipment	Extent of permitted dimension tolerance is +-1%.	Specification Assembly Drawings Inspection & Test Report						
6.3	**Component Model & Quantity Check** ACS Server Monitoring Workstation ACS Controller with Accessories Junction Box Flashing Sounder Card Reader	Compare with BOM	Specification BOM Inspection & Test Report						
6.4	**Assembly & Wiring Check** Junction Box Local Cabinet	Assembly completion Completed Cabling	Cable Connection Diagram Inspection & Test Report						
6.5	**IP Certificate** Internal Fixed Dome Camera Junction Box Card Reader	IP66 IP67	IP Certificate						
6.6	**Component Operation Test** Card Reader Flashing Sounder		FAT Procedure Inspection & Test Report						

7. Cabinet

No.	Inspection & Test Activities	Acceptance Criteria	Verifying Documents	Inspected by				Submittal records	Remarks
				Vendor	EPC	TPI.	Owner		
7.1.	**Visual Inspection** Floor Stand Cabinet UPS Cabinet Core Switch Automatic Transfer Switch	No harm, stain, corrosion Injurious defects	Inspection & Test Report Specification						
7.2.	**Dimension Inspection** Floor Stand Cabinet UPS Cabinet	Extent of permitted dimension tolerance is +-1%.	Specification Assembly Drawings Inspection & Test Report						
7.3.	**Component Model & Quantity Check** Floor Stand Cabinet UPS Cabinet	Compare with BOM	Specification BOM Inspection & Test Report						
7.4.	**Assembly & Wiring Check** Floor Stand Cabinet UPS Cabinet	Assembly completion Completed Cabling	Cable Connection Diagram Inspection & Test Report						
7.5.	**IP Certificate** Floor Stand Cabinet UPS Cabinet	IP 54 IP 54	IP Certificate						
7.6.	**Component Operation Test** Floor Stand Cabinet UPS Cabinet		FAT Procedure Inspection & Test Report						

8. Integrated Function Test

No.	Inspection & Test Activities	Acceptance Criteria	Verifying Documents	Inspected by				Submittal records	Remarks
				Vendor	EPC	TPI	Owner		
8.1	Integrated Function Test For CCTV System	Specification	FAT Procedure Inspection & Test Report						
8.2	Integrated Function Test For FIDS System	Specification	FAT Procedure Inspection & Test Report						
8.3	Integrated Function Test For MIDS System	Specification	FAT Procedure Inspection & Test Report						
8.4	Integrated Function Test For Intercom System	Specification	FAT Procedure Inspection & Test Report						
8.5	Integrated Function Test For ACS System	Specification	FAT Procedure Inspection & Test Report						
8.6	Interworking Test	System Functions	Block Diagram FAT Procedure Inspection & Test Report						

9. Packing Inspection

No.	Inspection & Test Activities	Acceptance Criteria	Verifying Documents	Inspected by				Submittal records	Remarks
				Vendor	EPC	TPI	Owner		
9.1	**Packing Inspection**		Packing Procedure Packing List						

5 공장인수시험절차서

보통 공장인수시험FAT은 공장출하검사를 말한다. FAT 절차는 플랜트 정보통신 프로젝트의 시스템 설비 공급을 위하여 시스템 제작과 시스템 통합을 완료하고, 해당 시스템 설비에 대하여 납품이나 선적을 하기 전에 그 시스템 설비에 대한 기능 및 성능 등을 검사하고 시험하는 방법과 절차 등을 나타낸 도서이다.

대부분의 경우에 승인된 FAT 절차서와 승인도면을 기준으로 공장출하검사인 FAT를 시행한다.

[첨부 8] FAT 절차서의 예

(표지)

<table>
<tr><td colspan="3">Project:</td><td colspan="2">Document No.:</td><td>Rev. 1</td></tr>
<tr><td colspan="6">Title:

Factory Acceptance Test Procedure</td></tr>
<tr><td></td><td></td><td></td><td></td><td></td><td></td></tr>
<tr><td>1</td><td>Sep. 04, 2016</td><td>Issue For Construction</td><td></td><td></td><td></td></tr>
<tr><td>A</td><td>Mar. 14, 2016</td><td>Internal Document</td><td></td><td></td><td></td></tr>
<tr><td>Rev.</td><td>Date</td><td>Description</td><td>Written</td><td>Checked</td><td>Approved</td></tr>
<tr><td colspan="6">Project:</td></tr>
<tr><td colspan="6">Owner:</td></tr>
<tr><td colspan="6">EPC Contractor:</td></tr>
<tr><td colspan="6">Vendor:</td></tr>
</table>

REVISION LOG

Rev. No.	Revised Date	Revised Page	Description
A	Mar. 14, 2016		Internal Document
1	Sep. 04, 2016	ALL	Issue For Construction

List of Contents

1. Introduction

This document outlines the procedures to be followed...

2. Equipment List

Item No.	Description	Maker	Qty	Result
1. CCTV SYSTEM				
1.1	**CCTV Control System**			
1.1.1	19" Standard Network Rack			
1.1.2	Video Distribution Amplifier			
1.2	**Camera Station**			
1.2.1	PTZ Camera Housing with Wiper			
1.2.2	Camera Pole			
1.4	**Speed Dome Camera Station**			
1.4.1	Junction Box			
1.6	**Fixed Camera Station**			
1.6.1	Zoom Camera			
1.6.2	Video Converter			
1.6.3	Fixed Type Housing			
1.6.4	Camera Pole			
1.6.5	Junction Box			

3. Dimension/ Wiring/ Assembly Inspection and Document Review

3.1 Dimension Inspection

3.2 Wiring Inspection

3.3 Assembly Inspection

3.4 Document Review

3.5 Inspection Result

Description	Standards	Check Point	Result	Remark
Visual	No harm, stain, corrosion, No injurious defects, Welding condition	External appearance status check of product		
Color Inspection	Should agree with approved specification and drawing.	Compare with color of a RAL Color book		
Dimensional Inspection	Approved Drawing and catalogue ±1% of approved drawing	Checking whether measurement is equal with specification		
Assembly	In accordance with assembly drawing	Assembly completion		
Cable Wiring	In accordance with wiring drawing	Completed Cabling		
Document Review	In accordance with approved data sheet	Compare with specification		

4. Functional Test

CCTV System			
NO	Description	Result	Remark
1	**PTZ Camera Station**		
1.1	**Pan / Tilt** - Check of up, down, left, right - Inspect whether action is normal when camera moved up and down. (Rotating Angle: Tilt -90° ~ 40°) - Inspect whether action is normal when camera moved right and left. (Rotating Angle: Pan 0° ~ 360°)		
1.2	**Zoom / Focus** - Check of zoom in, out and auto focus - Inspect whether Zoom In & Out function is operated normally. (Image of camera inspects until 37 times whether extension is available.)		
1.3	**Display** Checking noise		
1.4	**Wiper Operation** Check of normal operation		
2	**Speed Dome Camera Station**		
2.1	**Pan/ Tilt** - Check of up, down, left, right - Inspect that action is normal when camera moved up and down. (Rotating Angle: Tilt 0°~180°) - Inspect that action is normal when camera moved right and left. (Rotating Angle: Pan 360° continuous rotation)		

2.2	**Zoom/ Focus** - Check of zoom in, out and auto focus - Inspect whether Zoom In & Out function is operated normally. (Image of camera inspects until 36 times whether extension is available.)		
2.3	**Display** Checking noise		
3	**Fixed Camera Station**		
3.1	**Zoom / Focus** - Check of zoom in, out and auto focus - Inspect whether Zoom In & Out function is operated normally. (Image of camera inspects until 37 times whether extension is available.)		
3.2	Display Checking noise		
4	**Digital Video Recorder**		
4.1	Inspect whether recording function is operated normally. (Save image in storage)		
4.2	Recording PLAY: Normally play saved image		
4.3	Search: Normal Operation		
4.4	REC: Normal working ON/OFF function		
4.5	Back up: Check the back up (Copy) data using storage		
5	**Monitor**		
5.1	- Display Condition (Checking Noise) - Monitor Operation: Power supply of monitor, screen image, - Function button, inspect that is operated normally.		

Access Control System

NO	Description	Result	Remark
1	**ACS** - Control Program: Check of Control System - RX/TX Communication: Check Operation/Signal Data		
2	**Door Control** - Card Reading: Read a card in the ACS Program, Card Range Check, Buzzer & Audio Check - Display Condition: Checking Color & LED - ACS System inspects operation state. - Inspect operation state using exit and entrance card to card reader. - Function that open the door using registered card should operate normally. - Data logging Activate coming and going - Inspect whether when use exit and entrance card, the door opens.		
3	**EM Lock** - EM Lock Power On/Off Check. - Check whether the EM Lock running right or not - Lock test Locked when door closed		
4	**Exit Button** - Door Open Check - Emergency Key test - Open the door In an emergency		
5	**Card Printer:** - Check the power on/off and software. - Card printing Check printing card		

Fence Intrusion Detection System			
NO	**Description**	**Result**	**Remark**
1	Check Incoming Supply Voltage		
2	FIDS System inspects operation state. Must be able to sense external impact. Inspect monitoring state about sensor function. (Monitoring of sensor must do normal operation.)		
3	Point that impact is occurred if sensor senses impact inspects whether become monitoring in workstation.		

5. Conclusion

6. Formal Equipment Certification and Acceptance

Person Conducting Test:

Signature: ____

Date: ______________________

Witness by (Name)	Official Representative of :	Signature	Date

6 포장 및 보관절차서

포장 및 보관절차서는 플랜트 정보통신 프로젝트에 대한 시스템 설비의 FAT를 한 이후에, 해당 시스템 설비의 납품 및 선적을 위한 포장과 보관에 관한 사항들을 작성한 도서이다. 이는 해당 물품을 운송하여 목적지에 도착 후 창고에 보관하거나 인도될 때까지, 운송과정에서 발생할 수 있는 위험이나 파손 등에 대비할 수 있고, 보관기간 중에도 물품을 보호할 수 있는 포장소재, 포장방법 등을 적용한다.

또한 포장된 물품을 쉽게 식별하여 운송 중이나 도착지에서 물품 인수 시에도 분류가 용이하도록 이름표를 부착하고, 포장명세서 작성에 있어서도 물품 인수자 입장에서 모든 사항을 고려하여 반영한다. 그리고 소형 장치나 부품, 소프트웨어용 CD, 동글 키 Dongle Key 등은 분실을 방지할 수 있는 방안(장비의 랙에 부착하거나 별도의 박스 포장하여 표시하고, 물품별로 꼬리표를 부착하는 등)을 강구하여 포장하고, 식별이 용이하도록 표기한다.

[첨부 9] 포장 및 보관절차서의 예

Project Title

Packing & Preservation

Document No. : ABC-DEF-GHI-0001

Revision : REV.0

Date of Issue : 25 May 2016

REVISION INDEX

Rev.	Date	Description
A	29 Feb. 2016	For Approval
0	25 May. 2016	For Construction

0	For Construction	25 May. 2016			
A	For Approval	29 Feb. 2016			
Rev.	Description	Date	Written By	Checked By	Approved By

1. Preservation Procedure

Introduction

The following items should be kept as common preservation method when an installer opens the crate and the vacuum bag to install the equipment at the site in ABCDE.

1) Indoor storage (Inside container) is recommended.
2) Humidity levels in the storage area should not be higher than the humidity level specified at preservation method for individual equipment.
3) Protect the equipment from corrosives and excessive dust.
4) Do not locate goods near heat source or in a place subject to direct sunlight, mechanical vibrations or shock. Do not place equipment in extremely cold or humid locations.
5) Careful handling is required during carriage, storage and installation as it is for all fragile electronic equipment.
6) Do not place the cabinet in an inclined position for long time. The unit is designed for operation in vertical position.
7) Do not place goods near appliances generating strong magnetic fields.
8) Do not place heavy object on goods, nor should any foreign equipment be stacked upon this equipment.
9) Do not use a volatile agent such as benzene, alcohol, thinner etc. to clean goods.
10) Perform visual check every 4 weeks if there is any damage on the equipment and send the damaged equipment for replacement.
11) In case of outdoor storage (Outside container) for installation or carriage, avoid a place

subject to direct sunlight and rainfall.

And also keep the equipment being lower than the humidity and temperature level specified at preservation method for individual equipment.

1.1. Communication System Preservation

Communication System includes the following:

- Common preservation method is applied.
- Storage Humidity: 30~60%
- Storage Temperature: +5 to +40℃

1.2. Cable

- Indoor storage is recommended
- In case of outdoor storage for installation, avoid a place subject to direct sunlight and rainfall.

2. Packing procedure

2.1. Introduction

This letter shows a brief description of package preservation for communication system supplied by AAA Co., Ltd and the packing procedure for Vacuum Packing.

2.2. Packing Procedure

Equipments are packed in accordance with KS (Korean Industrial Standards) and the vacuum packing is accomplished considering humid atmosphere during storage in ABCDE and the storage for a period longer than one year. But the bulk materials (Cables, Steel Pipe Pole...) are excluded from the vacuum packing.

The following steps should be used for the vacuum packaging.

Note. Nitrogen is only injected into the vacuum sealed Rack prior to final seal to remove remaining air inside vacuum sealed rack.

1) Prepare proper size of pallet and place shock-absorbing cushion on the pallet.

2) Place a rubber sheet, a vacuum sheet and a rubber sheet on the pallet in that order.

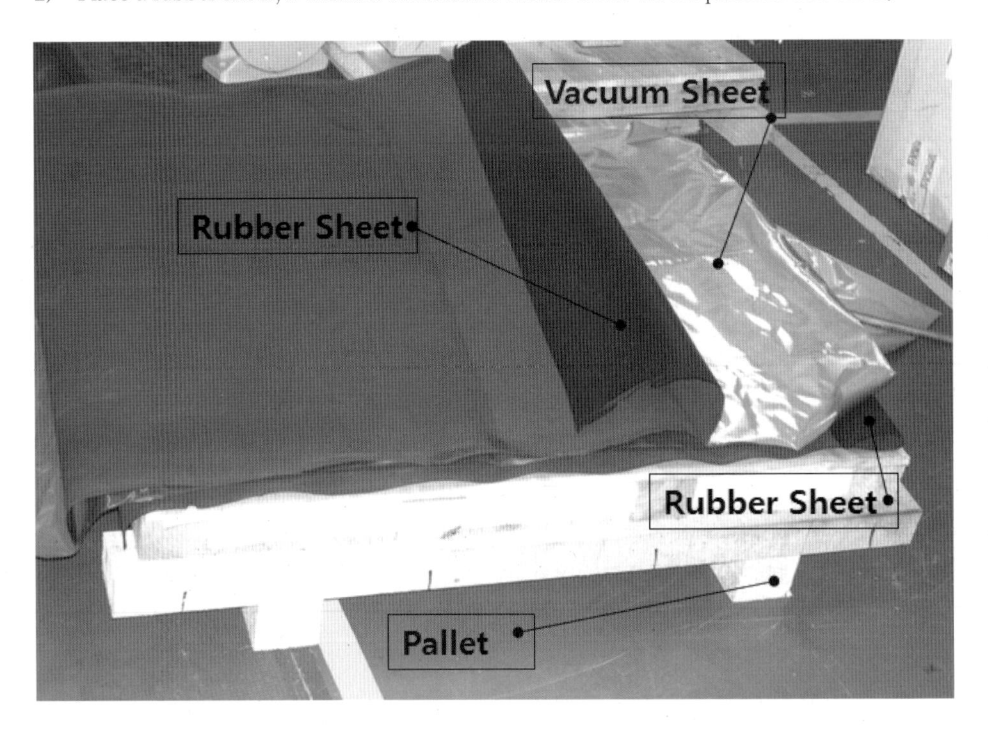

3) Place a Rack on the pallet.

4) Lace proper quantities of desiccant inside the rack to absorb moisture within the rack.

5) Secure the rack using square bars.

6) Cushion all sharp protrusions on the rack and fully enclose it with protection sheet.

7) Fit proper quantities of silica gel onto exterior surface on the rack.

8) Cap the rack with vacuum bag.

9) Seal the vacuum bag except for an opening to exhaust remaining air.

10) Extract excess air from the bag with caring not to rupture bag. Make final heat seal to close the vacuum bag and then wrap it up in vinyl sheet.

11) Additional Secure the rack using secondary square bars.

12) Crate sides are applied.

13) Add a Packing List on the wrapped rack.

14) Affix caution mark to a crate side panel.

15) Make two holes in the vacuum bag and then inject nitrogen into the bag to fully extract excess air and heat seal exhaust opening.

16) Cap the top side o thef crate with vinyl sheet.

17) Apply top crate panel and then cap the top side of the crate with PE Film and fit a Packing List case.

3. Preservation Method for Vacuum Package

All crates shall be stored correctly orientated as per "This Way Up" labels and placed in horizontal position. Care is given to remove any protective covers and open crates to avoid damage to items of equipment when units are received at the site in ABCDE. All vacuum sealed package should be kept in the crates as possible until opening the crates for installation.

Following preservation methods are observed for the equipments housed in vacuum sealed package.

1) Indoor storage is recommended.
2) The storage temperature should not be higher than the temperature level described on the preservation method for individual equipment.
3) Protect the equipment from the rodent such as mouse.
4) Do not locate goods near heat source or in a place subject to direct sunlight, mechanical vibrations or shock.
5) Careful handling is required during carriage as it is for all fragile electronic equipment.
6) Do not place the package in an inclined position for long time. The unit is designed for operation in vertical position.
7) Do not place goods near appliances generating strong magnetic fields.
8) Do not place heavy object on the package, nor should any foreign equipment be stacked upon this equipment.
9) Monthly check should be performed to check if there is any holes on the vacuum sealed bag.
10) The battery Inside of ACS controller shall be storage as blow condition;
    - At -15 to +30°C (+5 to +86°F), charge the UPS battery every six months.
    - At +30 to +45°C (+86 to +113°F), charge the battery every three months.

7 현장인수시험절차서

현장인수시험SAT절차서는 플랜트 정보통신 프로젝트의 계약에 의해 납품이 완료된 시스템 설비 등이 플랜트 현장에 설치된 후에, 플랜트 현장에서 기능 및 성능 등의 시험에 대한 절차 및 방법 등을 작성하는 도서이다.

SAT는 발주처 요청에 의하여 플랜트 현장에 설치된 납품설비에 대하여, 시스템 설비 및 각 단위설비들 간의 연결, 네트워크 접속, 배선 등의 시스템 설치사항을 점검하고, 납품된 시스템 설비의 전체적인 동작과 기능 및 성능을 시험한다. SAT 과정에서 플랜트 통신시스템과 보안시스템에 대한 기능을 확인하고 해당 기능의 동작시험은 물론, 필요한 경우에는 플랜트 운용 시에 적용하는 네트워크 설정이나 보안정책 등을 설정하거나 적용해볼 수 있다.

[첨부 10] SAT 절차서의 예

(표지)

REV.	**DATE**	**DESCRIPTION**	**DESIGNED**	**CHECKED**	**APPROVED**

OWNER
PROJECT
CONTRACTOR
SUBCONTRACTOR
APPROVAL/ CERTIFICATION INFORMATION
DOCUMENT TITLE **SITE ACCEPTANCE TEST PROCEDURE**

CONTRACT NO.	**DOCUMENT NO**	**NO. OF PAGES**	**REV.**

List of Contents

1. Introduction
2. Equipment List
3. FAT Report Review
4. Visual Inspection
5. Operation Test
6. Integration Test
7. Conclusion
8. Formal Equipment Certification And Acceptance

1. Introduction

This document outlines the procedures to be followed for the scheduled Site Acceptance Test of the Security System to be installed as part of ABC PLANT.

1.1 Inspection and Test

1) Document Check: The approved documentation checks for documental reference list.
2) Equipment List: Inspect the kinds of Equipment and quantities with Bill of Material.
3) FAT Report Review: Review the FAT Report, Before SAT start. If there are comments in FAT Report, clear the comments while SAT.
4) Visual Inspection:
   - Check external appearance state of products.
   - Check on outside products that damage exists.
   - External appearance status checks of products.
5) Operation Test: Check operation of products of system by check point.
6) Integration Test: Check functions of products of system by check point.

2. Equipment List

Inspect the kinds of Equipment and the quantities with Bill of Material List. Record the result of quantity inspection. Recording method; Pass - Accept, Failure - Reject

1. ACS System			
No.	**DESCRIPTION**	**MAKER**	**RESULT**
	ACS Server		
	Monitoring Workstation		
	ACS Controller		
	Card Reader		
	EM Lock, Bracket		
	Door Contact		
	Emergency Break Glass		
	Fixed Dome Camera		
	Flashing Sounder		
	Cameras		
	Auto Vehicle Barrier, Loop Detector		
	Traffic Lamp		
	Road Blocker		
	Turnstile		
	Metal Detector		

2. CCTV System			
No.	**DESCRIPTION**	**MAKER**	**RESULT**
	CCTV Management Server		
	CCTV DB Server		
	Fixed Camera		
	PTZ Camera		
	Speed Dome Camera		
	Dome Camera		
	Pole		
	Junction Box		

3. FIDS System			
No.	**DESCRIPTION**	**MAKER**	**RESULT**
	FIDS Server		
	Monitoring Workstation		
	Alarm Processing Unit		
	Sensing Cable		

4. Intercom System			
No.	DESCRIPTION	MAKER	RESULT
	IP Intercom Server		
	Intercom Call Panel		

5. MIDS System			
No.	DESCRIPTION	MAKER	RESULT
	Microwave Barrier		
	Radar		
	Pole		

3. FAT Report Review

Review the FAT Report, Before SAT start. If there are comments in FAT Report, clear the comments while SAT.

No.	DESCRIPTION	MAKER	RESULT

4. Visual Inspection

4.1. ACS & Intercom System

No.	Check Point	Action Plan	Acceptance Criteria	Result	Remark
	ACS Server ACS Controller Monitoring Workstation Color Laser Printer Card Printer Card Reader Emergency Alarm Button EM Lock Door Contact Emergency Break Glass Exit Push Button Fixed Camera Auto Vehicle Barrier Road Blocker Traffic Lamp Turnstile Intercom Master Unit Intercom Call Panel Intercom Sever Junction Box Local Cabinet	- Check external appearance status for supplied products. - Check name plate.	No harm, stain, corrosion, No injurious defects Equipment must be no damage		

4.2. CCTV System

No.	Check Point	Action Plan	Acceptance Criteria	Result	Remark
	Fixed Dome Camera Fixed Camera PTZ Camera Long Range Camera Workstation Local Cabinet Junction Box	- Check external appearance status for supplied products. - Check name plate.	No harm, stain, corrosion, No injurious defects Equipment must be no damage		

4.3. FIDS System

No.	Check Point	Action Plan	Acceptance Criteria	Result	Remark
1	Monitoring Workstation Alarm Processing Unit Sensing Cable Microwave Barrier Junction Box Pole	- Check external appearance status for supplied products. - Check name plate.	No harm, stain, corrosion, No injurious defects Equipment must be no damage		

5. Operation Test

5.1. ACS System

No.	Check Point	Result	Remark
1	Road Blocker & Traffic Lamp - Check the Road blocker works properly. - Check the Manual operation mechanism works properly. - Check the voltage value when supplied input and output. - Check the Phase lamps on the Cabinet Control Panel lights correctly. - Check the Safety photocell, Flashing light, Traffic light, Proximity sensor and Loop detector works properly. - Check buttons of Keyboard works properly.		
2	Turnstile - Check the supplied input / output voltage value. - Check the shock absorber works properly. - Check the Entry side LED matrix card works properly. - Check the Exit side LED matrix card works properly. - Check the Ceiling lamp works properly. - Check the Access free, when the Electricity is cut off. - Check the Locking mechanism of turnstile works properly.		
3	X-Ray Machine - Check the deployment as specified in ASTM F792-08. - Check the operation of the air conditioning system. - Check the display of an alarm if the air conditioning system fails. - Check the permission to initiate the process with only a key insertion. - Check the lights on the control panel that indicates unit status & X-ray emission.		

5.2. CCTV System

No.	Check Point	Result	Remark
1	Fixed Dome Camera - Live Video Display - Manual Zoom Adjust (In/Out) - Manual Focus (Lens) Adjust		
2	Fixed Long Range Camera - Live Video Display - Manual Zoom Adjust (In/Out) - Manual Focus (Lens) Adjust		
3	PTZ Camera - Live Video Display - Focus of Lens - Zoom in/out, Pan, Tilt by control keyboard - Zoom in/out, Pan, Tilt by joystick		

6. Integration Test

6.1. ACS & Intercom System

No.	Check Point	Result	Remark
1	- Check the Intercom System, when pushes button, there can be any communication each other. - Check RX/TX communication between ACS Server and ACS Junction Box. - Check the Door Control. (After the card reader scans the card, check EM Lock status) - Check EM Lock status when push the button. - Check whether every event is saved as log. - Check the Vehicle Barrier to be up, when approach the RF card to the RF card reader. - Check the Vehicle Barrier to be down, when passed the Loop Coil. - Check the Signal Indicator works properly. (Open: Green, Close: Red) - Check the Road Blocker to be up, when approach the RF card to the RF card reader. - Check the Turnstile to be operates properly, when approach the RF card to the RF card reader.		

6.2. CCTV System

No.	Check Point	Result	Remark
	- Check whether recording function is operated normally. - PLAY - Search (Normal Operation) - Check the Monitor Operation: Power supply of monitor, screen image, Function button. - Division a screen - One of all cameras does display on the monitor. - It can be displayed each camera in order on the monitor. - Camera call - Check whether video is present on the monitor. - Controller Operation : check the Function Button works normally.		

6.3. FIDS System

No.	Check Point	Result	Remark
	- Check the Power system. - Check the Alarm Lamp. - Check the Temper Alarm, when the Alarm Processing Unit Panel Opens. - Check the Alarm, when the Sensing Cable detects the intrusion. - Check the Alarm, when Microwave Barrier detects the intrusion.		

7. Conclusion

Remarks :

8. Formal Equipment Certification and Acceptance

We hereby confirm that all equipment and associated materials have been inspected and appropriately tested in accordance with this S.A.T. and are hereby certified to be in good working order and operating fully in compliance with the relevant project technical specifications.

For Vendor Name:

Person Conducting Test:

Signature: ____________________

Date: ________

Witness by (Name)	Official Representative of:	Signature	Date

8 각 시스템별 점검표

플랜트 현장에 설치된 통신시스템 및 보안시스템에 대한 시운전 및 현장인수시험 시에 활용할 수 있도록 각 시스템별 점검표 양식의 예를 첨부하였다.

[첨부 11]은 ACS시스템, 일반전화기, IP전화기, PA시스템의 스피커, CCTV시스템, 랜시스템의 UTP 케이블, 사이렌시스템 등의 점검표를 예로 들고 있다.

[첨부 11] ACS 시스템 점검표의 예

Check Sheet for ACS System

Area/Building :

No.	Item/ Description	Equipment No.	Location	Construction Status			Function Test		Remark
				Installed Device	Cable Pulling	Cable Terminaiton	Power Activation	System Configuration	
1	Access Control Unit								
2	EM LOCK								
3	Exit Push Button								
4	Emergency Key								
5									
6									
7									
8									
9									
10									
11									
12									
13									
14									
15									
16									

[첨부 12] CCTV 시스템 점검표의 예

Check Sheet of CCTV System

Area/Building:

No.	Description	Equipment No. (ID No.)	Location	Installed		Cable Pulling			Cable Termination			Function Test		Remark
				JB	Camera	Power	F/O	Vendor	Power	F/O	Vendor	Camera	Keyboard	
1														
2														
3														
4														
5														
6														
7														
8														
9														
10														
11														
12														
13														
14														
15														
16														
17														
18														
19														
20														
21														

[첨부 13] 사이렌 시스템 점검표의 예

Check Sheet for Siren Function Test

No.	Description	Equipment No.	Location For Siren Arrays	Function Test	Remark
1					
2					
3					
4					
5					
6					
7					

[첨부 14] 사이렌 기능시험 점검표의 예

Check Sheet for Siren Function Test

No.	Description	Equipment No.	Location For Siren Arrays	Function Test	Remark
1					
2					
3					
4					
5					
6					
7					

[첨부 15] 일반 전화 점검표의 예

Telephone Check Sheet

Area/Building:

No.	Equipment	Location	Installed	Strobe Light Function			Acoustic Hood	Installed	Telephone Function			Phone No.	Remark
				Model	Bell	Light			Type	Bell	Call		
I													
1													
2													
3													
4													
5													
6													
7													
8													
9													
10													
11													
12													
13													
14													
15													
16													

[첨부 16] IP 전화 점검표의 예

IP Telephone Check List

Area/building:

No.	Equipment	Location	Installed Outlet	IP Address	Installed Telephone	Telephone Function			Phone No.	Remark
						Type	Bell	Call		
1										
2										
3										
4										
5										
6										
7										
8										
9										
10										
11										
12										
13										
14										

[첨부 17] PA 시스템 스피커 점검표의 예

Speaker Check List for PA System

Area/Building:

Date :

No.	Equipment Number	Description	Location	Installed Check	Pre-SAT	SAT	Remark
1							
2							
3							
4							
5							
6							
7							
8							
9							
10							
11							
12							
13							

[첨부 18] 랜 시스템의 케이블 점검표의 예

Cable Check Sheet for LAN System

Area/Building:

No.	Equipment	Location	From - Patch Panel		To - Outlet		Link Check	Remark
			Cable Pulling	Termination	Cable Pulling	Termination		
1								
2								
3								
4								
5								
6								
7								
8								
9								
10								

참고문헌

〈구내교환기표준〉, 한국정보통신기술협회.

〈구내용 LAN설계 배선 표준〉, 한국정보통신기술협회, 2002. 6. 25.

〈구내통신 설계기준〉, 한국정보통신공사협회, 2011. 12.

〈구내통신선로설비 설계 및 설치 기술표준〉, 한국정보통신기술협회, 2000. 7.

〈방폭 · QESH 경영 매뉴얼〉, KDA, 2015. 5. 29.

〈세계 건설시장 동향 및 시사점〉, 한국수출입은행, 2015. 4. 29.

《시큐리티 시스템 및 서비스》, 권영관 지음, 도서출판 진영사, 2013. 1. 15.

〈CCTV시스템 설치 표준공법〉, 한국정보통신공사협회, 2012. 3.

〈CCTV시스템의 설계 및 설치〉, 한국정보통신기술협회, 2012. 12. 21.

〈ISO 프로세스 기획서/ 업무절차서〉, KDA, 2015. 6. 1.

〈업무절차서〉, 주식회사 극동자동화, 2013.

〈SSPP Project O&M Manual〉, KDA, 2017.

《엔지니어링산업백서》, 한국엔지니어링협회, 2014. 2.

〈음향 및 영상설비 공법〉, 한국정보통신공사협회, 2003. 4.

〈인트라넷 구축 지침서〉, 한국정보통신기술협회, 2007. 12. 28.

〈정보통신분야 구내통신공사 표준 시방서〉, 한국정보통신산업연구원, 2013.

〈정보통신분야 정보망 · 매체공사 표준 시방서〉, 한국정보통신산업연구원, 2013.

〈정보화사업 표준 프로세스〉(행정안전부 공고 제2009-222호), 행정안전부, 2009. 10.

〈JSTPP Project O&M Maunal〉, KDA, 2017.

〈표준공법개발연구(근거리통신망설비)〉, 한국정보통신산업연구원, 2013. 12.

〈표준공법개발연구(무선통신망설비)〉, 한국정보통신산업연구원, 2013. 12.

〈표준공법개발연구(인터넷설비)〉, 한국정보통신산업연구원, 2013. 12.

〈품질검사 기준서〉, KDA, 2015. 5. 29.

〈Project Management〉, 《월간 플랜트기술》, 2006. 9.~2007. 6.

〈플랜트 산업 발전방안 연구〉, 지식경제부, 2012. 11. 30.

〈플랜트 수주 전망과 플랜트 기자재산업의 현안〉, https://www.seri.org

〈플랜트산업 기술과 정책동향〉, 한국과학기술기획평가원, 2010. 3.

〈플랜트산업 전망과 국내 플랜트 기자재업체의 경쟁력 분석〉, 하나금융경영연구소, 2008. 9. 29.

〈플랜트산업의 기초분석〉, 산업연구원KIET, 2012. 1. 17.

〈한국 플랜트엔지니어링 산업의 성공과 과제〉, 《SERI 경영노트》 제145호, 삼성경제연구소, 2012. 4. 5.

〈해외플랜트 수주 200억불 달성을 위한 플랜트 산업 경쟁력 강화 전략〉, 한국플랜트산업협회 플랜트 민관협동 T/F, 2004. 8.

〈해외플랜트 수주관련 보도자료〉, 산업통상자원부, 2014. 10. 14.

〈해외플랜트 수주동향과 전망〉, 한국정책금융공사, 2012. 10.

〈행정기관 인터넷전화 보안규격 시험인증 기술동향〉, 한국정보통신기술협회, 2011.

국토경제연구소, http://www.lenews.co.kr/newdb/

BOGEN Communications, http://www.bogen.com

산업연구원, http://www.kiet.re.kr

삼성경제연구소, https://www.seri.org/kz/kzBndbV.html

GAI-TRONICS, http://www.gai-tronics.com

KDA, http://www.kdakr.com/ KDA Profile

KT경제경영연구소, http://www.digieco.co.kr

하나금융연구소, http://www.hanaif.re.kr

한국수출입은행 해외경제연구소, http://keri.koreaexim.go.kr/site/program/board/basicboard/view?boardtypeid=208&menuid=007001004001&boardid=46059

저자소개 | 권영관 |

정보통신기술사, 공학박사(E-mail: ucop@daum.net)

- 플랜트 프로젝트 통신시스템/시큐리티시스템 설계, 구현, 통합
- 캄보디아 신도시(CAMKO City) IDC 구축 및 운영
- KT Access망 보안시스템 구축공사, KT 컨택센터 운영
- KT텔레캅 신사업 및 솔루션 개발
- KT 인터넷망 관리/보안관제센터 구축, 운영
- 초고속 정보통신 서비스 개발, 시스템 구축
- KT 국제/시외 통신시스템 운용, 시외통신망 구축

플랜트 통신 및 보안시스템

초판 1쇄 인쇄 2018년 8월 25일
초판 1쇄 발행 2018년 8월 30일

지은이 권영관
펴낸이 김호석
펴낸곳 도서출판 대가
편집부 박은주
마케팅 오중환
관리부 김소영

등록 제311-47호
주소 경기도 고양시 일산동구 장항동 776-1 로데오메탈릭타워 405호
전화 02) 305-0210
팩스 031) 905-0221
전자우편 dga1023@hanmail.net
홈페이지 www.bookdaega.com

ISBN 978-89-6285-208-0 93560

이 도서의 국립중앙도서관 출판시도서목록(CIP)은 서지정보유통지원시스템 홈페이지(seoji.nl.go.kr)와
국가자료공동목록시스템(www.nl.go.kr/kolisnet)에서 이용하실 수 있습니다.
(CIP제어번호: CIP2018024932)